JN064123

［第3版］

わかりやすい
情報システムの設計

―― UML/Javaを用いた演習 ――

内山俊郎 著

ムイスリ出版

第 3 版 はじめに

本書は，情報システムの設計に関わる技術・知識全般について紹介・解説します．また，これら技術・知識の理解のために，統一モデリング言語 UML（Unified Modeling Language）による作図，オブジェクト指向技術理解のための Java プログラミング，設計が実際に動くことを体感するための Web アプリケーションの作成（こちらの実装には PHP を使用），などの演習を用意しました．演習を行いながら，技術や知識を身につけていただくことを目指しています．

オブジェクト指向技術については，良いシステムを作るために役立つ手段と考えています．有用な面がどこにあるかを示しながら説明します．

情報システムの開発において，要件定義は，開発の成否に大きく影響を与えます．しかしながら，システム開発は未知のプロダクト（生産物）を作りあげるというプロジェクトであるため，難しい問題といえます．本書では，この要件定義の難しさを説明するとともに，プロジェクトマネジメントの考え方を紹介しながら，要件定義に関わる問題の解決に役立つ観点・視点を示します．

第 3 版を執筆するにあたり，最新動向に基づいて修正や加筆を行いました．例えば，情報システムは利便性向上のために絶え間なく更新や機能追加が行われるようになり，開発の効率化（スピード）が求められています．第 5 章では，これに対応するための技術や考え方（アジャイル，CI/CD，DevOps，プロダクト開発）を紹介します．絶え間ない開発と新しい技術や考え方に対応するのは IT 人材です．この章では，日本および世界における IT 人材の動向について DX 白書などから読み取れる状況を示し，今後の予測と課題を提示します．第 7 章では，同じく開発の効率化に有用なマイクロサービスアーキテクチャを紹介します．使うべき場面と使うべきでない場合の両方を説明します．

最後に，日頃から学生に教えることを通して，逆に教わることが多いと感じています．気づいたことは，第 3 版に反映しました．本書の出版に関しては，ムイスリ出版の橋本豪夫様にお世話になりました．関係する多くの方々に感謝いたします．

2023 年 1 月

著　者

目次

第 1 章 情報システムとシステム設計

本章では，情報システムとは何か，そしてシステム設計とはどのようなもので，何が難しいのかについて解説します．また，**“良いシステム”** という概念を，なぜそれが求められるのかと合わせて説明していきます．そして，システム設計の流れを，オブジェクト指向開発の方法論の 1 つである**統一プロセス**（UP: Unified Process）に沿って概説します．

1.1 情報システムとは

システムを辞典で調べると「対象を部分が結合して構成される全体として認識するとき，それを**システム**といい，部分を**要素**という．システムという語はギリシア語 syn(ともに) と histanai(置く) の合成語 systēma に由来する．・・・」と解説されています．システムを含む用語は多数あり，例えばシステム・キッチンやシステム・コンポなどがあげられます．システム・キッチン（図 1.1）を見れば，流し，冷蔵庫，電子レンジ，食洗機，コンロ／オーブンなどの構成要素が台所仕事を効率的に行うために使いやすく配置されているのが確認できるでしょう．

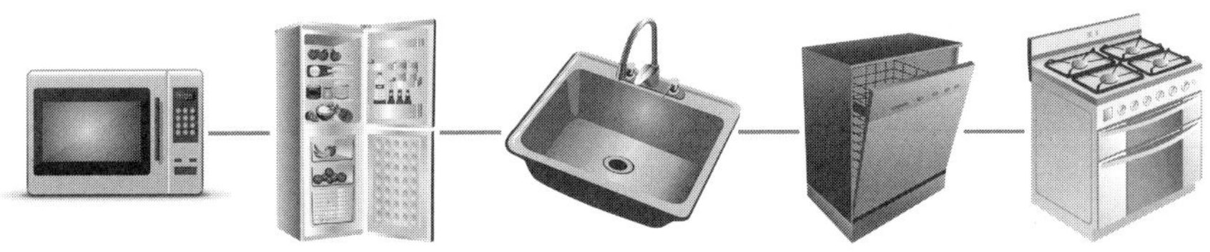

図 1.1. システム・キッチンと構成要素

情報システムもシステムの1つであり，**いくつもの構成要素が，ある目的を達成するために有機的に関係し合ってまとまったもの**です．身近なところでは，銀行のATMやインターネット上の電子商店や各種予約システムなどが思い浮かびます．

1.1.1 情報システムの例

情報システムをイメージするため，具体的な例としてコンビニエンスストアの**POS**（Point of Sales）**システム**を考えてみましょう（図1.2）．POSという言葉を直訳すると「販売する場所」になりますが，現在は「いつ，誰が，何を買ったか」を管理して経営に活かす仕組みとして使われています．各ストアにおいて「いつ，どのような性別・年代の人が，何を買ったか」という情報が入力され，データセンタに集められ解析が行われます．このように売上情報をタイムリーに入手できれば，適正な在庫を確保することに役立ちそうです．さらに**売上傾向の把握により，品揃えを変えたり新商品の開発に活かすことも可能**になり，これがPOSシステムを導入する重要な目的となります．コンビニエンスストアにはたいていPOSシステムが導入されていますので，店舗の立地条件（大学周辺とオフィス街など）により品揃えが違うはずです．図には載っていませんが，配送の仕組みも必要です．これらを加えた**全体の仕組みが「POSシステム」**になります（情報システムを含む**"仕組み"**を考えた場合も，**「いくつもの構成要素が，ある目的を達成するために有機的に関係し合ってまとまったもの」**というシステムの特徴を備えています）．そして，構成要素を目的達成のためにまとめることを**「システム化」**といいます．

では，情報システムに絞って見てみましょう．図1.2からは，お店の端末やデータセンタのサーバなどがネットワークで繋がれていることがわかります．このような物理的な視点でシステムを見ることができます．一方，ソフトウェアの視点から見れば，どのようなソフトウェアモジュールから構成されているのか，さらに「どのようなデータが管理されているか」，「どのような手順でデータが処理されていくか」などがわかるでしょう．

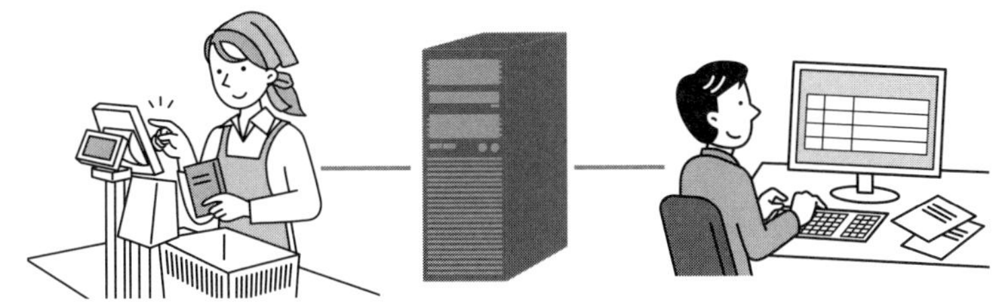

図 1.2. コンビニエンスストアの POS システム

1.2　システム設計とは

ここで，情報システムの設計について考えてみましょう．情報システムはソフトウェア，すなわちプログラムからできています．このように考えると，ある解くべき課題（例えば「1 から n までの和を求めるプログラムを作りなさい」）があり，その課題に基づいてプログラミングすれば良いように見えます．そしてその課題は，非常に大規模で複雑で難解なのだと想像されるかもしれません．しかし，システム設計の難しさは別のところにあります．それは，**「どんなシステムを作るのかが与えられない」**ことからくるのです．前述の課題が与えられないのです．これは少し極端ないい方ですが，システムを発注する側から見れば，「どのようなシステムを作るべきかがわからない．曖昧である」から発注するのです．もちろん，何を作るかがある程度明確になっているケースもあります．しかし，この場合でも発注側の要求をそのまま鵜呑みにしてシステムを作ると「こんなはずではなかった」とか「このような不具合が起こるとは気づかなかった」といわれて受け入れられないことになるでしょう．受注側すなわち設計者は，発注者の要求を聞き出して，もっている知識・経験を駆使して分析し，分析結果が妥当であるかを発注者に確認する，という工程を繰り返さなくてはなりません．

一般的に，発注者からの**要求**を**要求分析**し，双方で合意に至ったものを**「要件」**と呼び，要件を得ることを**「要件定義」**といいます．**要求**と**要件**の意味は本来近い（英語ではどちらも Requirement）のですが，本書では前記のように区別して考えます．

1.2.1 良いシステム

システム設計では「要件定義」が必要なことがわかりました．そこで要件定義を行い，実際に要件を満たすシステムを作りました．ところが，これでも不十分なのです．システムは作るだけで終わりではなく，そのあと運用・保守が必要となります．システムには不具合が生じることがあります．小規模レベルの不具合であれば，どのシステムにでも起こると考えてよいでしょう．また，新しい機能を追加することもあります．システム設計が目指すべきシステムには，これら運用・保守を効率良く行えることが求められます．ここで登場するのが**「良いシステム」**という概念です．良いシステムでは，運用・保守を効率良く行えます（良いシステムの定義ともいえるでしょう）．

次に良いシステムに備わる特徴について説明します．良いシステムについては，例えば文献 [16] で詳細に説明されています．本書の立場も基本的に同じです．良いシステムでは，「システムの構成要素を修正するとき，修正による影響範囲が限定され，修正すべきことが理解しやすく整理されている」と考えられるでしょう．このことから2つの特徴が見えてきます．

1. 疎結合性：システムの構成要素同士の結合度が低い
2. 高凝集性：直感的に理解しやすい抽象性をもつ

疎結合性については，図1.3で説明します．いま，システムが構成要素からなり，薄いアミ点で示されている構成要素に不具合があるとします．不具合のある構成要素を修正する際に，各構成要素が独立していて結合性が低ければ，不具合部分のみを修正すれば済みます．一方，周辺の構成要素やシステム全体と密接に結合している場合は，周辺の構成要素あるいはシステム全体を修正する必要が出てきます．修正の影響範囲を抑えること，すなわち疎結合性が必要なことがわかると思います．次の**高凝集性**は「抽象性」をもつといういい方が抽象的でわかりにくい概念です．これは，**「本」の目次と索引の関係**で説明できると思います．本の内容を知るためには索引を眺めることでも知ることができますが大変です．一方，目次を見ると，章ごとに何が書かれているかが概略的に示され，より細かいことが節単位で示されていて，理解しやすくなっています．

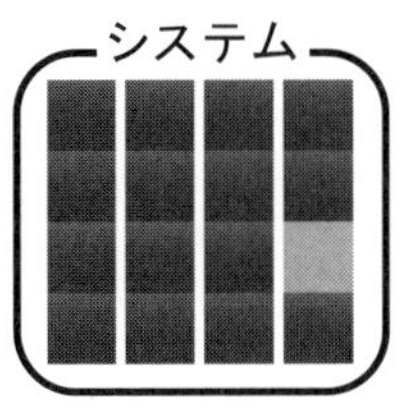

図 1.3. 良いシステムの特徴（疎結合性）

このように**索引に対する目次のわかりやすさ**のようなものが「凝集性の高さ」といえるでしょう．システムも，何か問題があるときに，どこを見れば良いかがすぐわかるように，凝集性が高いことが期待されます．

1.2.2 プロジェクト

ここで観点を変えてシステム設計を見てみましょう．システム設計（開発）は，プロジェクトであるといえます．プロジェクトは「独自のプロダクト，サービス，所産を創造するために実施される有期的業務」と定義されています [6]．このように未知への挑戦をするわけですからシステム設計は難しいのです．そしてプロジェクトの要求事項を満たすために，知識，スキル，ツールと技法をプロジェクト活動へ適用することを**プロジェクトマネジメント**と呼びます [6]．

1.2.3 開発プロセス

ここでは，システム設計の流れについて概説します．そのために**「開発プロセス」**という用語を導入します[*1]．まず，システム設計は，システム開発の一部です．次に，システム開発は，システムというプロダクト（生産物）を作ることです．そして，**開発プロセス**は，プロダクトを生み出す工程となり，情報システムを意識した場合，一般には**「ソフトウェア開発プロセス」**といわれます．また，**「ソフトウェアライフサイクル」**といういい方も使われます．「ライフサイクル」という言葉は，何度も繰り返すことを前提としたことの「一巡」に相当します．

[*1] 開発プロセスについては第 5 章で解説します．

開発プロセスには，さまざまな提案があります．まず代表的なものとして，**ウォーターフォール型開発プロセス**があります．これはウォーターフォール（滝）のように上流工程から順番に（かつ完了させながら）実施していく開発プロセスで，広く使われています．これに相対する考え方として，**反復型開発プロセス**があります．

反復型開発プロセスでは，同じ作業（＝アクティビティ，以下で説明）をいくつもの反復の中で繰り返し実施します．反復型には，古くから知られている統一プロセス（UP: Unified Process）があり，主に2000年以降になって普及した**アジャイル開発**が知られています．アジャイル開発の代表的なものにXP（Extreme Programming）やスクラム（Scrum）があります．

開発手順は開発プロセスによってさまざまですが，そこに含まれる**アクティビティ**はほぼ共通しています．アクティビティは，作業，活動，行動と訳すことができますが，開発プロセスの中で「実際に実施する項目」のようなものです．先ほど示したウォーターフォール型プロセスは，開発プロセス全体をアクティビティによって分解し，それぞれのアクティビティを順次完了させながら実施する方法といい直すことができます．

実際のアクティビティは，以下のようになります．

1. 要件定義
2. 設計（2, 3段階に分かれる．分析も含む．ここまでが設計の範囲）
3. 実装
4. テスト
5. 配置（デプロイ）（開発プロセスはここまで）
6. 運用・保守

1.3　統一プロセス

本書において，システム設計を説明する際のベースとする開発プロセスである統一プロセス（UP）について説明します．UPは古くからある反復型開発プロセスで，中でも詳細版の**ラショナル統一プロセス**（RUP，ラップと発音する）が有名です．RUPは，オブジェクト指向分析・設計に基づいており，設計モデルの表現手段として統一モデリング言語 **UML**（Unified Modeling Language）を使用します．以下の説明は，UP について実践方法も含めた詳細な説明がある『実践 UML』[18] の記述を参考にしています．

UP のライフサイクル（一巡分の手順）は，4 つのフェーズからなります．

1. 方向づけフェーズ（数日，あるいは 1〜2 週間）
   概略的な目標，開発構想，対象範囲を定義し合意する．
2. 推敲フェーズ（全体の 20% 程度）
   システムの中核部分を反復的に設計・実装しテストする．
3. 組立フェーズ（作成フェーズ）
   システムを完成させ，テストする．
4. 移行フェーズ
   ベータテスト，配置（デプロイ）．

方向づけフェーズには通常反復がありませんが，他のフェーズは複数の反復で構成されています．また，1 つの反復では複数のアクティビティ（要件定義，設計，実装，テスト）を実施します．

UP における設計は，主に方向づけフェーズと推敲フェーズで行われます．ここで，UP の設計における**ディシプリン**（アクティビティと成果物のセット）を整理（着手のタイミングと成果物）すると例えば下記のようになります．

1. 要件定義
   - 方向づけフェーズで着手し，推敲フェーズで改良する．
   - ユースケースモデル（機能要件），補助仕様書（主に非機能要件），ビジョン文書（要件の要約．大前提となる目的・目標など），用語集．
2. ビジネスモデリング
   - 推敲フェーズで着手する．
   - 問題領域モデル．
3. 設計
   - 推敲フェーズで着手し，組立フェーズで改良する．
   - ソフトウェアアーキテクチャ文書，設計モデル，データモデル．

前述の説明からもわかるように，1 つの反復の中には，ほとんどすべてのディシプリンが含まれます．これを表したのが図 1.4 です．推敲フェーズ以降は 1 つのフェーズに複数の反復が含まれ，各反復ではすべてのディシプリンが実施されています．また，ビジネスモデリングや要件定義は方向づけや推敲フェーズで主に実施され，設計は推敲フェーズ以降で本格化することも読み取れます．すなわち，ディシプリンの割合は，フェーズによって変化します．

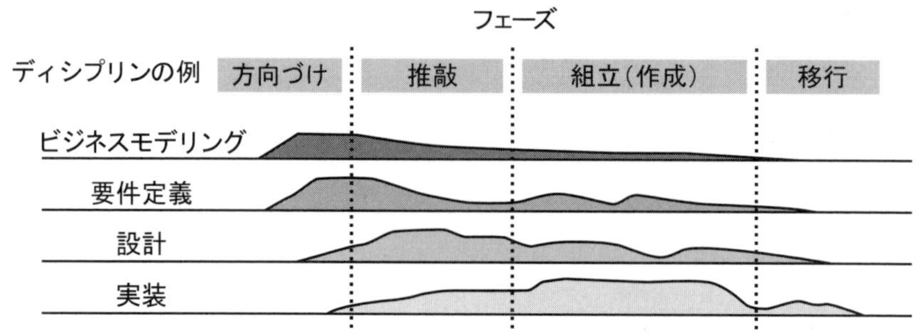

図 1.4. ディシプリンとフェーズ.『実践 UML』[18] を基に改変

1.3.1　要件定義

要件定義の目的は，一般に発注者（顧客）からの**要求**を，主として開発者が**要求分析**し，分析結果について双方で合意に至ることです．本書では，合意に達した分析結果を**「要件」**と呼ぶことにします．

要件定義は，1.2 節で説明したように，情報システム設計において重要であるにも関わらず，難しいディシプリンです．その理由は，顧客でさえも「どのようなシステムを作るべきかがわからない．あるいは曖昧である」ためです．いい換えれば，誰も最終合意すべき**「要件」**を知らないのです．もちろん，顧客が最初から要件に近い要求をもっていることもありますが，開発者との議論で，より優れた要件としてまとめることを期待しています．顧客がもっているものは，一般に「どのようなことで困っているのか，何を実現したいのか」という**「ユーザ要求」**です．開発者はこれを聞き出して，分析し，分析結果を再度顧客に問い合わせ，最終的に**「システム要件」**として合意します．このユーザ要求とシステム要件の関係は，図 1.5 で表すことができます．この図のように，ユーザ要求にあっても**システム化しない**部分があり，ユーザ要求になくても**システム化する**部分が存在します．

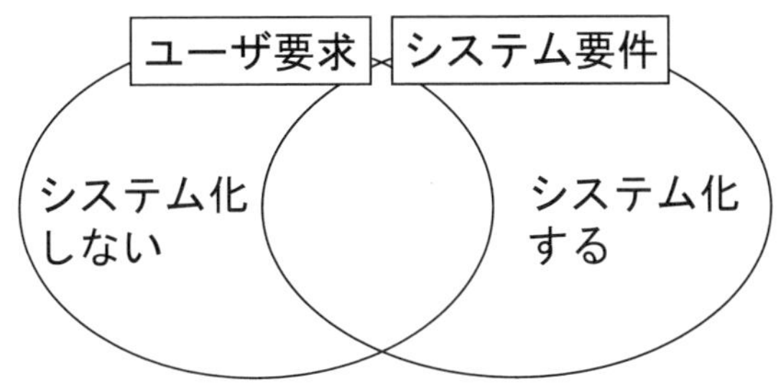

図 1.5. **ユーザ要求とシステム要件**

要件定義は，顧客と開発者の共同作業であるといえます．顧客の要求を聞き取るときに注意することは，**何を明らかにすべきとして議論しているか**ということです．大きく分けて次の 2 つがあります．

- **現状分析（as-is）**：現状の問題点を明らかにする．
- **システム要求（to-be）**：新規システムに対する要求を明らかにする．

これらを区別して聞き取り，分析する必要があります*2．なぜかといえば，現状の問題点を聞き出しているのに，「これをオンライン化すれば良いのかな？」と考えて，あるべきシステム要件の案を作ると，問題点が解決されないままの案ができてしまいます．では，最初から新規システムに対する要求を聞き出せば良いのでしょうか？ そう簡単にはいかず，難しいのが普通です．最初は，**現状分析**を行って改善案を作り，双方で検討するところから始めることが多いと思います．そして次の段階で，**システム要求**を聞き取れる状況になるのが一般的でしょう．もちろん，最初からシステム要求の部分案が聞ける場合もあります．いずれの場合も**ユーザ要求**を鵜呑みにしてはいけませんが，分析する際の心構えが異なりますので，区別（確認）して聞き取ることが重要です．

要件定義における成果物には，ユースケースモデル，補助仕様書，ビジョン文

*2 現状は as-is，あるべき姿は to-be と英語の略語を使う場合があります．略語を使う必要はありませんが，聞いたときにわかる方が良いでしょう．

書，用語集などがあります．いずれも重要ですが，要件定義の直接的な結果として，次の2つが欠かせません．

- **ユースケースモデル**
  機能要件：利用者から見えるシステムの機能やサービス．
- **補助仕様書**
  非機能要件：性能（速度，信頼性，耐久性，...），制約など．

ユースケースモデルという用語は聞きなれないかもしれません．上記のように利用者から見えるシステムの機能を表します．機能要件といい換えることができますが，**「利用者から見える」**という言葉からわかるように，粒度が大きいレベルで考えた機能となります．非機能要件というと，その他大勢のように見えますが，要件としてはこちらが重要となることの方がむしろ多いといえます．

例えば「時間あたり1万件を処理できること」という非機能要件を補助仕様書に書けば，これをクリアしない限り要件が満たせず，システムが完成しないことになります．制約は，前記以外のさまざまなものが考えられます．例えば，使用するプログラミング言語，サーバソフトウェア，使用するハードウェアなどを指定します．

1.3.2　ビジネスモデリング

ビジネスモデリングの目的は，情報システムが対象とする問題における**注目すべき概念を視覚化**することです．注目すべきというと，利用者なども入りそうですが，**情報システムが対象とする**という部分が重要です．システムの内部において管理すべき事柄が概念の候補です．さらにいえば，データベースで管理する情報は，注目すべき概念になるでしょう．多くはこの基準で概念が見つかると思いますが，データベースで管理しないが重要な概念も存在し得るので，もう少し広く考えた方が良いでしょう．

視覚化されたモデル（このディシプリンの成果物）は，**問題領域モデル**と呼び，**「静的」**です．この静的という意味は，物語に例えると登場人物の紹介（おじいさんとおばあさんと孫がいました）です．図1.6に問題領域モデルの例を示します．これは本屋のPOSシステムに関するもので，購入者の性別や年代，購入日時，本のタイトルなどをシステムで管理しようとしています．ここでは購入者，購入，タイトル，などが前述の注目すべき概念に相当し，それ以外は概念に付随する属性になります．

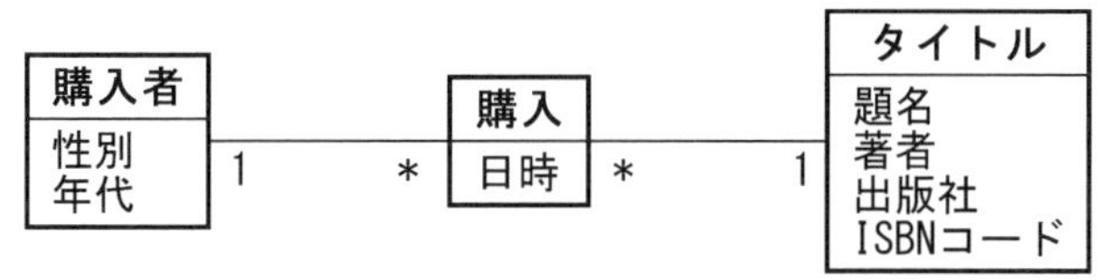

図 1.6. **問題領域モデルの例．本屋の POS システムの部分.**

1.3.3 設計

設計の目的は，**実装を意識してなすべきことを正確に行う**ことです．ビジネスモデリングは分析であり，なすべきことを決める段階です．このように書くと，まず分析を完了させ，その後に設計を行うように見えますが，UP においては，1 つの反復の中で両方のディシプリンを実施します．そして時間軸で見ると，最初の反復では分析であるビジネスモデリングに多くの時間を使い，以降の反復で徐々に設計主体へと移行します．

設計における成果物には，ソフトウェアアーキテクチャ文書，設計モデル，データモデルなどがあります．この中では設計モデルが特に重要で，**静的なモデル**と**動的なモデル**の 2 つを含み，オブジェクト指向的な考え方を最も活用するモデルです．この動的なモデルも物語に例えて説明すると，「登場人物の相互作用を通して物語が進行する様子を表す」ことに相当するでしょう．データモデルは，データベースなどでデータを管理するための具体的なモデルです．データベースは，情報システムの核に相当しますから，これもまた重要な成果物です．

■クイズ：ユースケースモデルは，何を明らかにするでしょう？

ア）機能要件　　　　　　イ）非機能要件

回答欄（　　）

■クイズ：UP において非機能要件を明らかにするのはどこでしょう？

ア）問題領域モデル　　　イ）補助仕様書

回答欄（　　）

■クイズ：ユーザの要求を鵜呑みにしてシステムを作ってはいけない理由は？

ア）ユーザは作るべき要件をすべては知らないから

イ）ユーザは作るべきでない要求をする可能性があるから

ウ）アとイの両方

回答欄（　　）

第 2 章
オブジェクト指向技術

本章では，**オブジェクト指向技術**を説明します．オブジェクト指向技術については，過信（魔法のような手法）や不信（役に立たない手法）が存在します．

ここでは，公平な目でオブジェクト指向技術を捉え，システム設計の目標である “良いシステム” を作るための手段として紹介します．また，オブジェクト指向の説明と切り離せない部分について，**統一モデリング言語** UML（Unified Modeling Language）による書き方を示します．

2.1　オブジェクト指向について

オブジェクト指向というコンセプトは，米国の**アラン・ケイ**（Alan Key）氏により確立され，オブジェクト指向プログラミング言語である Smalltalk のプログラミングスタイルを表す言葉として使われました．アラン・ケイ氏は，マイクロコンピュータ出現以前の 1960 年代に，個人の活動を支援する「パーソナルコンピュータ」という概念を提唱したことでも有名です．

オブジェクト指向技術については，いろいろな誤解がありました．誤解の原因として，平澤章氏 [5] が指摘する「比喩を使った説明による混乱」があると思います．例えば，病院において医師や看護師が使う情報システムを設計するときに，医師や看護師などシステムを利用する人間の行動をオブジェクト指向で説明してしまい，システム設計におけるオブジェクト指向の役割が伝わらない，というようなことです．その背景には，オブジェクト指向が現実世界をそのままソフトウェアに表現する技術であると説明されていたことがあります．このことが，オブジェクト指向技術を「魔法」のように思わせ，そして反動として「役に立たない」と失望させていたようです．

情報システムでは，**「データと処理」**が中心であり，現実世界とは違います．無理に現実世界と結びつけず，データと処理に集中してオブジェクト指向を利用すれば，有用な設計・処理手段になります．以下では，このことを踏まえ，オブジェクト指向技術を，その存在意義とともに説明していきます．

■クイズ：アラン・ケイ氏の有名な言葉は次のどちらでしょう．

ア）私には未来が見えているが，いま，語る時期ではない．

イ）未来を予測する最善の方法は，それを発明することだ．

回答欄（　　）[*1]

2.2 オブジェクト指向技術（導入編）

本節では，オブジェクト指向技術の核となる**クラス**という概念を中心に説明します．最初に示したいのが，オブジェクト指向技術の使い方は 2 つあり，これらを区別して使った方が良いということです．それぞれについて，説明します．

- **使い方その 1**：データを処理するプログラミング言語として使う．
- **使い方その 2**：システムで扱うデータの概念を抽象的に整理する．

2.2.1 クラス（使い方その 1）

クラスという概念を，計算機が行う処理の中で考えます．

計算処理プログラムの中には，図 2.1 のようにデータと処理が多数存在します．データと処理の組み合わせは，データ数 n_d と処理数 n_p の積 $n_d \times n_p$ の数だけあり，膨大です．もし，**このデータにはこの処理を適用する**という制約が存在するのであれば，それを明示することで組み合わせを減らすことができます．例えば，図において，「データ A1, A2, A3 については処理 a を使う」という制約が存在するのであれば，そのことを明示するという意味です．データ数 n_d や処理数 n_p が多いとき，その効果は顕著です．データや処理は計算処理プログラム（すなわち情報システム）の構成要素であり，構成要素同士の疎結合性を向上

[*1] 「イ」（Wikipedia より引用）が正解．

させることになります．

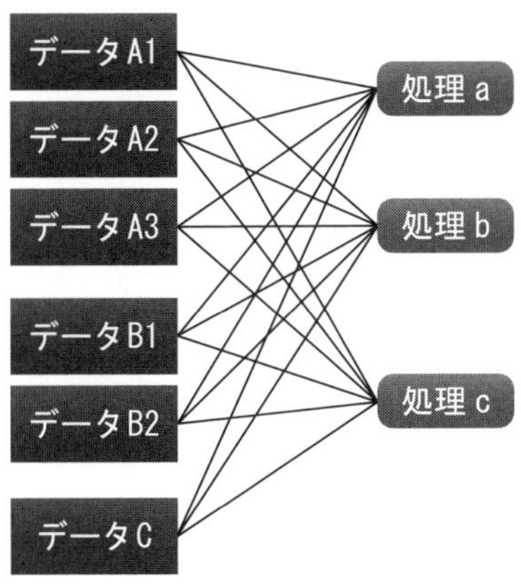

図 2.1. 計算処理プログラムの中のデータと処理

クラスという概念は，**データと処理の組み**（制約）を明示する方法になっています（図 2.2）．まず，あるデータ群は，必ずある処理を使うという制約があるとき，この場合であればデータ A シリーズは処理 a を使うという制約があるとき，データ A と処理 a とを組み合わせて，クラス A を定義（宣言）します．

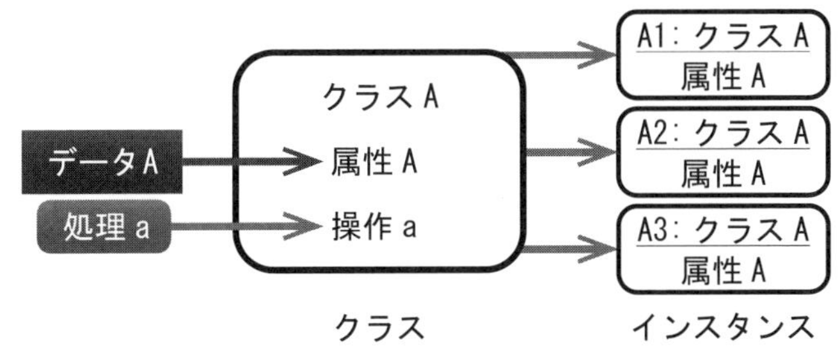

図 2.2. クラスとインスタンス

このとき，データのことを**属性**，処理のことを**操作**と呼ぶことにします．そして，クラスを雛形として，データ A シリーズの実際のデータと処理の組みである実体（**インスタンス**と呼びます）を生成します．ここでは，A1，A2，A3 の

3つのインスタンスを生成しています．インスタンス（⊆ オブジェクト）は，プログラムの世界ではほぼ**オブジェクト**と同じと考えて構いません．**クラス**と**インスタンス**の関係は，「たい焼きの型」と「たい焼き」に例えることができます．どちらがどちらかわかりますか？「たい焼きの型」がクラスで，「たい焼き」がインスタンスです．型があれば，いくらでもインスタンスを作れるのもたい焼きと似ています．

ここでインスタンス A1 に着目してみましょう．A1 の属性（＝データ）は，それを作る雛形であるクラス A がもっている操作 a（＝処理）によって処理されます．また，操作 a はクラス A のインスタンスに対してのみ使われます．すなわち，属性と操作（データと処理）の影響範囲が限定されているのがわかります．この影響を限定する概念のことを**「カプセル化」**と呼びます．

ここまで，クラスやインスタンスを独自の記法で書いてきましたが，標準の統一モデリング言語 UML で表してみたいと思います．図 2.3 を見てください．(a) が一般的な例で，3 段の長方形により表され，上段にクラス名，中段に属性，下段に操作を書きます．属性を表す中段（属性区画）や操作を表す下段（操作区画）は省略可能であり，これらを省略したものが (b) になります．説明のためにクラス名，属性，操作という名称を使っていますが，実際には「クラス名」というクラスは存在しないでしょう．クラス名が A，属性が valM，操作が doX() のクラスは (c) で表されます．属性や操作区画を省略したものが (d), (e) になります．

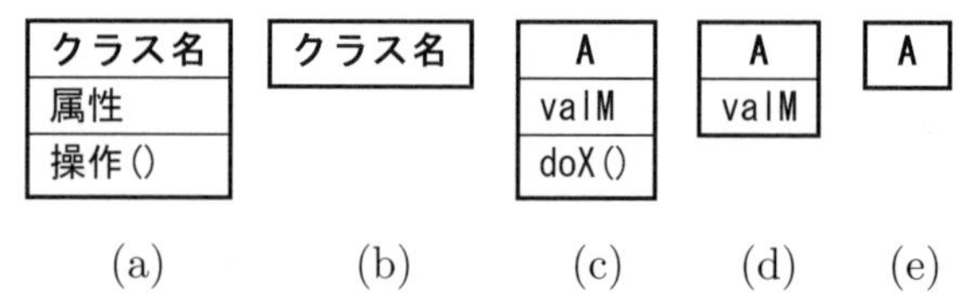

図 2.3. クラスの UML による表記

インスタンスについては，図 2.4 の (a) のように 2 段の長方形で表され，上段にインスタンス名を書き，下段は**スロット**と呼び，属性の具体的な値を示すことができます．スロットやスロット内における属性の値は省略可能です．インスタンス名には，雛形となったクラス（**ベースクラス**と呼ぶ）を「：クラス名」という形式でつけることが可能で，クラス名のみを示すことも可能です．これらは (c), (d) に相当します．また，(b) のようにクラス名を省略することもできます．ここで重要なことは，**名前には下線を引く**ということです．このようにすることで**クラス**と区別しやすくなります．(b) でスロットが省略された場合を想像すれば，下線のみがクラスとインスタンスを区別する目印になることがわかります．

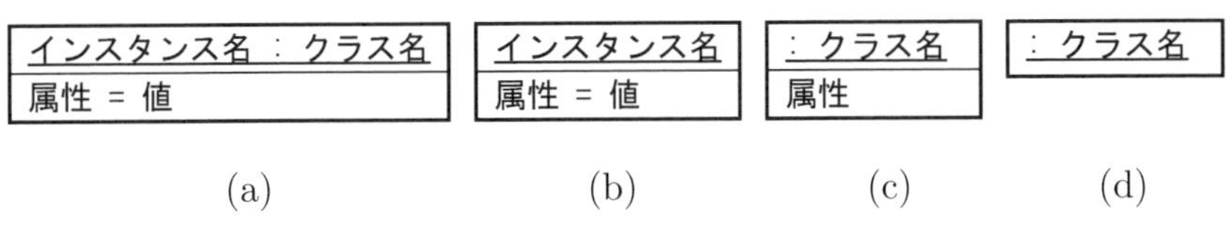

図 2.4. **インスタンスの** UML **による表記**

ここで，**メッセージ**という概念を紹介します．このタイミングで説明するのは，オブジェクト指向という概念の説明に，よく「メッセージ」が登場するからです（本書で本格的に意識するのは，設計における動的モデルを考えるときになります）．図 2.5 を見てください．オブジェクト A1 はクラス A のインスタンスです．この A1 の属性 A を処理する場合，**「外部からオブジェクト A1 にメッセージを送信する」**ことで行います．このメッセージは「操作 a()」です．これは，オブジェクト A1 に対し「操作 a() を実行せよ」と指示しているのです．オブジェクト A1 はメッセージを受信し，属性 A を操作 a() で処理します（実際には，操作 a() で宣言されていることを実行します）．このようにオブジェクト指向の分野では，**「メッセージにより操作を起動して処理を行う」**という独特の考え方をします．

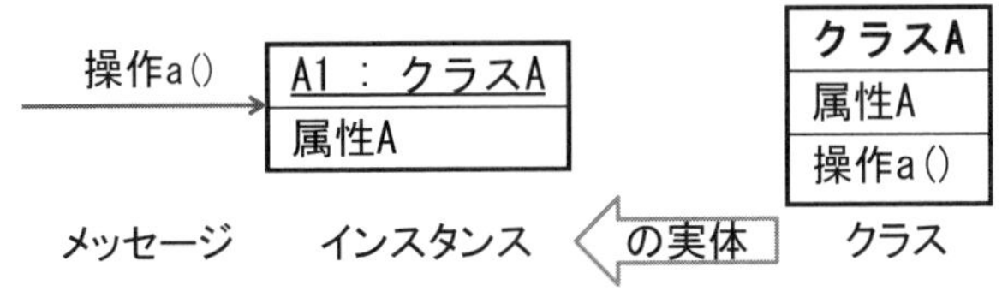

図 2.5. **メッセージによる操作の起動**

次にクラスの**継承**という概念を説明します．いま，クラス A が宣言されていて，その性質は使えるが不十分な点があるとします．このとき，クラス A の性質を**継承**するクラス A'，クラス A" を作成して解決することを考えます．そして，

- 例：クラス A' には新たに操作 aa() を付加する．
- 例：クラス A" には新たに属性 Aa を付加する．

とします．このように，**継承**を使う理由は，

1. 同じことは 2 度書かない（例：属性 A，操作 a() を 2 度書かない）．これは，修正コストやミス（片側だけ修正して残りの修正を忘れることが最も怖い）の可能性を減らすためで，良いシステムのための重要な原則（疎結合性や高凝集性と並ぶ）です．
2. 高凝集性のため．クラス A' やクラス A" がクラス A の継承であるという関係（＝**抽象的概念**）を表す．このことがクラス群の理解を容易にする．

です．クラスの導入は**疎結合性**の向上につながり，継承は**高凝集性**の向上に寄与するということから，オブジェクト指向技術が，**良いシステムのための特性を実現する手段**になっていることがわかります．さて，この継承という関係を UML で表したのが図 2.6 です．図の中でクラス A' やクラス A" からクラス A に伸びている矢印（実線＋白抜き三角△）は「**汎化**」の関係を表します（「汎化の矢印」と呼んでおきましょう）．すなわち，クラス A' やクラス A" を汎化したものがクラス A であることを表しています．汎化は**継承**の逆です．従って，**クラス A' やクラス A" がクラス A を継承していること**を表します．そして，クラス A' には操作 aa() が付加され，クラス A" には属性 Aa が付加されています．重要なことは，クラス A が最初からもっている属性 A や操作 a() は書かず，**付加の分のみ**記述しているという点です．また，用語として**スーパークラス**と**サブクラス**という言葉がありますので，合わせて覚えましょう．クラス A は，クラス A' やクラス A" から見るとスーパークラスになります．逆に，クラス A' やクラス A" はクラス A のサブクラスと呼びます．

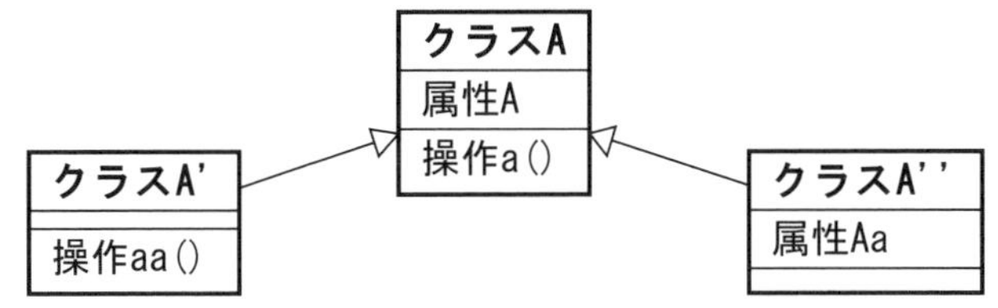

図 2.6. **クラスの継承**

ここまでの説明で，クラスを宣言するための情報が揃ったと思いますが，ここで補足をします．情報システムの中において，さまざまな概念をクラスとして表すことができますが，原則としてクラスにならないものがあります．下記にて，**クラスになり得る概念**となり得ない概念の例を示します．ただし，状況や観点によっては一般に属性として使われる概念がクラスになることもあります．

- 色，長さなどの具体的な性質や数値を表す概念はクラスにならない（属性にはなる）．動作は，操作と考えられるのでクラスにならない．
  - 赤，青，緑
  - 1cm，50kg，1800cc
  - 計測する，販売する，面積を算出する，集計する
- クラスにも属性にもなり得る概念：身長，体重，排気量，燃費
- 名詞化によりクラスになり得る概念：計測，販売，予約，履修

演習問題 2.1：**下記の説明に従い，クラスを手書きしなさい．操作がない場合は操作区画を省略しなさい．**

1. クラス名が「長方形」，属性が「底辺」と「高さ」，操作が「描画する」と「情報を表示する」というクラス
2. クラス名が「会員」，属性が「会員コード」と「氏名」というクラス
3. クラス名が「販売」，属性が「日時」と「金額」というクラス

演習問題 2.2：**下記の説明に従い，インスタンスやクラスを手書きしなさい．**

1. 演習問題 2.1 で作成したクラスのインスタンス．インスタンス名（省略可）や属性の値などは自由に考えてください（ヒント：インスタンス名の例として，クラス名が XX のとき，「XX1」，「ある XX」があります）．
2. 上記において，スロット区画を省略したもの，および属性区画と操作区画を省略したベースクラス（＝インスタンスを作る雛形となるクラス）．

演習問題 2.3：**下記の説明に従い，クラスとクラス間の関係を手書きしなさい．また問に答えなさい．**

1. 「正方形」クラスが，「長方形」クラスを継承している．長方形クラスには，属性として底辺と高さ，操作として「描画する」と「情報を表示する」がある．
2. 「会員」クラスが，「特別会員」クラスを汎化している．会員クラスには，会員コードと氏名という属性がある．
3. 正方形クラスには，底辺や高さという属性はありますか？
「描画する」や「情報を表示する」という操作はありますか？
特別会員クラスには，会員コードや氏名という属性はありますか？

2.2.2　クラス（使い方その 2）

抽象概念整理のために**クラス**を使う方法について説明します．具体的には，**集合**[*2]を考えることになります．前項の使い方その 1 とは別物であると意識してください．基本的には，システムで扱うデータの概念を整理するためにクラスを使いますが，下記の注意があります．

注意 1：　システム設計において，扱うデータ以外でも使うことがある．

- システムを使うユーザ（アクターと呼ぶ）の役割について整理するときに使います．この場合，アクターは，システムで扱うデータではな

[*2] 数学における集合です．集合を構成する個々の「もの」のことを要素（element）あるいは元といいます．

いということに注意しましょう．

注意2： 現実世界の説明に使われることもある．

- システム設計とは関係ないので，設計では使わないこと．
- 例：人間は動物である（オブジェクト指向技術の説明用）．

抽象概念の整理に用いるのはクラスの**継承**という概念です．継承とは逆の関係である**汎化**を用いると説明しやすいので，以下では汎化という言葉を使います．汎化という概念は，集合における包含関係と同じことを表しています．いま，集合 A と集合 B があり，図 2.7 のように**「集合 A が集合 B を包含している」**（$A \supset B$）とします．このとき，集合 A に対して A というクラス，集合 B に対して B というクラスを考えると，同図の右のように**「A は B を汎化する」**という関係と同値[*3]になります[*4]．

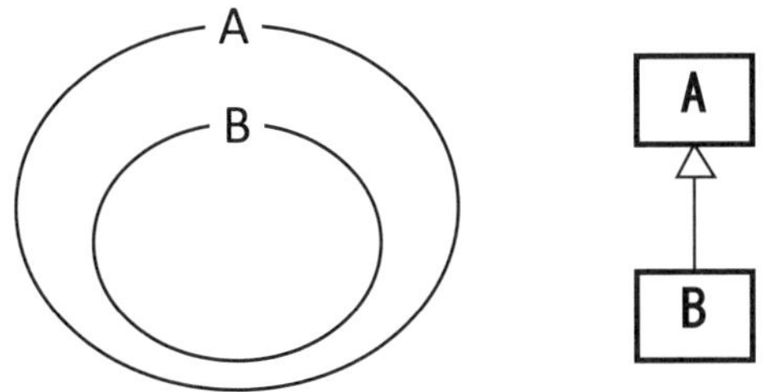

図 2.7. 「集合 A が集合 B を包含する」場合のベン図と汎化（継承）の関係

さらに，集合の包含関係は論理関係と繋がっており，**「B ならば A」**とも同値になるのです．これを論理記号で書くと $(B \Rightarrow A)$ です．これは，頭の中で集合 B の要素を思い浮かべると理解できます．B の要素は，必ず A の要素になっています．だから，$A \supset B$ と $B \Rightarrow A$ が同値なのです．この「ならば」という関係との結びつきは重要です．例えば要件定義において，いろいろな概念の説明から，「ならば」という関係を見つけ出せれば，これを汎化の関係で表すことができます．ただし，「ならば」という関係は，「ならば」と書かれていないかも

[*3] 1 対 1 に対応するという意味．包含関係が成り立てば汎化の関係が成り立ち，かつ汎化の関係が成り立てば包含関係が成り立つ，という意味です．

[*4] オブジェクト指向における「汎化の定義」と考えれば良いでしょう．

しれませんので，読解力や想像力を働かせてください．

ここで，オブジェクト指向技術の「使い方その1」と「使い方その2」が食い違う有名な例を示します．それは，実数と複素数の関係です．図2.8(a)の「使い方その1」は，「実数クラスがあり，値という属性をもつ．複素数クラスは，実数クラスを継承し，虚数部という属性をさらにもっている」という説明文を元に作成したクラスで，プログラミングに基づいて汎化の関係を考えています．一方，数学として実数と複素数の関係を考えれば（すなわち「使い方その2」であれば）(b)のように「複素数が実数を汎化する」ことになります．このような食い違いは，実際の情報システム設計において起こり得ます．ビジネスモデリングでは，抽象的に概念を整理しますので，「使い方その2」が主体となりますが，実装を意識する設計段階では「使い方その1」を用います．これはビジネスモデリングの結果を参考にして設計を行うときに，注意が必要なことを意味します．元々，設計は機械的な作業ではありませんので，このことも念頭に入れ，先入観に因われずに設計を行ってください．

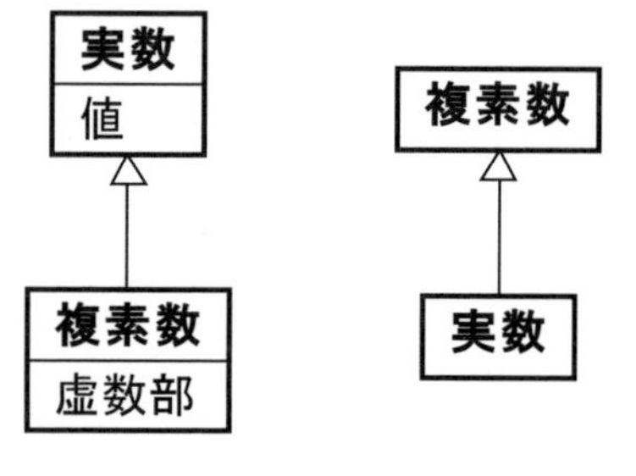

(a) 使い方その1　　(b) 使い方その2

図 2.8. オブジェクト指向技術の使い方その1と，その2の食い違いの例

演習問題 2.4：下記の説明で表されている関係を，ベン図，論理記号（⇒），包含記号（⊂），クラスの汎化関係を用いて表しなさい．

1. 「正方形」ならば「長方形」である．
2. 「円」は「楕円」を継承する．
3. 「ホテル支配人」は「ホテル受付係」としても使う．これを「ならば」の関係と考えなさい．

2.2.3　クラスの属性と操作

クラスの説明は基本概念に制限していましたが，本項ではもう少し細かな事項について説明します．これまで属性や操作について，属性名や操作名のみを書いてきましたが，今後は下記項目の存在も意識しましょう．

「属性」で表す項目　：可視性　属性名：型
「操作」で表す項目　：可視性　操作名 (パラメータリスト)：戻り値の型

型とは，整数型 (Int) や文字列型 (String) の指定を意味します．クラスも型ですので，指定できます．操作は，パラメータ（引数）を伴うことがありますので，それを書くことができます．いずれも省略可能であり，むしろ決定しない事柄は積極的に書かないのが正しい使い方です．可視性は，

＋　：パブリック（public: 公開）
－　：プライベート（private: 非公開．クラス内部でのみ見られる）
♯　：プロテクテッド（protected: パッケージ内と継承したクラス）
～　：パッケージ（package: パッケージ内に限定公開）

があります．現段階では公開 (+) と非公開 (−) を覚えてください．他の 2 つの理解に必要なパッケージの説明は後の章で行います．また，使用するプログラミング言語によって範囲が異なることもあるので，注意も必要です．典型的な使用例としては，属性を非公開，操作を公開とする図 2.9 です．操作は外部からのメッセージにより起動すること，属性を処理する操作の限定が疎結合性を向上させること，などを考えると妥当な選択です．もちろん，正当な理由があって，別の可視性を設定することがあります．

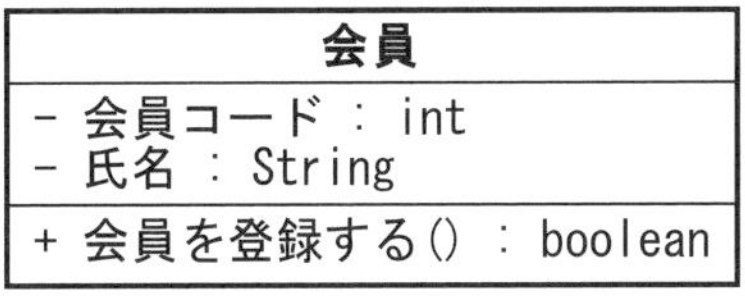

会員
- 会員コード : int - 氏名 : String
+ 会員を登録する() : boolean

図 2.9. **クラスにおける可視性や型名表示の例**

2.3 ツールを用いたクラス図の作図

本節では，astah*professional[*5]というツールを用いたクラス図作成について説明します．クラス図は1つあるいは複数のクラスを含み，さらにクラス間の関係を表した図です．astah*professional は UML などの作画ツールです (astah*UML も UML の作画が可能ですが，データモデルを記述する ER 図はサポートしていません．従って，本書の演習では astah*professional を使用してください．これ以降，短く「astah*」と表記します)．

astah*は，オブジェクト指向の概念がかなり忠実に再現されており，クラス図やシーケンス図の作図に便利です．また，作図を通して，オブジェクト指向技術を確認するという観点でも有用です．例えば，クラスの継承において，属性や操作が継承先に引き継がれていることや，「メッセージが操作を起動する」ということが考慮されています．

astah*は，プロジェクト単位でモデルを管理し，ファイルとして保存できます．クラス図を作成する場合は，上部メニューから「図」→「クラス図」を選択します．図 2.10 はクラス図を選択した直後の画面全体で，右側画面を「ダイヤグラムエディタ」，左上を「プロジェクトビュー」，左下を「プロパティビュー」と呼びます．クラスは，「ダイヤグラムエディタ」上部のメニュー（ツールパレット）から図形要素を指定してエディタ上をクリックすることで作成できます（詳細はマニュアルを見てください）．作成したクラスは，図 2.9 のように可視性や型名が表示されています．図を右クリックし，出現したメニューから指定することで，これらの情報を「表示しない」ようにもできます．なお，astah* では，クラス図内にオブジェクト図（クラスのインスタンスとインスタンス間の関係を表した図）を描くことができます．

[*5] astah*professional は株式会社チェンジビジョンの登録商標です．

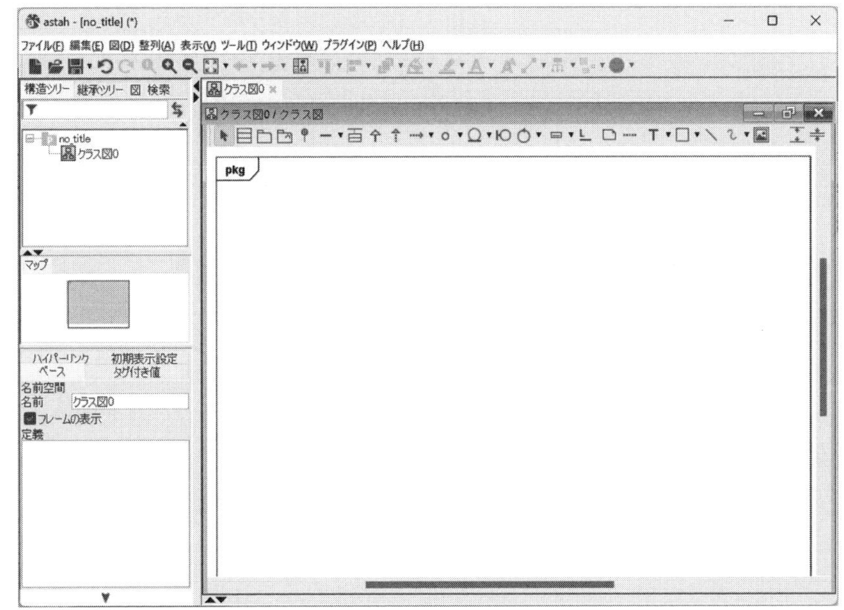

図 2.10. astah*professional のウィンドウ

演習問題 2.5：下記の説明に従い，クラスをツールを使って書きなさい．なお，可視性，型名，および操作がない場合の操作区画は省略しなさい（本問は演習問題 2.1 のツール描画版です）．

1. クラス名が「長方形」，属性が「底辺」と「高さ」，操作が「描画する」と「情報を表示する」というクラス
2. クラス名が「会員」，属性が「会員コード」と「氏名」というクラス
3. クラス名が「販売」，属性が「日時」と「金額」というクラス

演習問題 2.6：下記の説明に従い，インスタンスやクラスをツールを使って書きなさい（本問は演習問題 2.2 のツール描画版です）．

1. 重要な注意：あるクラスのインスタンスを作る場合は，ベースクラスの指定がないインスタンスを生成した後，図が選択されている状態でプロパ

ティビューにおいて，ベースクラスの欄で該当クラスを指定してください．ベースクラスを指定しなくても見た目を同じにできますが，これは別物です（例えばクラスの属性が自動的にスロット区画に入りません）．

2. 演習問題 2.5 で作成したクラスのインスタンス．インスタンス名（省略可）や属性の値などは自由に考えてください（ヒント：インスタンス名の例として，クラス名が XX のとき，「XX1」，「ある XX」があります）．
3. 上記において，スロット区画を省略したもの，および属性区画と操作区画を省略したベースクラス．

演習問題 2.7：下記の説明に従い，クラスとクラス間の関係をツールを使って書きなさい（本問は演習問題 2.3 のツール描画版です）．

1. 「正方形」クラスが，「長方形」クラスを継承している．長方形クラスには，属性として底辺と高さ，操作として「描画する」と「情報を表示する」がある．
2. 「会員」クラスが，「特別会員」クラスを汎化している．会員クラスには，会員コードと氏名という属性がある．
3. ツールによる確認：正方形クラスのインスタンス，特別会員クラスのインスタンスを作成し，スロット区画にベースクラスの属性が自動的に挿入されることを確認しなさい．

演習問題 2.8：下記の説明で表されている関係を，クラス図で表しなさい（本問は演習問題 2.4 のツール描画版です）．

1. 「正方形」ならば「長方形」である．
2. 「円」は「楕円」を継承する．
3. 「ホテル支配人」は「ホテル受付係」としても使う．これを「ならば」の関係と考えなさい．

2.4 オブジェクト指向技術（中級編 1）

本節で説明するオブジェクト指向技術は，導入編に比べて多少理解が難しい（抽象的であるため）ため中級編 1 としました．具体的には，ポリモーフィズムと抽象クラスについて記述します．ただし，これらは Java プログラミング言語の入門書に書かれていることであり，スキップすることはできない事項です．

前節で，オブジェクト指向技術の使い方に「その 1：プログラミング言語として」，「その 2：抽象概念の整理として」があるといいましたが，中級編以降はすべて「使い方その 1」のプログラミング言語として使う場合に属します．

2.4.1 ポリモーフィズム

ポリモーフィズムは，**継承**と関連し，それを伴っていますが，利用する意図が異なるので，別項目の技術として説明します．いま，クラス A が宣言されていて，その性質は使えるが不十分な点があり，クラス A の性質を修正して使うことを考えます．そして，

- 例：クラス A"' の操作 a() は，クラス A の操作 a() の修正とする．

とします．このように，同じ呼び方（操作 a()）で異なる動作をさせることを**ポリモーフィズム**といいます．ポリモーフィズムを使う理由（意図）は，

1. 似た操作（抽象レベルで同じ，あるいは共通点がある操作）なので，呼び方を同じにして理解しやすくする．
2. 理解しやすさの向上は，「**高凝集性**の向上」につながる．

です．対比のために，継承（ポリモーフィズムがない）の例を示すと

- 例：クラス A' には新たに操作 aa() を付加する．
- 例：クラス A" には新たに属性 Aa を付加する．

となります．これら**継承**と**ポリモーフィズム**の例を表したのが図 2.11 です．図の中でクラス A に向かって伸びる矢印（汎化の矢印：実線＋白抜き三角△）は，**「汎化」**の関係を表します．継承の例（クラス A' とクラス A"）では，クラス A

がもつ属性や操作は書かず，**付加の分のみ**記述しているのに対し，**ポリモーフィズム**の例（クラス A”’）では，**修正する部分**を書いている点が大きな違いです．この修正することを「上書き」という意味で**オーバーライド**と呼びます．

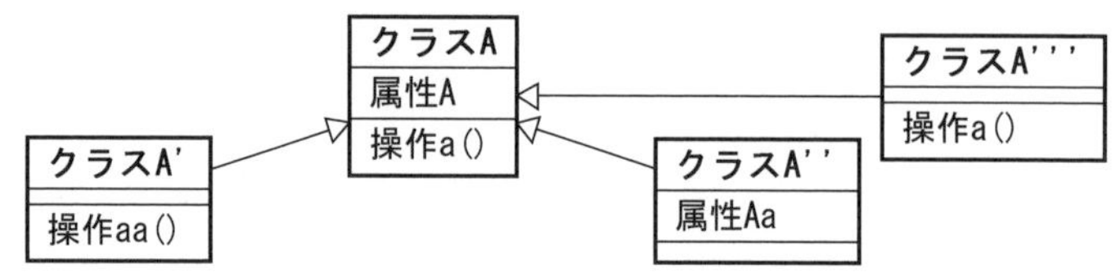

図 2.11. クラスの継承とポリモーフィズム

2.4.2 抽象クラス

前項で示したように，**ポリモーフィズム**は**継承**（汎化）を伴います．そして継承は多段で行われることもあり，同じ操作名をもつクラスが多数できることもあります．従って，情報処理システムにおいてクラスを使うときは，継承される側すなわち大本のスーパークラスで宣言されている操作を見て，使い方を確認することになります．見るところを限定することで，全体を把握しやすくする，すなわち凝集性を高めるのです．

いま，共通点のあるいくつかのクラスがあるのですが，それをとりまとめるスーパークラス役がいない場合を考えます．例えば，「長方形」,「楕円」というクラスがあり，いずれも「描画する」や「情報を表示する」という同じ操作をもっているとします．これらは 1 つにまとめてユーザに見せた方が高凝集性の観点から良いのですが，まとめ役がいないためにできません[*6]．そこで，まとめ役として，どのクラスからも汎化の関係にある抽象クラスを担ぎ出すのです．ここでは，「図形」という抽象クラスを考えましょう（図 2.12）．抽象クラスは，実体すなわちインスタンスを作れません．まとめ役に徹します．図形クラスの例では，「描画する」と「情報を表示する」という操作をもっていますが，図形そのものに対して適用することは考えず，抽象操作として宣言しています．**「抽**

*6 長方形が楕円を継承するわけにもいきませんし，逆もまた然りです．

象」という意味（抽象クラス，抽象操作）を表すために，**斜体**が使われています．抽象操作は実体を伴わないので，継承先（サブクラス）で実体を伴う形で宣言されることを期待しています．例えば，長方形クラスや楕円クラスでは，これら**抽象操作がオーバーライド**されています．

このように抽象クラスを介すことで，長方形クラスと楕円クラスがもつ操作がポリモーフィズムであることが示せます．もし，抽象操作がないと，偶然同じ名前の操作をもつとも解釈できるので，抽象操作の役割は重要です．**抽象操作はポリモーフィズムを間接的に実現している**といえます．

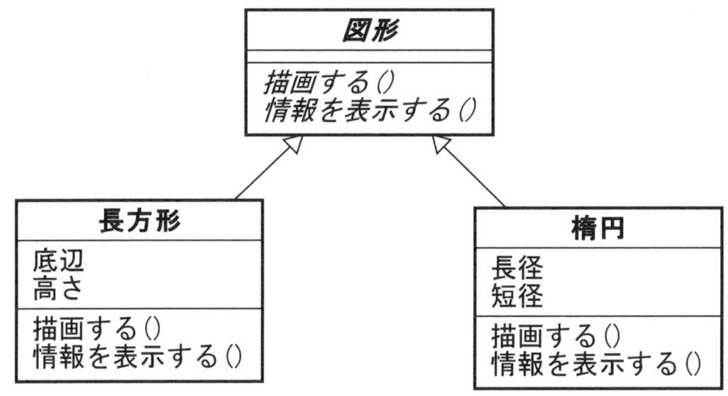

図 2.12. 抽象クラスの例

抽象クラスを**インスタンスが作れない**という観点から見てみます．抽象クラスは，**抽象操作**（実体が伴わない，実際の操作が実装されていない）を最低でも 1 つはもっていて，そのためにインスタンスが作れないと考えることができます．実際，抽象操作があるクラスは，そのインスタンスを作れません（作っても操作が無効なため，メッセージを受け取れません）．

■クイズ：ポリモーフィズムの説明として適切なのは？

ア） 異なるメッセージに対して，同じ振る舞いをさせること．

イ） 異なるメッセージに対して，異なる振る舞いをさせること．

ウ） 同じメッセージに対して，同じ振る舞いをさせること．

エ） 同じメッセージに対して，異なる振る舞いをさせること．

回答欄（ ）[*7]

2.5 クラス間のさまざまな関係

これまでクラス間の関係としては，汎化（継承）の関係がありました．ここでは，関連や依存といった，異なるタイプの関係について説明します．

2.5.1 関連

関連は，文字通りクラスとクラスとが関連していることを表します．関連はクラス間を実線で結んで表し，その端には多重度（省略も可能）を設定できます．図 2.13 がその例です．図には，「購入者」，「購入」，「タイトル」という 3 つのクラスがあり，それらに**関連**という関係が存在することが実線で表され，購入クラスに繋がる関連の両端には「*」，購入者やタイトルがある関連の端（**「関連端」**と呼ぶ）には「1」という多重度が設定されています．

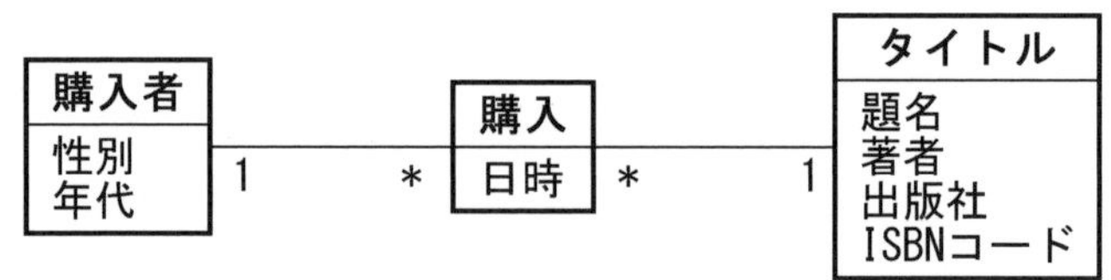

図 2.13. クラス間の関係（関連）

多重度は，**関連先に結びつくインスタンスの数**を表します．単純な定義なの

*7 ポリモーフィズムは，「同じ呼び方（操作）で異なる動作（振る舞い）をさせること」です．操作を起動するのはメッセージですので，「エ」が正解です．

ですが，モデルを実際に作るときになると，疑問に思ったり多重度の意味がわからなくなったりします．そのときは，この定義に戻りましょう．例えば，購入者の多重度が「1」であるということを，「購入者が 1 人だけいる」と読むとわからなくなります．この「1」は「購入」と関連しているのです．つまり，**「ある購入という事象を考えると購入者が 1 人だけいる（結びつく）」**と読むのです．多重度の例は下記になります．

0..1　：0 か 1（0 以上 1 以下）
1　　：1 だけ（"5" と書けば 5 だけを表す）
1..*　：1 以上（同様にして 2 以上なども表せます）
*　　：0 以上

関連や多重度を理解するには，例から考えることも役立ちます．まずは頻出する関連・多重度の**基本パターン**に**「モノ–コト–モノ」**があることを意識しましょう．児玉氏 [8] はこのパターンをモデリングの基本構造としてあげています．ここで**「モノ」**とは目に見える具体的なモノで，**「コト」**は主にモノとモノの間の関係などを表すより抽象的なコトです．図 2.13 では，「購入者–購入–タイトル」がこのパターンに当てはまります．このパターンのとき，多重度は多くの場合「1–*，*–1」（1 対多，多対 1）となります．多重度は，インスタンス（オブジェクト）を考えるとわかります（図 2.14）．購入に対して購入者やタイトルが 1 つ対応するのが理解できると思います．

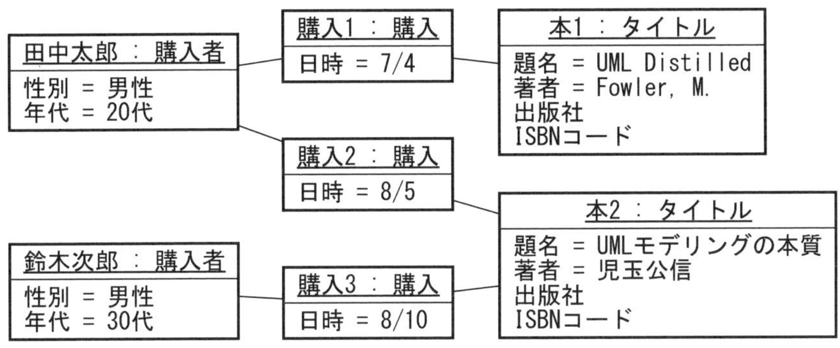

図 2.14.「モノ―コト―モノ」パターンのオブジェクト図

情報システムでは**「関係を記録」**することがよくあります．しかし，関係が多対多のままでは組み合わせが多くて記録が難しくなります．このようなとき，間に「コト」（＝イベント）を考え，「モノ–コト–モノ」の関係を作ります．すると，コトは実際に起こった関係の組み合わせを表すことになり，このコトを記録することで「関係を記録」することができます．

関連には，**「関連名」**を示すことができます（省略可，図 2.15）．関連名は「動詞」で，目的語の方向を表すこともできます．関連名は関係性を明確にしたいときに使えばよく，例えば，情報共有する関係者内において自明な関連であれば，不要でしょう．

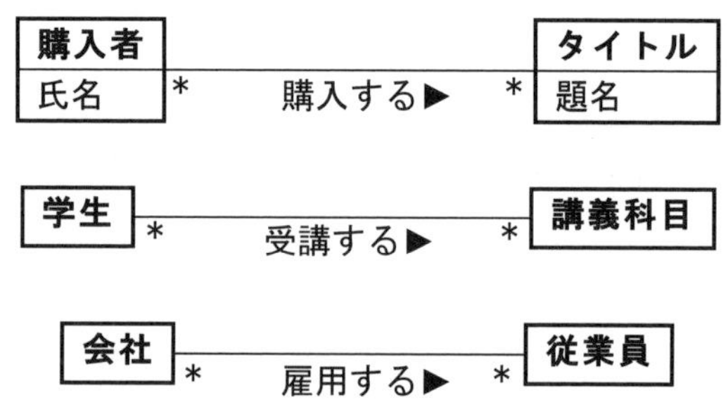

図 2.15. 関連名の例

関連（関連名）をクラスとして表すことも可能で，これを**関連クラス**と呼びます．図 2.16(a) がその例で，関連線から点線を引き，そこにクラスを書きます．

通常，関連クラスは関連名（動詞）と同じ名前を用いますので，動詞の名称をもつクラスができます．もし名詞にすると，動詞で表されるべき関連が名詞で表されたことになります．これらはどちらでも良いと思います．関連クラスには，属性や操作を書くことができ，その意味で有用ですが，筆者は関連クラスが必要だと思われるときは，図 2.16(b) のように，関連を表す通常クラスの宣言を検討すべきだと考えます．この方が簡素であり，また注目に値すべき関連であれば，クラスとして表す価値があると思うからです．この例からもわかるように，ある概念を，クラス，関連，属性で表すかは設計者の考え方次第です．

ここで，基本パターンである「モノ–コト–モノ」の多重度について考えてみます．まず，多対多「＊–＊」の関連があるとき，その間に「コト」を入れたとき

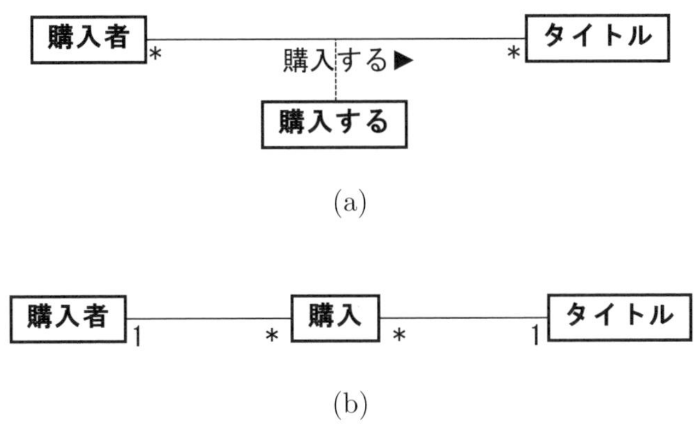

図 2.16. 関連クラス

は，「1–∗，∗–1」となりました．では，値が決まっていたり上限が決まっているときはどうでしょう．例えば，多重度が「10–20」である関連の間に「コト」を入れたときはどうなるでしょうか？ 答えは，「1–20, 10–1」です．直感に合っていますか？ 思っていたのと逆ではないですか？ 多重度が**関連先に結びつくインスタンスの数**を表すということを熟慮すれば，前記のようになることがわかると思います．ここでは，多対多の間に「コト」を挟んだときは，両脇が 1 になること，真ん中は**「たすき掛けの関係」**になると覚えておいてください．

関連には，その端（関連端）にそれぞれのクラスの「ロール」（**関連端名**と呼ぶ）を示すことができます．よく用いられるケースが，2 つ以上の関連があるとき，その違いを表すために使われます（図 2.17）．関連名とは違いますので注意しましょう．

ここで，図 2.14 においてインスタンス同士を結ぶ「線」について補足します．この線は**関連**のインスタンスで，**「リンク」**と呼びます．そして，関連との大きな違いは，**リンクに多重度はない**ということです．必ず 1 対 1 で結びます．もともと関連では，インスタンスがいくつ結びつくか（いくつリンクが存在し得るか）で多重度を考えており，リンクに多重度はつけられません．ただし，関連名や関連端名をつけることはできます．

関連の多重度について補足します．それは，多重度が 1 対 1 になったら，どこ

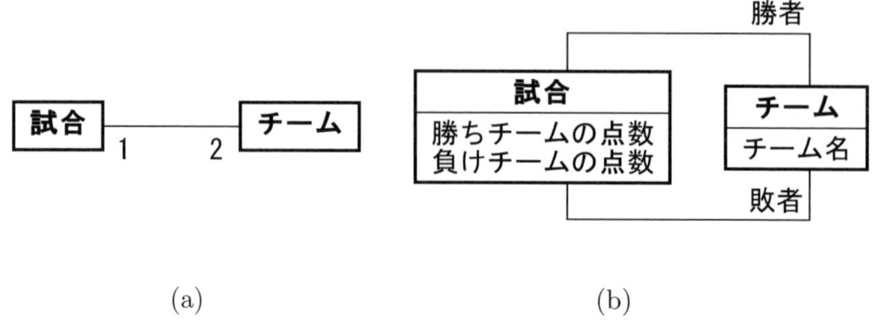

図 2.17. 関連端名（ロール）

かに間違いがある可能性が高いということです．図 2.18 で考えてみましょう．もし，本当に 1 対 1 の関係であれば，これらの情報は 1 つのクラスに統合できます．統合した方が図が簡素になるので，統合すべきです．もし多重度が 1 対多であれば，その関係はあり得ると思います．例えば，同じタイトルだが同一ではなく，別に出版されている本（文庫本と単行本，2 つの出版社から同じタイトルを出している）の存在を表すことになります．以上をまとめると，1 対 1 は**怪しい**ので，余程のことがない限り使わない方が無難です．

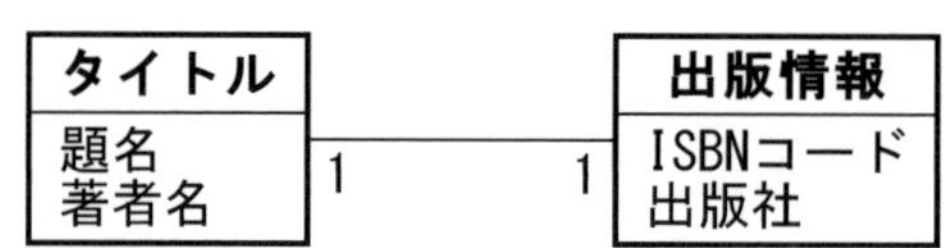

図 2.18. 多重度が 1 対 1 の関連

次に，特別な関連として，**コンポジション関連**を紹介します（図 2.19）．この関連は，**強い排他的所有権**を表します．例えば，チェス盤とマスの関係では，「マスはチェス盤がないと存在し得ない．あるマスは 1 つのチェス盤に属する」ということを表しています．情報システムで重要なのは，図 2.19(b) のさまざまな伝票とその明細との関係です（ここではわかりやすく「明細行」と書きました．明細全体ではなく，1 行 1 行を指しています）．明細（明細行）は，伝票がないと存在し得ません．これはいろいろなところで出てきます．例えば，販売伝票，発注伝票，購入履歴，図書カードなどです．また，図 2.19 では，コンポジションする側（記号「◆」がついている側）の多重度を 1 と表記していますが，これは普通 1 になります（省略しても 1 であると期待される）．コンポジション関連の意味（排他的所有権）から考えれば，複数にはなりません．

図 2.19. コンポジション関連

具体的にコンポジション関連を使う例を図 2.20 で示します．(a) が販売伝票の例で，これをクラス図で表したのが (b) です．

販売伝票

8月13日、12:10　野幌店

商品名	単価	数量	金額
玉ねぎ	70円	3	210円
リンゴ	125円	4	500円
ネギ	100円	2	200円
…	…	…	…
		合計金額	2000円

(a)

販売伝票
日時
支店名
合計金額
1
*
明細
商品名
単価
数量
金額

(b)

図 2.20. 販売伝票（コンポジション関連の例）

2.5.2　依存

依存は，あるクラスが別のクラスに依存することを表します．例えば「使わせてもらう」という関係です．依存関係を表すには，依存するクラスから依存されるクラス（提供側）へ，点線の矢印を伸ばします（図 2.21）．図は，注文クラスが在庫クラスに依存することを表しています．依存で重要なことは，**方向性が**

あるということです．従って，単なる「関連」よりも結びつきが低く，**疎結合性**が高くなります．システムに修正を加えたとき，その影響範囲を限定することになります．このことから，依存関係が存在すれば，積極的に示すべきです．

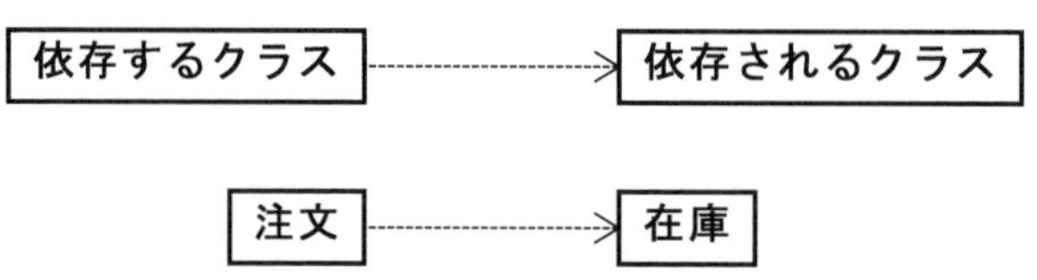

図 2.21. 依存関係の例

演習問題 2.9：下記の説明に従い，クラス図を作成しなさい．また問に答えなさい．可視性，属性や操作の返り値の型は表示しなさい．

1. 「実数」クラスが，「値」という属性と「絶対値を返す」という操作をもつ．「複素数」クラスが実数クラスを継承し，「虚数部」という属性をもち，「絶対値を返す」という操作をオーバーライドする[*8].
2. 「円」クラスが「楕円」クラスを継承する．楕円クラスには「長径」と「短径」という属性と「面積を返す」という操作がある．
3. 複素数クラスは「値」という属性をもちますか？
   円クラスは「面積を返す」という操作をもちますか？
   もしもつ場合，楕円クラスがもつものと同じですか？

■クイズ：抽象クラスの特徴を述べよ[*9].

演習問題 2.10：下記の説明に従い，クラス図を作成しなさい．関連と多重度を表し，可視性の型，操作区画は省略しなさい．

1. 年代という属性をもつ「購入者」クラスと，題名と ISBN コードという属性をもつ「タイトル」クラスがあり，これらクラスの関連を表す「購入」というクラスがある．購入クラスには，「日時」と「支払方法」という属性がある．

[*8] 本演習は，プログラミング言語としてオブジェクト指向技術を使うときに，抽象概念の整理として使う場合と汎化の関係が逆になる例です．

[*9] 抽象クラスはインスタンスを作れません．共通点のあるクラスのまとめ役として使われます．

2. 学生コードという属性をもつ「学生」クラスと，講義名と単位数という属性をもつ「講義」というクラスがあり，これら関連を表す「履修」というクラスがある．履修クラスには，「成績」という属性がある．

演習問題 2.11：下記の説明に従い，クラス図を作成しなさい．関連と多重度を表しなさい．

1. 生徒が 20 人いて，講義科目が 10 科目ある．生徒は，講義科目を「受講」する．1 つも講義科目を受講しない生徒や，生徒が 1 人も受講しない講義科目が存在し得るとする．

演習問題 2.12：下記の説明に従い，クラス図を作成しなさい．関連，関連名，関連クラス，多重度を表しなさい．

1. 「購入者」クラスと「タイトル」クラスがあり，これらには「購入する」という関連がある．関連を関連クラスとしても表し，「日時」という属性を追加しなさい．
2. 「学生」クラスと「講義」クラスがあり，これらには「履修する」という関連がある．関連を関連クラスとしても表し，「成績」という属性を追加しなさい．

演習問題 2.13：下記クラス図を作成し，購入につく多重度が多「*」であることを確認できる，オブジェクト図を作成しなさい．

演習問題 2.14：下記の説明に従い，クラス図を作成しなさい．

1.「A」というクラスが「B」というクラスに依存する．
2.「画面」クラスが「従業員」クラスに依存している．
3.「X」クラスが「Y」クラスに依存し，「Z」クラスが「X」に依存し，「C」クラスが「Y」に依存する．

演習問題 2.15：下記販売伝票に基づき，クラス図を作成しなさい．コンポジション関連を使いなさい．

販売伝票

8月13日、12:10 野幌店

商品名	単価	数量	金額
玉ねぎ	70円	3	210円
リンゴ	125円	4	500円
ネギ	100円	2	200円
…	…	…	…
		合計金額	2000円

2.6 オブジェクト指向技術（中級編 2）

本節は，中級編 2 として**インタフェース**について説明します．インタフェースは抽象クラスと近い概念ですが，インタフェースを境にして，インタフェースを使う側と実装する側に分割するという狙いを含んでいる点が異なります．

2.6.1 インタフェース

インタフェースは，抽象操作の宣言のみを行います．実体がないので，他のクラスに実装してもらうことが必須となります（図 2.22）．実装は汎化と似ており，実装においてインタフェースの抽象操作をオーバーライドします．また，抽象操作は実体がないので，抽象クラスと同様，そのインスタンスは作れません．

インタフェースの表し方は，(a) のクラス形式（キーワード ≪interface≫ を指定する）と (b) のアイコン表記（通称「ロリポップ」）があります．実装クラスからインタフェースへ伸びている矢印（クラス形式）は，**実装**の関係を表します（汎化の矢印に似ていますが，点線になっています）．また，アイコン表記において，実装の関係は実線で表されます．これらの違いも覚えてください．

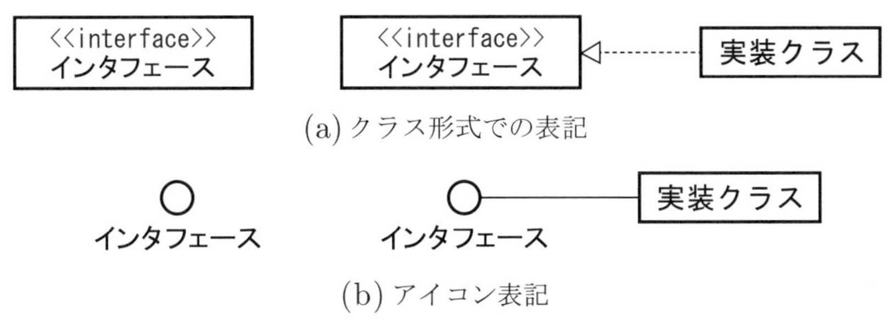

図 2.22. **インタフェースと実装クラス**

あるクラスがインタフェースを使用する際，その関係は**依存**で表します（図 2.23）．(a) はクラス形式，(b)，(c) はアイコン表記です．なお，(a)，(b) が標準の書き方で**依存**の矢印をクラスからインタフェースに向けて伸ばしています．(c) も同じ関係を表しますが，非標準で慣用的な表記法です．この刺又のような形状とロリポップの組み合わせは，**アセンブリコネクタ**と呼びます．構成要素が間接的に接続されている様子を表現しており，インタフェースを表す図形として直感的でわかりやすいと思います．astah*では，インタフェースがアイコン表記のとき，依存の代わりに「使用依存」を使うことで，この表記を使えます．

情報システムの設計においてインタフェースを考えることはとても重要です．図 2.23 からもわかるように，インタフェースを境にして構成要素が分離されるので，疎結合性が向上します．例えば，インタフェースを決めれば，使う側と実装する側で独立に作業できます．また，依存するクラスはインタフェースのみを知っていれば実装方法を気にしなくても良い，すなわち「知ることを限定する」という意味で高凝集性向上にも寄与します．これらのことから，良いシステムの実現に有用であるといえます．

実際の情報システム設計において，「まずインタフェースを決める」というこ

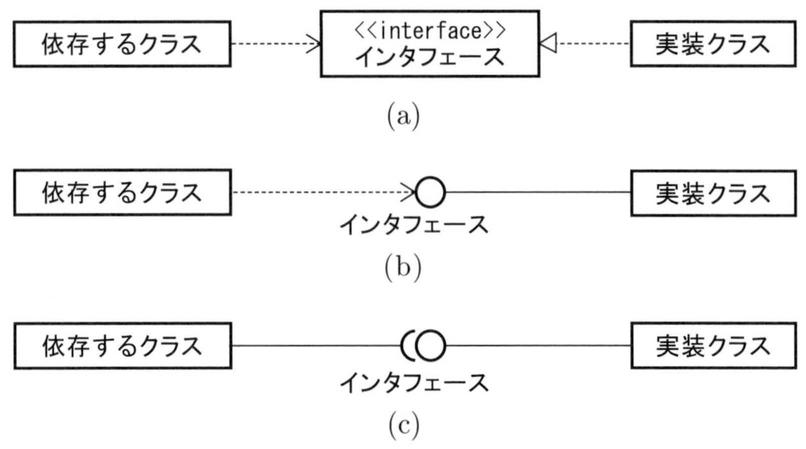

図 2.23. **インタフェースとクラスとの関係**

とはよく行われます．特に，新システムを安定して稼働しているシステムに接続させる場合，関係者は新システムが現在のシステムに「悪影響を与える」ことを懸念します．そして，たいていは限定したインタフェースを設けて，影響を遮断するようにします．

演習問題 2.16：下記の説明に基づいてクラス図を作成しなさい．可視性は示し，操作の返り値の型は省略しなさい．

1. 「時計」インタフェース（クラス形式）に「画面」クラスが依存し，「サーバ内蔵時計」クラスがインタフェースを実装する．時計インタフェースには，抽象操作「時刻を取得する」がある．
2. 上記関係をアセンブリコネクタで表しなさい（astah*では，「画面」クラスからの依存として「使用依存」を使い，アイコン表記を使うことで出現させることができます．新規プロジェクト（ファイル）の中で作成するのがわかりやすいでしょう[*10]）．

[*10] ヒント：「1.」の図から変更して作図する場合は，「依存」と「使用依存」の共存はできないので，まず「画面」と「時計」を接続している「依存」を選択して「Ctrl-D」によりモデルから削除し，次に「画面」から「時計」へ「使用依存」を伸ばして接続してください．「Delete」では非表示となるだけでモデルからは削除できません．

第3章
統一モデリング言語 UML

本章では，統一モデリング言語 UML（Unified Modeling Language）について説明します．UML は，情報システムを設計する際のモデリング言語ですが，特にオブジェクト指向を用いる場合に適しています．UML について，ファウラー氏の著書『UML モデリングのエッセンス第3版』[2, 20] を参考にしながら，統一までの経緯とさまざまな考え方を紹介し，本書における立場を示します．また，本章では，UML が規定するいくつかの図について，使い方や書き方を説明します．なお，オブジェクト指向の説明と切り離せないクラス図（とオブジェクト図）については，第2章において示しました．

3.1 歴史的経緯とさまざまな使い方

統一モデリング言語 UML は，1980 年代から 1990 年代前半までに提案された，多くのモデリング言語を統一（Unify）する中で生まれました．UML はグラフィカルなモデリング言語であり，文章やプログラム言語では伝えにくいことを視覚的に表すことで，モデルの考え方をわかりやすく確実に伝える（あるいは共有する）ことができます．これが，本書の UML に対する考え方です．しかし，統一するという経緯から，**さまざまな開発手法で使えることが想定され，また使い方もさまざま**です．それを知っておくことは，それらに振り回されないため，あるいは興味をもって調べるきっかけとするため，有用です．

3.1.1 歴史

1980 年代から 90 年代初頭

オブジェクト指向プログラミング言語が普及しはじめ，多くの人がオブジェクト指向のグラフィカルな設計方法論を検討しました．それら方法論は似ていましたが，紛らわしい相違点が存在し混乱しました．このような背景の下，OMG（Object Management Group）という標準化団体が調査に乗り出しましたが，方法論者からの質問状が集まるのみでした．そのため「方法論者とテロリストの違いは？」という質問に，「テロリストとは交渉できる」と答えるジョークができたそうです [20]．その後，下記のような経緯で UML が誕生します．そこには多くの偶然があり，皆が予想していなかった展開がありました．

1994 年　方法論者のブーチ氏 (Grady Booch) が所属するラショナル社（現在は IBM の一部）にランボー氏 (Jim Rumbaugh) が移り，2 人で方法論を統一した「Unified Method」を作成．

1995 年　ラショナル社が Objectory 社を買収し，ヤコブソン氏（Ivar Jacobson）が Unified チームに参加．この 3 氏を「スリー・アミーゴス」と呼ぶ．

1996 年　国際コンソーシアム「UML パートナーズ」が結成され，統一モデリング言語 UML 仕様が完成．

1997 年　UML1.0 仕様ドラフト版を OMG に提案（システム開発のツールを作るベンダー（供給会社）が，ラショナル社が標準を管理することで，不公平なほどの競争優位性がもたらされることをおそれ，中立な立場の OMG に行動を起こすよう促した [20]）．

その後，2005 年に UML2.0 が完成し，2022 年 5 月時点の最新版は UML2.5.1（2017 年 12 月採択）です．UML には 13 種類の図（ダイアグラム）があります（図 3.1）．種類の多さから，さまざまな開発手法に使え，さまざまな使い方が想定されていることが想像できます．また，人によってどの図を重視するかも変わってきます．本書では，クラス図とシーケンス図の 2 つが重要だと考えます．その理由は，オブジェクト指向を用いて設計する場合に有用であり，視覚的にわかりやすいからです．また，オブジェクト指向設計を（厳密には）採用していない場合でも，構成要素間の相互作用を検討する際に，シーケンス図は役立ち，またよく使われているからです．

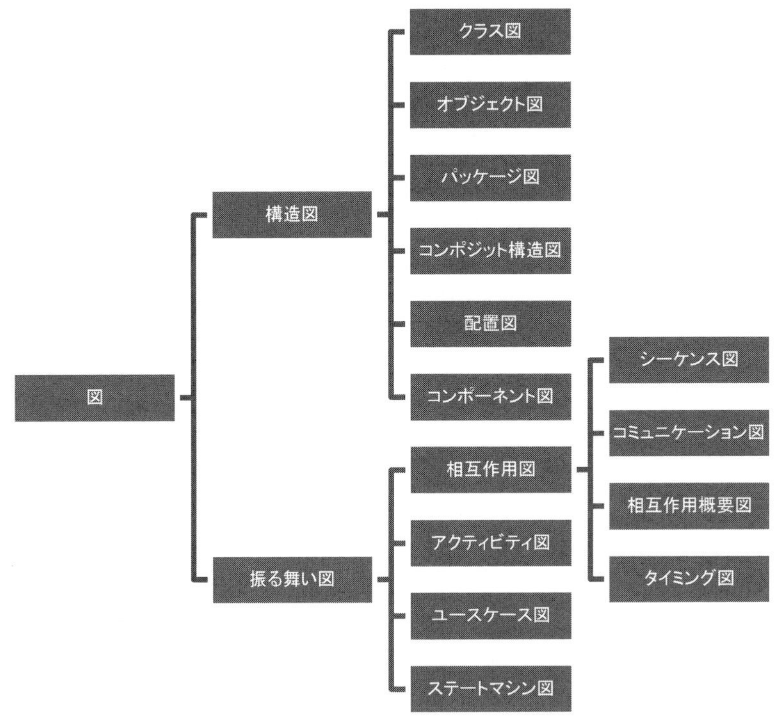

図 3.1. UML 図の体系

3.1.2 UML に対する考え方と利用方法

ファウラー氏は，UML の使い方として次の 3 つをあげ [20]，スケッチとして使うのが最も一般的としています．

1. スケッチ
2. 設計図面
3. プログラミング

本書は「文章やプログラム言語では伝えにくいことを視覚的に表す」手段として UML を考えており，**スケッチ**としての利用を想定しています．このように使い方を考えるのは，使うために覚えるルールの量や重視する観点が変わるからです．スケッチの場合は**伝達性重視**で，使いたい部分だけを覚えれば十分です．また，使うときも，明確にしたところを選択し，そこだけを使う（詳しく知っていたとしても）ことが許され，また重視されます．一言でいえば**わかりやすさ重視**です．一方，プログラミングや設計図面として使う場合は，完全性や厳密性が重要であり，覚えることは膨大になります．また作図に要する時間も長くなります．設計図面の場合は自動的にプログラムへ変換されるまでは求めず，それが単純作業になるレベルまで詳細に書くという使い方です．効率性で考えたとき，**スケッチ**以外の使い方はリスクが大きいと思われます．

このように本書では**スケッチ**として UML を使う立場を取りますが，同時にツールを使って書くことを主に考えます．実際にはホワイトボードに書くこともあり，そのような使い方も有用です．そのうえでツールを重視するのは，UML の基本を短期間でマスターするのに有効と考えるからです．主張が一貫していないと批判されそうですが，ルールを間違えて書いたのでは，伝えるべきことが伝わりません．雰囲気が伝わるだけで十分なときもありますが，明確にしたいことが細部にあれば，それを正確に書かなくては伝わりません（完全性を求めるのとは異なります．**「書く内容は絞っても，書くからには正確に」**という意味です）．ツールは，UML の図を正確に書く支援をしてくれます．もっとも，ツールを使って間違った図を書くことも容易にできますので，ツールを使えば何でもよい訳ではありません．本書の演習では，正確に書くことを目指してください．正確とは，見た目だけではなく中身も正しいという意味です．これは，オブジェクト指向の正確な理解と適用のために重要です．

3.1.3 プログラミングとしての UML

本項では，本書の立場とは異なるプログラミングとしての UML について紹介します．2004 年頃，特に注目されていた技術としてモデル駆動アーキテクチャ（MDA: Model Driven Architecture）があります．MDA は 2001 年に OMG によって提唱された，ソフトウェア設計手法です．その手順は，要件定義の後に

CIM を作成し，それを（CIM → PIM → PSM →ソースコード）の順に変換します．それぞれの言葉の意味を下記に示します．

- **CIM（Computation Independent Model）**
  コンピュータ資源から独立したモデル．
- **PIM（Platform Independent Model）**
  プラットフォームから独立したモデル．
- **PSM（Platform Specific Model）**
  プラットフォームに特化したモデルであり，PIM から自動変換されることを想定している．

PIM を UML で記述し，PSM，ソースコードへと自動変換する技術が確立すれば，UML はプログラミング言語となります．これが実現すれば，1 つの PIM からどのようなプラットフォームのソフトウェアも自動的に生成でき，ソフトウェアの生産性が飛躍的に向上します．しかし，自動化は容易ではなく，懐疑的な見方があります．

MDA を実現するうえで重要なことは，モデルが一定の制約に基づいて記述されることです．この制約を，モデルをモデリングすることから**メタモデル**と呼びます．UML はグラフィカルな記法だけでなく，メタモデルも定義しています．メタモデルはプログラミング言語の文法に相当します．従来のグラフィカルな設計方法論における記法は直感的で厳密性がなく，メタモデルを定義していませんでした．これに対して，UML はメタモデルを定義しており，そのことは大きな特徴といえます．しかし，MDA 対応のために UML2.0 の仕様が膨らんだといわれています．UML を**スケッチ**として使う場合は，**メタモデル**を気にし過ぎないことが重要です（だからといってすべて無視するのは行き過ぎです）．

3.2　UML の具体的な使い方と書き方

本節では，いくつかの図（パッケージ図，シーケンス図，ステートマシン図，アクティビティ図）について，使い方と書き方を説明します．

3.2.1　パッケージ図

パッケージ図は，関係性の高いクラスを 1 つにまとめ，外から見える情報を限定します．また，パッケージを考えることで，全体を俯瞰できます．これらのことから想像できるように，パッケージ化の目的は，**良いシステム**の特徴である**疎結合性**と**高凝集性**の向上です．

疎結合性　：見ることができない．→影響が出ない．結合性小．
高凝集性　：知ることを限定する．→抽象性を高める．わかりやすくする．

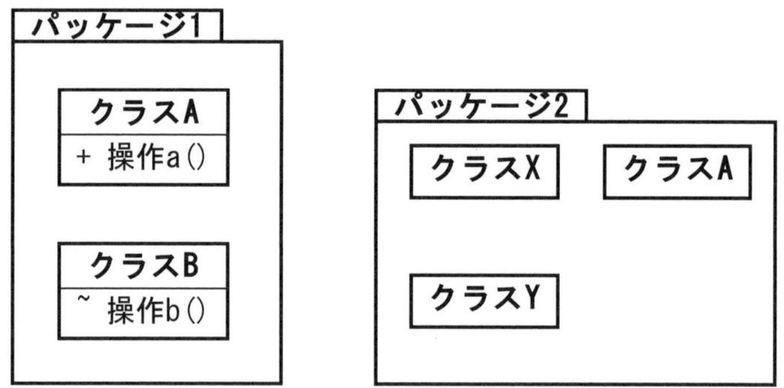

図 3.2. パッケージ図の役割．操作 b() はパッケージ 1 の外からは見えません（見え方の限定）．クラス A が両方のパッケージに存在します（名前の区別）．

図 3.2 は，パッケージ図の例です．この例を使い，パッケージの 2 つの役割を紹介します．

最初は，**パッケージの外から見える操作の限定**です．パッケージ 2 内から（例えば「クラス Y」から）見たとき，パッケージ 1 のクラス A がもつ操作 a() は見えますが，クラス B がもつ操作 b() は見えません．それぞれの操作の頭についている**可視性**の記号に注目してください．操作 b() につけられた “∼” は**パッケージ**という可視性で，パッケージ内に限定公開するという意味をもちます．そのため，パッケージの外であるパッケージ 2 からは見えなかったのです．この意味からわかるように，パッケージ 1 内のクラス A からは見えます．ここでは操作について示しましたが，属性についても同様に**見え方の限定**ができます．可視性の種類には，

＋　：パブリック（public: 公開）
－　：プライベート（private: 非公開．クラス内部でのみ見られる）
♯　：プロテクテッド（protected: パッケージ内と継承したクラス）
∼　：パッケージ（package: パッケージ内に限定公開）

があります．

次は，**名前を区別する役割**です．異なるパッケージであれば，**同じ名前のクラスが存在**できます．図 3.2 では，いずれのパッケージにも「クラス A」が存在します．設計において名前づけは結構頭を使う作業です．パッケージのこの機能により，わかりやすい名前がつけやすくなり，パッケージ内の設計に集中できるようになります．

なお，パッケージ図を書くうえで，補足事項があります．まず，パッケージは入れ子にでき，パッケージの中にパッケージを入れることができます．また，パッケージの名前は，図 3.2 のように上部ラベルに書くことも，本体に書くこともできます．

演習問題 3.1：次の条件を満たすパッケージ図を作成しなさい．

1. gui パッケージと model パッケージが，system パッケージに含まれる．
2. 画面クラスが，gui パッケージに含まれる．
3. system パッケージが，tool パッケージに依存する．

3.2.2　シーケンス図

図 3.1 にあるように，**シーケンス図**は相互作用図であり，何らかの処理において，**オブジェクト群がどのように協調・影響し合うかを，時間軸に沿って説明するため**に使います．通常は 1 つのシナリオに限定して作ります．その理由として，シーケンス図は場所を取ること，詰め込むと複雑でわかりにくくなることなどがあげられます．シーケンス図の長所は，相互作用をわかりやすく示せることなので，この長所を活かすことが大事です．対象とするオブジェクトは，「：クラス」という形で示すのが一般的です．図 2.4 とは違って**下線がない**点に注意してください．これは，オブジェクトを束ねたものを考えるからです．長く書けば「名前：クラス名」になります（いずれも省略可能）．重要なことは，シーケンス図の作成には**クラス図が必要**ということです．クラスの操作については，あらかじめ決めておいても良いですが，シーケンス図を作成するときに決めることもできます．いずれにしても，シーケンス図作成のときに操作の妥当性を検証することが重要です．クラスに操作を割り当てることを**責任割り当て**と呼びます．適切な責任割り当ては，オブジェクト指向設計・開発で一番重要なことです [18]．適切性や妥当性の判断基準は，**「良いシステム」**の実現です．

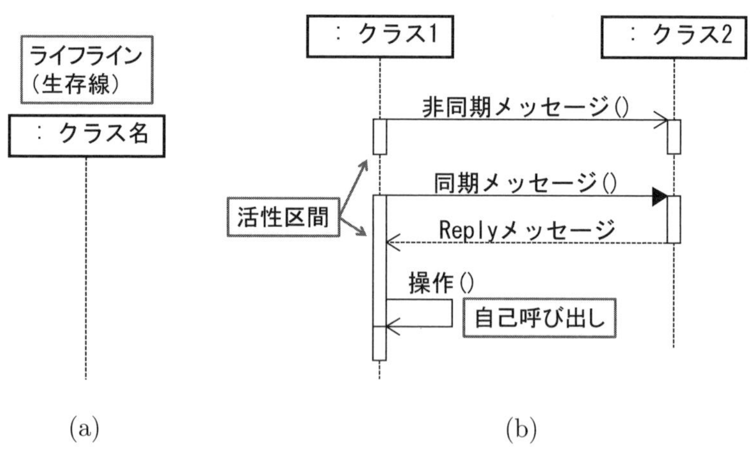

図 3.3. シーケンス図の主な図形要素

シーケンス図の主な図形要素を図 3.3 に示します．まず，(a) を見てください．**オブジェクト**とオブジェクトから伸びる**点線**を合わせ，**ライフライン**（生存線）と呼びます．点線は，そのオブジェクトが存在していることを示します．次に (b) を見てください．2 つのオブジェクト間でメッセージのやり取りをいくつかの種類の矢印で示します．自分自身に対するメッセージもあり，これを**自己呼び出し**といいます．また，ライフライン上にある縦長の長方形を**活性区間**と呼び，オブジェクトが活性している，すなわちメッセージの送信をしたり，受信を待っていたりすることを表します．主なメッセージとして，**同期メッセージ**と**非同期メッセージ**があります（図 3.4）．これらは矢印形状で区別できます．同期メッセージ（実線＋頭が塗りつぶされた矢印▲）は，Reply（回答）があることを想定しています．実際に **Reply メッセージ**を図に示すか否かは自由です．もし Reply メッセージを返していなければ，メッセージの受信側の活性区間が伸びるのに応じて，送信側の活性区間が，Reply を待つので伸びます（ツール使用時）．一方，非同期メッセージ（実線＋頭が塗りつぶされていない矢印）の場合は，Reply を待たないので，活性区間は自動的には伸びません（図 3.4）．

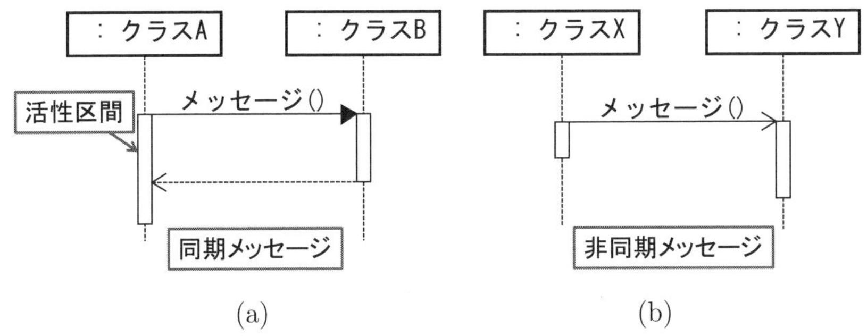

図 3.4. 同期／非同期メッセージ．活性区間の伸び方に違いがある．

図 3.3 に示した以外に，他のオブジェクト（のライフライン）の生成や停止を行うメッセージがあります（図 3.5）．オブジェクトを生成するメッセージは，生成メッセージ（Create メッセージ）と呼び，キーワード ≪create≫ を指定します（図 3.5(a)）．矢印形状（点線＋頭が塗りつぶされていない矢印）や，生成されたオブジェクトの**ライフラインは生成されたところから始まる**点に注意し

ましょう．オブジェクトを停止させるメッセージは，Destroy メッセージと呼び，キーワード ≪destroy≫ を指定します（図 3.5(b)）．このメッセージを受信したオブジェクトのライフラインは，メッセージを受けた直後に停止します．そのことを**停止マーカ**で示します．Destroy メッセージの矢印形状は通常のメッセージと同じです．図は停止の成否情報が返ってくると考え，同期メッセージ（頭が塗りつぶされた矢印▲）を使っています．

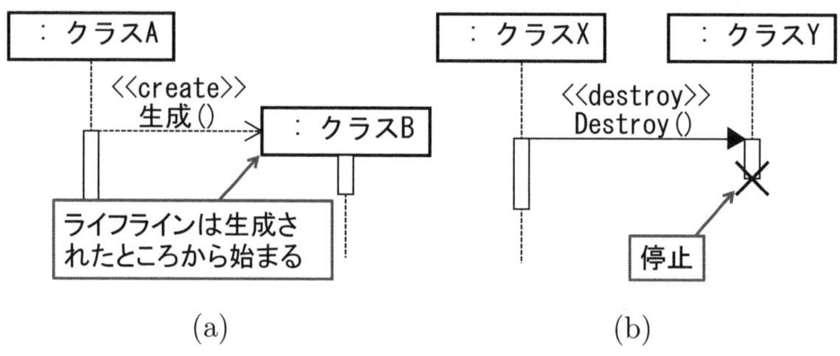

図 3.5. 生成メッセージと Destroy メッセージ

図 3.3 に示した同期／非同期メッセージは，受信側のオブジェクト（実際には，雛形となったクラス（＝ベースクラス））に，それらメッセージと対応して同じ操作が存在します．これは，メッセージが**受信側の操作の起動**であるためです（図 2.5 参照）．一方，生成／ Destroy メッセージの場合には，対応する操作が存在しないことがあります．そのときは，陽に示されていないだけで，暗黙の操作が受信側に存在すると考えてください．

シーケンス図には，条件分岐やループなどの制御構造を表すため，**相互フレーム**が用意されています[*1]．しかし，制御構造を使うと図のわかりやすさを損ねますので，使わない方が良いでしょう．このことと関連して，**あるシナリオに限定して書く**ことが一般的です．それでも，シーケンス図は広い表示スペースを必要とし，書きづらい面があります．その代わりに相互作用を直感的にわかりやすく示すことができます．もし制御構造を含めた処理の流れを表したい場合は，後述のアクティビティ図（フローチャートに似ています）が適しています．

[*1] astah*では「複合フラグメント」と呼ばれています．

ツールを用いたシーケンス図作成にあたり

本書では，astah*によるシーケンス図の作成演習を用意しています．ツールの使い方について自由度が高すぎると，どこに注意すべきかがわからなくなるので，書き方の例を示します．まずは指示に従って書いて，ツールの使い方に慣れてください．

ツールの使い方の指示には，おそらく「細かい」と感じられる部分があると思いますので，その背景を簡単に説明します．シーケンス図作成に関し，本書が重視することは，**「メッセージが操作を起動する」**ことが確認できるように正しく書くことです．その理由は，クラスへの**「責任割り当て」**（＝操作の割り当て，第10章参照）を適切に行うことが，オブジェクト指向設計において重要で，かつツールによって**「メッセージが操作を起動する」**ことを確認できるからです．その機能を使わない手はありません．そのため，メッセージを編集して**見た目だけ合っている図**にすることは，「もったいない」と思います．これでは，「操作の割り当て」ミスが発見できません．もちろん，すべてについて正しい図を書くことは必要ないと考えます．例えば，操作の返り値の型やパラメータの型の指定を厳密に行うことは，作図コストを大きくします．確認したいこと，表現したいことについて正確な図を書くのがよいでしょう．

演習問題 3.2：説明を読み，指示に従って，「ホテル予約システム」のシーケンス図を作成しなさい．

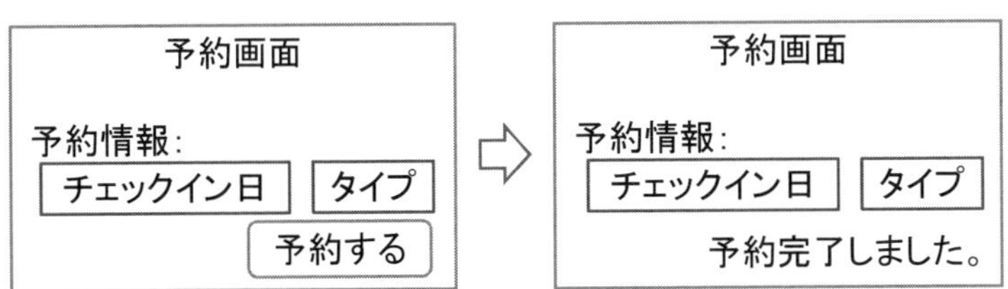

図 3.6. ホテルの予約システム（予約画面）

シーケンス図で実現すべき，シナリオについて説明します．

「いま，利用者がシステムにログインし，予約画面（図3.6）で予約情報（チェックイン日や部屋タイプ）を入力したところです．右下の『予約する』ボタンを押し，もし予約が可能なら予約します．予約が成功すると，『予約完了しました。』と表示されます」

予約が成功するシナリオについて，指示に従って，シーケンス図を作成しましょう．

シーケンス図の作成では，まずクラス図を作成します．完成図が図3.7です．以下の注意を読んでから取り組んでください．

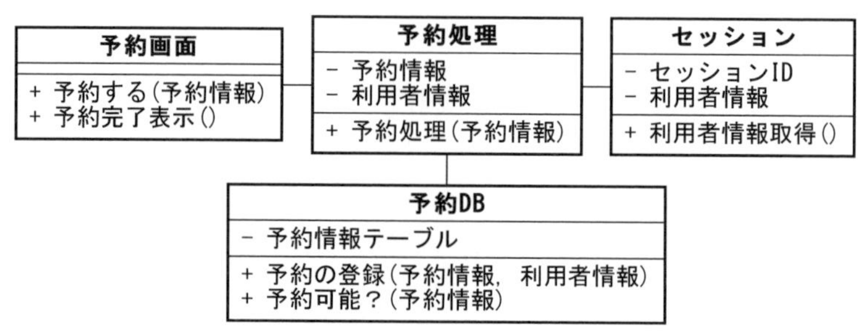

図3.7. ホテルの予約システム（クラス図）

1. 表示する情報を完成図のように限定するには，クラスを右クリックしてメニューを出し，属性，操作，操作のパラメタの型をすべて非表示にしてください．
2. パラメタ（=引数）がある操作（例えば「予約画面」クラスの「予約する(予約情報)」）にパラメタを設定するには，操作を選択し，左下のプロパティビューにてパラメタを選択し，パラメタ「予約情報」を追加してください（**注意：操作名を編集して，あたかも引数があるようにしないこと．引数などを非表示にしたいときに対応できません**）．

クラス図を作成後，シーケンス図を作成します．目指す完成図は図3.8です．実際の作成手順を示します．

まず，新規シーケンス図を作成し，図3.9(a)のように左下のプロパティビューのベース設定にて，上の3つと一番下の項目のみチェックを入れ，他は外してください．表示する情報を限定できます．次に，左上のプロジェクトビューにある「予約画面」クラスをシーケンス図に向けてドラッグ&ドロップし，「：予約画面」というライフラインを作成してください（図 3.9(b)）（他のライフラインの作成もドラッグ&ドロップを使用してください．**「メッセージが操作を起動する」**ことを確認するために必要です．ライフラインを編集して，見た目だけ合わせるのは避けてください）．

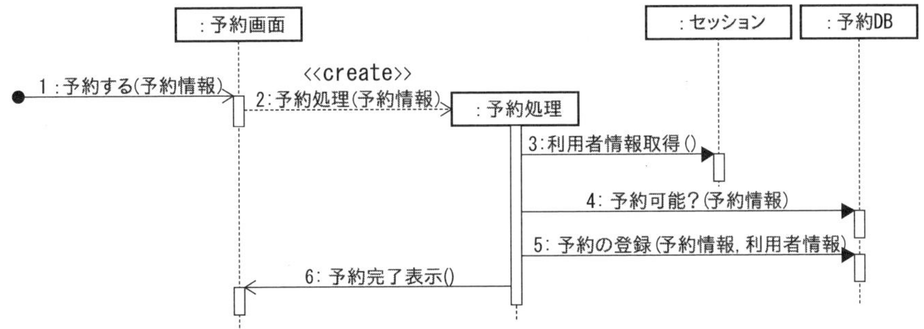

図 3.8. ホテルの予約システム（シーケンス図）

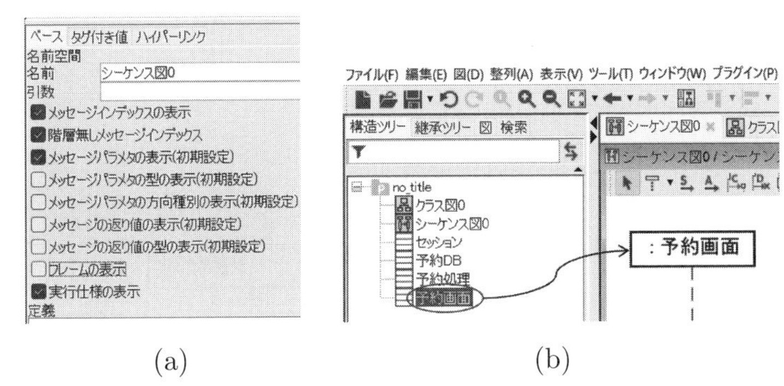

図 3.9. ホテルの予約システム（シーケンス図の作画過程 1）

ツールパレット（ダイアグラムエディタ上部の図形メニュー）から A「非同期メッセージ」を選択し，「予約画面」の左からメッセージを挿入してください（図 3.10）．このとき，メッセージを選択する画面が出るはずです．そこで，「予約する」を選択してください（**メッセージを編集して見た目だけ合わせることのないように**）．このように，メッセージの受信側オブジェクト（のベースクラス）にメッセージと同じ操作が存在することが重要なのです．このメッセージには，予約画面オブジェクトがもつ「予約する」という操作を起動するという意味があります．もし，対応する操作がなければ，**「責任割り当て」**（＝操作の割り当て）に何らかの問題がある，とわかるわけです．ツールの有り難さは，ここにあります．

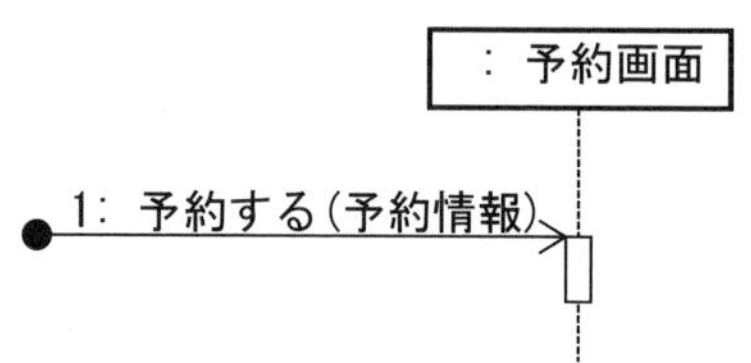

図 3.10. ホテルの予約システム（シーケンス図の作画過程 2）

予約処理のライフラインを予約画面の右に作成し，メニューから C「Create メッセージ」を選択し，予約画面の活性区間から予約処理へ矢印を挿入してください（図 3.11(a)）．

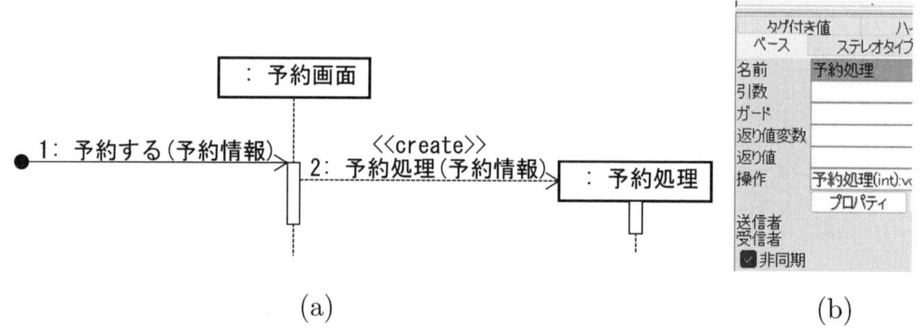

図 3.11. ホテルの予約システム（シーケンス図の作画過程 3）

- メッセージは「予約処理」を選択．
- 表示する情報を制限するため，メッセージを選択・右クリックし，「メッセージパラメタの型」と「メッセージの返り値の表示」を非表示に．
- メッセージが選択された状態で，プロパティビューにて，非同期をチェック（図 3.11(b)）（これは Reply を待つ処理ではありませんので）.

セッションと予約 DB のライフラインを作成し，今度は S「同期メッセージ」を予約処理から伸ばしてください．メッセージについたシーケンス番号（メッセージインデックス）でいうと，3〜5 番に相当します．

3. セッションに対して「利用者情報取得」メッセージ
4. 予約 DB に対して「予約可能？」メッセージ
5. 予約 DB に対して「予約の登録」メッセージ

予約処理から A「非同期メッセージ」を予約画面に伸ばし，「予約完了表示」を選択すれば，シーケンス図の完成です．この作図演習を通し，メッセージが，**「受信側がもつ操作を起動する」**ことを確認してください．メッセージは，「予約の登録」メッセージよりも下（つまり時間軸上で後）から出してください．

さて，セッションや予約 DB に対するメッセージはなぜ同期メッセージなのでしょうか？　答えは，いずれも Reply を必要とするからです．セッションからは「利用者情報」が，予約 DB からは予約の可否や予約登録の成否が，Reply として返ってくるからです．非同期／同期メッセージの矢印形状，生成メッセージの矢印形状も覚えてください．

本演習に関連し，いくつかの補足をします．今回のシーケンス図作成では，クラス図に操作が割り当てられた後でした．実際の設計においては，クラス図に操作を割り当てることとシーケンス図の作成は同時に行います（シーケンス図を見て，クラスに操作を割り当てる演習も別途用意しています）．メッセージには，シーケンス番号がついていますが，今回は「階層構造なし」にチェックしているので，「1, 2, 3, ...」となっています．これは非標準で慣用的な使い方です．標準では「階層構造あり」とすべきで，こうすることで一連のメッセージのやり取りの範囲を確認できます．しかし，表示スペース節約の観点と，一連のメッセージが自明なことから「階層構造なし」を選びました．また，Reply メッセージ，型情報は省略しています．なお，これら省略した情報が明確にしたい事項に含まれている場合は表示すべきです．

■**クイズ：下図はシーケンス図の一部です．操作「値を取得する」をもつのは，どちらのオブジェクト（クラス）でしょうか？**

回答欄（　　）*2

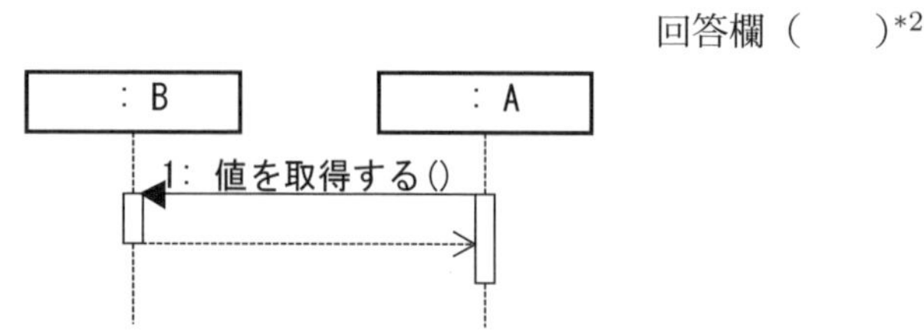

■**クイズ：下図はシーケンス図の一部です．同期メッセージはどれでしょうか？**

回答欄（　　）

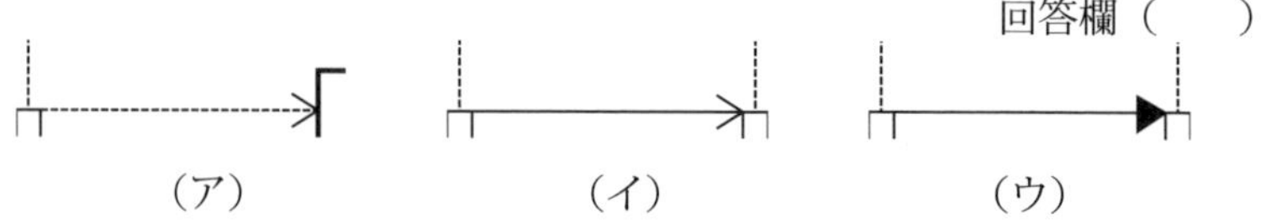

3.2.3　ステートマシン図

ステートマシン図はシステムの振る舞いを記述するための図で，オブジェクトの状態遷移を表現します．通常は，あるクラスの 1 つのオブジェクトについて書きます*3．図 3.12 は，図書館の本の状態を表す例です．黒い丸が「開始状態」を表し，角が丸くなった長方形で「状態」を表します．また，状態は入れ子（「コンポジット状態」と呼ぶ）にすることができます．

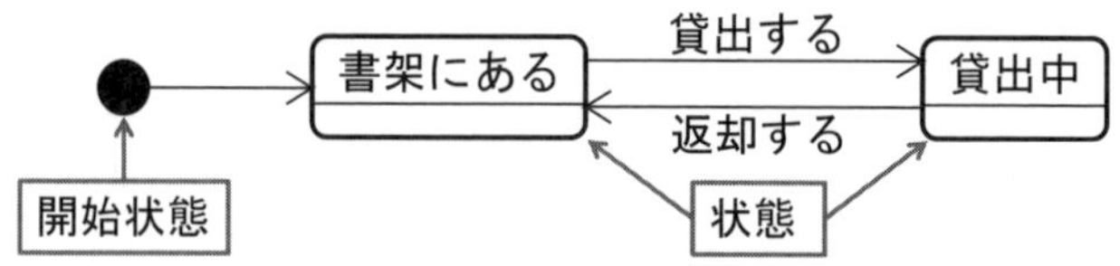

図 3.12. ステートマシン図の例．図書館の本の状態遷移．

*2 操作「値を取得する」というメッセージを受信しているのは「B」です．従って，B が操作「値を取得する」をもっています．

*3 注意：サービスの画面遷移図などに用いられることもあります．この場合は，ある 1 つのオブジェクトについて書かれてはいません．

演習問題 3.3：次の説明文が表す自動車の状態についてステートマシン図を作成しなさい（コンポジット状態を使います）.

自動車には，大きく「エンジン停止状態」と「エンジン稼働状態」の2つの状態があり，初期状態は「エンジン停止状態」である．この状態でキーを右に回すと「エンジン稼働状態」になり，「エンジン稼働状態」からキーを左に回すと「エンジン停止状態」になる．そして「エンジン稼働状態」には，「アイドリング」と「走行中」があり，初期状態は「アイドリング」である．この状態でアクセルを踏むと「走行中」になり，「走行中」のときにブレーキを踏むと「アイドリング」になる．

演習問題 3.4：次の説明文が表す DVD プレーヤーの状態についてステートマシン図を作成しなさい.

DVD プレーヤーには，大きく分けて「停止」,「再生」,「一時停止」の3つの状態があり，初期状態は「停止」である．「停止」状態において，再生ボタンを押すと「再生」になり，「再生」状態において停止ボタンを押すと「停止」に，一時停止ボタンを押すと「一時停止」になる．「一時停止」状態において再生ボタンを押すと「再生」に，停止ボタンを押すと「停止」になる．「再生」には，「通常再生」と「高速再生」モードがあり，初期状態は「通常再生」で，モードボタンを押すと「高速再生」になり，「高速再生」状態においてモードボタンを押すと「通常再生」になる．

3.2.4 アクティビティ図

アクティビティ図は，処理の流れを記述する図で，フローチャートに似ています．また，条件分岐だけでなく並列処理表現に対応しています．アクティビティ図は，業務フロー（どのような手順で業務を実施するのか）の記述に適しています．システム開発の最初の段階である「要件定義」を行うにあたり，開発者が顧客から業務フローを聞き取ることはよくあります．そのとき，最初は「現状分析」のための聞き取りを行い，次に「システム要求」を聞き取ります．どちらの段階であるかは両者が意識すべきです．そうしないと，**「何を明らかにすべきとして議論をしているのか」**がわからなくなくならからです．図 3.13 のように，業務フローの聞き取り結果を受けて，要件定義（ユースケース）（6.3 項参照）を検討します．

- **現状分析（as-is）**：現状の問題点を明らかにする．
- **システム要求（to-be）**：新規システムに対する要求を明らかにする．

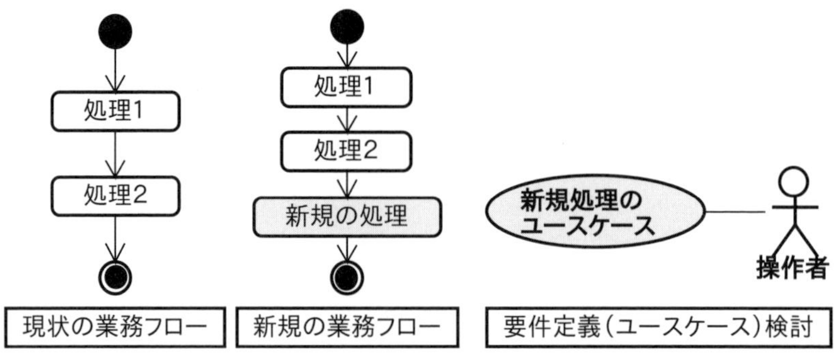

図 3.13. **業務フローの検討から要件定義（ユースケース）の検討へ**

アクティビティ図の図形要素を図 3.14 に示します．処理は**アクション**と呼び，角が丸い長方形で表します．条件分岐は，**ディシジョンノード**によって行い，条件分岐をまとめるときは**マージノード**（これを省いて直接アクションに集めることもある）を使います．また，条件分岐のときの条件を書くことができ，これを**ガード**と呼びます．並列処理は，**フォークノード**によって開始し，**ジョイ**

ンノードで流れを統合します．条件分岐などの制御構造を含めた処理の流れを表したい場合は，アクティビティ図が適しています．

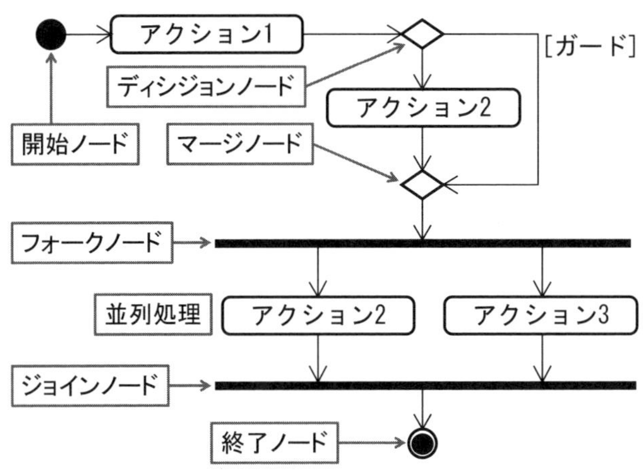

図 3.14. アクティビティ図（図形要素）

アクティビティパーティションについて説明します（図 3.15）．これは，アクションのグループ（アクションを行う人や組織）を表します．図の例は，コンビニエンスストアにおけるアクションを顧客，店員，店長に分けて分析する場合の例です．ビジネスにおいて見られる例としては，社員，総務担当，会計担当のように役割や部署で分けることです．

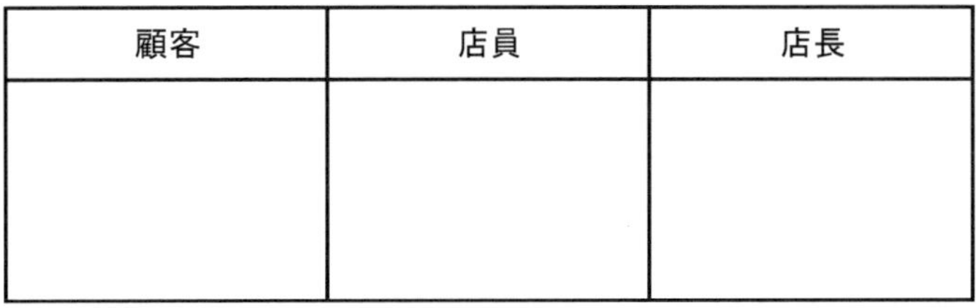

顧客	店員	店長

図 3.15. アクティビティパーティション

演習問題 3.5：**次に示すアクティビティ図は，コンビニエンスストアのある業務の現状分析を行ったものです．これと同じアクティビティ図を作成しなさい．**

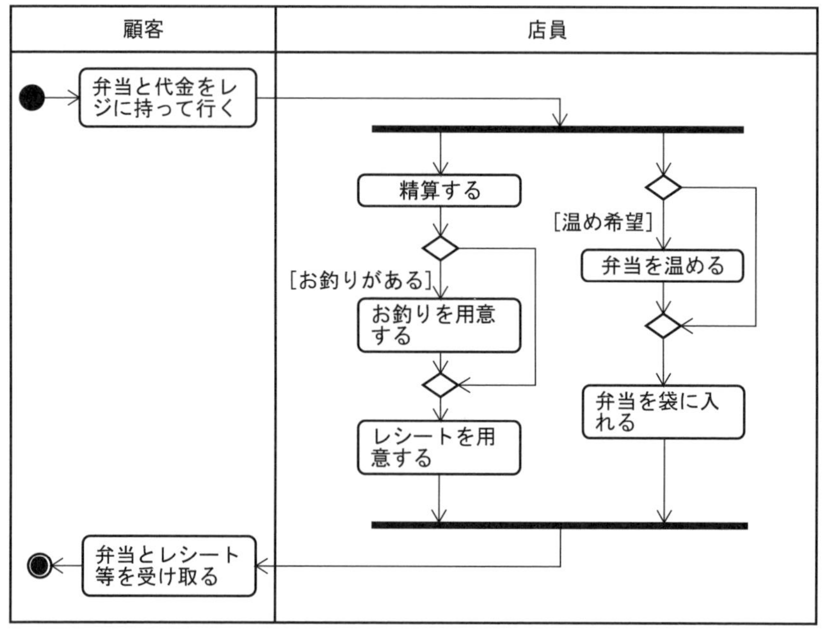

演習問題 3.6：**次の文章は，利用者がホテル予約システムで部屋を予約する際のフローを表します．これをアクティビティ図で表現しなさい．**

1. 利用者がアカウントとパスワードを入力する．
2. 利用者がログインボタンを押す．
3. 認証が成功したら，利用者が予約を行い，失敗したらアカウントとパスワードを再度入力する．

第 4 章
オブジェクト指向技術理解のための Java プログラミング

本書の主たるトピックは**設計**です．しかし，プログラムの作り方を知らない人に設計を任せられるかは疑問です．プログラミングのエキスパートではなくても，多少は知っておくことが大事だと考えます[*1]．本章で学ぶのは，**設計のためのプログラミング演習**です．

本章におけるプログラミング演習のねらいは，

1. オブジェクト指向技術の理解
2. リバースエンジニアリングを知る

です．

4.1 本章のねらい

オブジェクト指向技術は，良いシステムを作るために役立つ手段と考えており，理解してほしいと思います．しかし，説明を聞いてすべてを理解できるほど簡単ではありません．特にポリモーフィズム，抽象クラス，インタフェースという概念は抽象的であり，どのように役に立つかもわかりづらいといえます．そこで，これらを用いたプログラミングを通し，概念の理解を助けることが第一の狙いです．

もう 1 つの狙いは，**リバースエンジニアリング**という概念を知ってもらうこ

[*1] 設計に限らず，自分のアイデアを動かして確かめるために，プログラミングはできた方が良いと思います．

とです（図4.1）．普通は設計書からプログラムを実装します．その逆に，プログラムから設計書にさかのぼることをリバースエンジニアリングといいます．例えば，設計書通りにプログラムが実装できているかを確かめたり，プログラムサンプルを先に作って（あるいは探してきて）設計書のたたき台としたりする，という使い方があります．なお，リバースエンジニアリングで得た設計書から新規に開発することをフォワードエンジニアリングといいます．

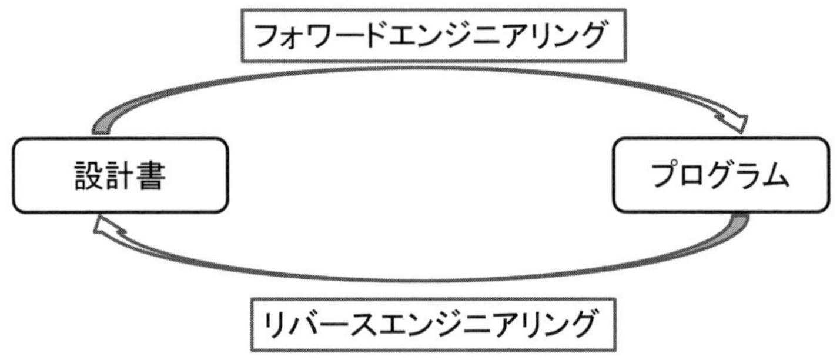

図4.1. リバースエンジニアリング

4.2　プログラミング演習

ここでは，プログラミング言語**Java**を用いた演習を行います．Javaはオブジェクト指向プログラミング言語の1つで広く普及し，Webアプリケーションの開発などでもよく使われています．また，本書はオブジェクト指向技術をUMLを用いて説明しており，UMLと比較的対応する部分が多いJavaを用いることで，プログラムからオブジェクト指向技術を思い浮かべやすくなると思います．これらの理由でJavaを用います．

4.2.1　演習のための環境と前提条件

演習を行うには，Javaの開発環境（JDK: Java Development Kit）のインストールが必要です．また，本章では端末（Windowsではターミナル，コマンドプロンプト，あるいはPowerShellのこと）からの操作により，ソースコード（＝プログラム）をコンパイル（実行できる形式への変換）し，実行することを想定して説明します．そのため，端末から Java のコマンド（具体的には，javac, java）を実行でき，また Java のライブラリが利用できることが必要です．プログラミングに使用する文字コードは動作環境に合わせてください．Java の開発環境である JDK は Window，macOS，Linux などの OS で動作します[*2]．Java18 からは，デフォルトの文字コードがどの OS でも UTF-8 です．

演習の前提条件について示します．演習者には，端末を開くことができ，ディレクトリ（Windows ではフォルダの階層構造）を知っていて，任意のディレクトリへ移動できることを前提条件として求めます[*3]．演習課題のほとんどは，ソースコードを与えており，Java の文法を知らなくても演習を実施可能で，演習を通してオブジェクト指向技術を体感できます．もちろん，プログラムの基礎知識（入門程度）はあった方が得るものが多くなると思います．

4.2.2 演習の進め方について

原則，演習問題ごとにディレクトリ（フォルダ）を作成し，その下でソースコードファイル（＝ソースコードが書かれたファイル）を作成し，演習をしてください．Java でプログラミングするうえでの注意（お勧め）を示します．

1. Java のソースコードファイル名は，例えば `ex1.java` のように，拡張子（ファイル名の末尾）を `java` にすることになっています．
2. Java において，通常 1 つのソースコードファイルには 1 つのクラスについて記述します（複数書けますが，1 つにしてください）．また，クラス名とソースコードファイル名の拡張子を除いたものを等しくしてください（これにより，意識せずにクラス間での参照が行われます）．
3. 演習に登場する複数のクラスは，互いに参照し合うことを想定しています．Java において，同じディレクトリにあるファイル（クラス）は，同一パッケージにあるとみなされ，非公開としなければ互いに参照できます．

---

*2 Windows と macOS では，“OpenJDK(Amazon Corretto 8,17, および 18)” で，Ubuntu 派生 Linux では，“openjdk-11-jdk” で動作を確認しております（2022.10.14）．

*3 Windows11 では，ディレクトリアイコンを右クリックし，「ターミナルで開く」を選択すれば，そのディレクトリで端末を開けます（Windows10 では Shift キーを押しながら操作）．

ソースコードの入力は，テキストエディタ（略してエディタとも呼びます）によって行います．エディタは指定しませんが，自動的にインデント（字下げ）が行われ，Java の予約語に色をつけてくれるものが適しています．

演習では，まず最初に，ソースコードファイルを書くディレクトリ（「作業ディレクトリ」）で端末を開いてください．次にソースコードを作成します．作成手順の例（A〜C）を示します．端末操作に慣れていない場合は手順 A あるいは B を参考にしてください．手順 C の場合は，エディタへのパス（Path）が通っていることが前提となります．

手順 A: 普通にエディタを起動（立ち上げ）してソースコードを入力し，作業ディレクトリへファイル名（例えば `Hello.java`）で保存する．

手順 B: 作業ディレクトリ内で新規ファイルとして `Hello.java` を作成し，エディタでそのファイルを開いてソースコードを入力し，保存する．

手順 C: 端末からファイル名を引数にしてエディタを起動して作成し，保存する．

演習問題 4.1：指示に従い，“Hello Java” を表示するプログラムを作成し，実行しなさい．

下記コードを，`Hello.java`（大文字で始めること）というファイル名で保存してください．入力の注意点は，ダブルクォーテーション"　"に挟まれた範囲を除き半角を使うこと，`println` の綴りの右から 2 番目は「エル」であることなどです．よくあるミスは，大文字小文字の間違え，中括弧{　}の対応ミス，行末のセミコロン; 忘れ，全角の混入（特に全角スペース），スペルミスです．

コード 4.1. Hello クラス Hello.java

```
class Hello{
  public static void main(String[] args){
    System.out.println("Hello java");
    System.out.println("こんにちは java");
  }
}
```

次のコマンドにより，ソースコードをコンパイルしてください．コマンド実行後，`Hello.class` というファイルができます（Linux では `ls`，Windows では dir コマンドにより，ディレクトリ直下のファイルを確認できます）.

```
javac Hello.java Enter
```

Enterは，Enter キーを押すことを意味します．ここで，下記コマンドを実行すると，“Hello java” と表示されるはずです．

```
java Hello Enter
```

本演習について補足します．Hello クラスは “main” という操作（＝メソッド．Java では操作を**メソッド**と呼ぶ）をもつ特別なクラスです．“main” というメソッドだけは，端末から起動・実行されます．他のクラスは，いずれかのクラスからのメッセージを受信して実行されます．各演習問題には，クラスの動作確認（テスト）のため，“main” というメソッドを含んだ特別なクラスを 1 つ用意しています．テスト対象を呼び出し，結果を確認するためのプログラムを**ドライバ**といいます．

演習問題 4.2：指示に従い，インタフェースを作成する演習を実施しなさい．

最初に，インタフェースの復習をします．下図（演習問題 2.16 の解答例）において，画面クラスは時計インタフェースに依存し（使用し），サーバ内蔵時計は，時計インタフェースがもつ抽象操作「時刻を取得する」をオーバーライドすることで，インタフェースを**実装**しています．インタフェースは抽象操作の宣言のみを行い，実体がないので，他のクラスによる実装が必須となります．

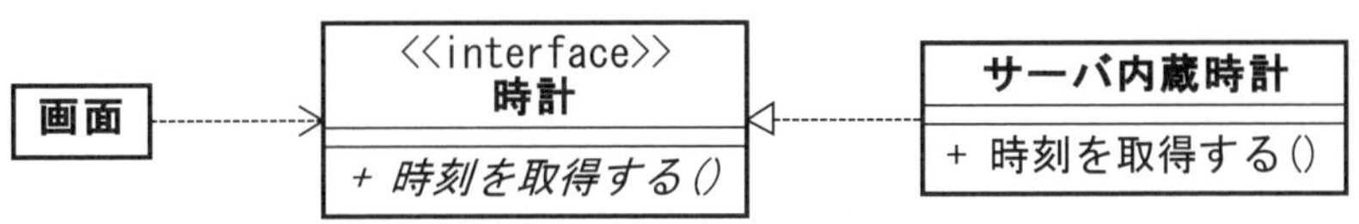

このように一見すると手間が掛かるものを使う理由は，良いシステムのための疎結合性と高凝集性を実現するためです．まず疎結合性ですが，インタフェースを使う側（画面クラス）では，インタフェースの抽象操作の仕様だけを見れば使うことができ，実装するクラス（サーバ内蔵時計クラス）もインタフェースの

抽象操作の仕様を見て実装することになります．すなわちインタフェースを境にして構成要素が分離されています．次に高凝集性ですが，状況に応じて実装が異なるインタフェースを使うとき，つねにインタフェースの抽象操作のみを意識すれば使えること（知ることが限定されていること）があげられます．

演習では，実際に時計インタフェースを作り，それに対して 2 つの実装を行います．そして 2 つの実装を切り替えて使います．まず，下記コードをそれぞれ，`Clock.java`（インタフェース），`ClockTester.java`（ドライバ，インタフェースの呼び出し側），`PCClock.java`（実装クラス），`AtomicClock.java`（実装クラス）というファイル名で保存してください．

コード 4.2. 時計インタフェース Clock.java（上）と ClockTester.java（下）

```
public interface Clock{
  String getTime();
}
```

```
class ClockTester{
  public static void main(String[] args){
    Clock a = new PCClock();
    Clock b = new AtomicClock();
    System.out.println(a.getTime());
    System.out.println(b.getTime());
  }
}
```

コード 4.3. サーバ内蔵時計 PCClock.java

```
import java.util.*;
class PCClock implements Clock{
  private Date date1;
  PCClock(){
    this.date1 = new Date();
  }
  public String getTime(){
    String ans = "PC 時計：" + date1;
    return ans;
  }
}
```

コード 4.4. 原子時計 AtomicClock.java

```
import java.util.*;
class AtomicClock implements Clock{
  private Date date1;
  AtomicClock(){
    this.date1 = new Date();
  }
  public String getTime(){
    String ans = "原子時計：" + date1;
    return ans;
  }
}
```

次に，ドライバの `ClockTester.java` をコンパイルし，実行してください．

```
javac ClockTester.java [Enter]
java ClockTester [Enter]
```

実行結果の例を示します．

```
PC時計：Sat Oct 15 05:40:45 JST 2022
原子時計：Sat Oct 15 05:40:45 JST 2022
```

`ClockTester.java` で宣言した 2 つのインタフェースは，その実体として PCClock と AtomicClock のインスタンスを参照しています．その部分を抜粋すると

```
Clock a = new PCClock();
Clock b = new AtomicClock();
```

です（インタフェースの実体は作れませんので，`new Clock();` とするとエラーになります）．同じインタフェース型の変数である a, b は，別々のクラスで実装されているので，実行結果が異なっていたのです[*4]．これは，同じ呼び方で異な

*4 お気づきだと思いますが，本物の原子時計ではありません．出力する文字列が「原子時計」となり，「PC 時計」とは異なっているという意味です．

る動作（ポリモーフィズム）の実現になっています．インスタンス a, b は，インスタンス生成時の時刻を保持しています．2 つの生成の間で時間稼ぎをすれば時刻は変わります．また，生成時ではなく，呼び出し時の時刻を返すような変更もできるでしょう．余裕のある方は，発展課題として挑戦してください．

ソースコード `PCClock.java` について説明します．1 行目（`import` で始まる）は，PC の内蔵時計から時刻を受け取るときに使う Date クラスを短い名前で呼び出すための宣言です．2 行目は PCClock クラスが Clock インタフェースを実装している（implements）ことを意味し，3 行目は非公開の属性 date1 の宣言，4 行目からは PCClock クラスのインスタンス生成時に呼ばれる特別な操作（＝コンストラクタ）の宣言，7 行目からは，インタフェースの抽象操作 `getTime()` をオーバーライドしている操作の宣言です．こちらの操作の可視性は，公開（public）になっていることが読み取れます．

演習問題 4.2 の続きです．今度は入力したソースコードファイルからリバースエンジニアリングでモデルへ変換してみましょう[*5][*6]．astah*を起動して新たなプロジェクトを作成し，ツールから「java ソースコードの読み込み」を選択して実行し，ソースコードファイルを指定してください（ドライバの `ClockTester.java` は不要）．そして，得られたクラス，インタフェースを図にドラッグ&ドロップしてください．図 4.2 は，インタフェースをクラス形式（ロリポップアイコンを右クリックし，メニューで「アイコン表記」→「標準」を選択）で表したものです．Clock クラスがもつ抽象操作 *getTime()*（斜体になっています）を PCClock と AtomicClock クラスでオーバーライドしているのがわかります．また，実装を表す矢印も自動で挿入されています．このように，ソースコードファイルからクラス図を得ることができます．便利ですが，過信は危険です．UML と Java，UML と C++ が 1 対 1 に対応している訳ではありません．プログラミング言語に固有なこと（ときには固有ではないことも）は，UML で表せないことが多いと割り切りましょう．

[*5] ソースコードからのリバースエンジニアリングをサポートしているのは，astah* professional と astah* UML です．

[*6] 注意：リバースエンジニアリングは，ソースコードを読み込んで行います．そのため，ソースコードは astah*から読めるところになくてはいけません．プログラミング演習を astah*がある計算機とは別の環境で行っている方は，ソースコードを astah*が読めるところにコピーするか，別途作成してから実施してください．

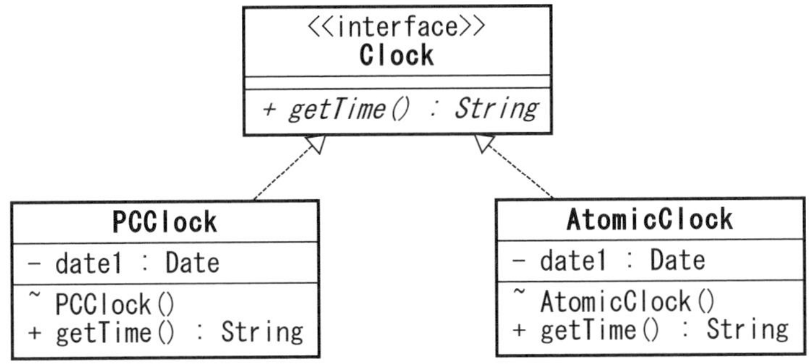

図 4.2. 時計インタフェース．リバースエンジニアリング結果

演習問題 4.3：指示に従い，抽象クラスを用いた演習を実施しなさい．

抽象クラスを用いた演習で，設計の手本となる**デザインパターン**の 1 つ**「ステートパターン」**を使います [3]．**「ステート」**とは状態です．状態の変化に応じて操作（振る舞い）を変える巧妙な仕組みを実現します．

例として会員制のスーパーを考えましょう．ブロンズ会員は 100 円の購入で 1 ポイント，シルバー会員は 100 円で 2 ポイントもらえるとします．多くの会員は，ブロンズからシルバーへ移行します．会員の移行を考慮したうえでポイントを計算するとき，皆さんならどうしますか？ すぐに思いつくのが，「会員種別」という属性を用意して，ポイント計算を if 文により実現する下記のような方法です．

```
if(会員種別はブロンズ) {
  ポイントは 100 円あたり 1 ポイントで計算
}
else if(会員種別はシルバー) {
  ポイントは 100 円あたり 2 ポイントで計算
}
```

この方法の欠点は，ブロンズ会員とシルバー会員の処理が 1 つになっていることです（結合性大）．会員種別を増やす場合，修正箇所の影響範囲が広くなります．

「ステートパターン」を使うと，ポイント計算をブロンズ会員，シルバー会員，それぞれで行い，しかもif文などを使わずに**「状態に依存した処理」**が実現できます．**1つのインスタンス**が状態の変化（ブロンズ→シルバー会員）に対応できる点に注目してください．

まず，下記コードをそれぞれMemberState.java（抽象クラス），Member.java（抽象クラスを利用するクラス），StateBronze.java（抽象クラスのサブクラス），StateSilver.java（抽象クラスのサブクラス），MemberTester.java（モデルをテストするドライバ）というファイル名で保存してください．

コード4.5. MemberState.java（上）とMember.java（下）

```
abstract class MemberState {
  abstract int calcPoint(int val);
}
```

```
class Member {
  private MemberState state = new StateBronze();
  public void setState( MemberState s ){
    this.state = s;
  }
  public int Request(int val){
    return this.state.calcPoint(val);
  }
}
```

コード4.6. StateBronze.java（上）とStateSilver.java（下）

```
class StateBronze extends MemberState {
  public int calcPoint(int val){
    return (val / 100) * 1;
  }
}
```

```
class StateSilver extends MemberState {
  public int calcPoint(int val){
    return (val / 100) * 2;
  }
}
```

コード 4.7. MemberTester.java

```
class MemberTester {
  public static void main(String[] args){
    Member a = new Member();
    MemberState Bronze = new StateBronze();
    MemberState Silver = new StateSilver();
    a.setState(Bronze);
    System.out.print("Bronze Member, val=1000, ");
    System.out.println("point = "+a.Request(1000));
    a.setState(Silver);
    System.out.print("Silver Member, val=1000, ");
    System.out.println("point = "+a.Request(1000));
  }
}
```

これらソースコードの中で核となるのが `Member.java` です．Member というクラスに，MemberState のインスタンスの state を属性としてもたせています．その state の状態に合わせて，`Request` の振る舞いが変わる仕掛けです．

では，ドライバの `MemberTester.java` をコンパイルし，実行してください．実行結果を示します．会員ごとにポイント計算ができているのがわかります．

```
Bronze Member, val=1000, point = 10
Silver Member, val=1000, point = 20
```

下記はソースの抜粋です．会員のインスタンス a の状態（ステート）を変えると，操作の振る舞いが変わります．インスタンスが 1 つしかない点に注目してください（演習問題 4.2 のインスタンスは，生成時に振る舞い方が決定されていましたので，2 つのインスタンスが存在していました）．

```
    Member a = new Member();
    MemberState Bronze = new StateBronze();
    MemberState Silver = new StateSilver();
    a.setState(Bronze);
    a.setState(Silver);
```

これは「ステートパターン」の効果です．抽象クラスを使う点は本質ではなく，インタフェースを使っても同様のことができます．

では，演習問題 4.3 の続きです．今度は入力したソースコードファイルからリバースエンジニアリングでモデルへ変換してみましょう．astah*を起動して新たなプロジェクトを作成し，ツールから「java ソースコードの読み込み」を選択して実行し，ソースコードファイルを指定してください（ドライバの `MemberTester.java` は不要）．そして，得られたクラス，インタフェースを図にドラッグ&ドロップしてください．図 4.3 は，**ステートパターン** [3] らしくするために，Member から MemberState への集約関連（後述の補足にて説明）やコメントを加筆しています（属性値の初期値，パラメタ，型などを非表示としました）．MemberState クラス（抽象クラスであり，斜体になっています）がもつ抽象操作 *calcPoint()*（これも斜体）を StateBronze と StateSilver クラスでオーバーライドしているのがわかります（ポリモーフィズムを利用して，疎結合性，高凝集性を実現しています）．例えば，新たにゴールド会員（100 円あたり 3 ポイントもらえる）を追加した場合も，他の会員クラスに影響を与えません．余裕のある方は，発展課題として挑戦してください．

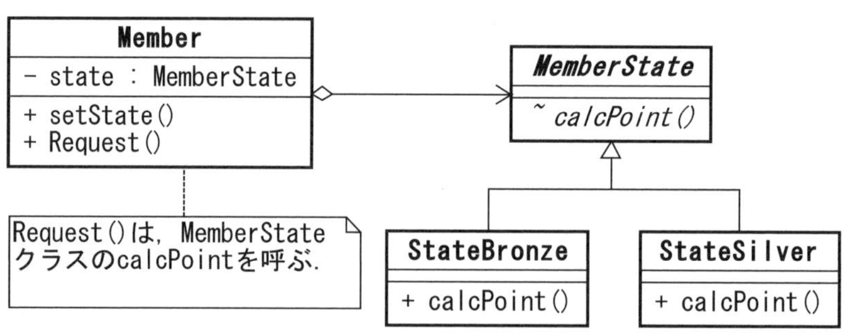

図 4.3. ステートパターンを用いた会員制スーパーのポイント計算．リバースエンジニアリング結果．Member から MemberState への集約関連を加筆．

図 4.3 について 2 つ補足があります．1 つ目は，集約（aggregation）関連についてです．これは，特別な関連で，「全体–部分」の関係を表します．デザインパターン（第 12 章参照）の定義などで広く使われていますが，通常の関連との本質的な差が少ないといわれています [20]．そして，多重度についても「1 対多」，「多対 1」，「多対多」などの関係があり得ます（このような理由で，集約関

連を積極的には紹介しません)．一方，コンポジション関連は排他的所有権を表すので，通常所有側（◆がある側）の多重度は 1 です．図 4.4 は，集約関連の例です．同好会に入らない学生もいれば，複数の同好会に所属する学生もいます．

そしてもう 1 つは，図 4.3 の集約関連についた矢印についてです．これは「誘導可能」を表す矢印といわれ，矢印の方向に対して参照することを意味しています（図では，Member が MemberState を参照しています)．問題領域モデル作成段階では，誘導可能性を通常考えません．ステートパターンは実装を意識した主に設計段階で用いる考え方なので，誘導可能性を明示しています．

図 4.4. 集約関連の例

演習問題 4.4：指示に従い，抽象クラスと継承を用いた演習を実施しなさい．

抽象クラスのまとめ役としての存在意義を実感するための演習です．本演習では，図 4.5 のように抽象クラスとして図形（Figure）クラスを考え，それを継承する楕円（Ellipse）クラス，さらに楕円クラスを継承する円（Circle）クラスを用います（本演習は，『明解 Java 入門編』[15] を参考にしています)．

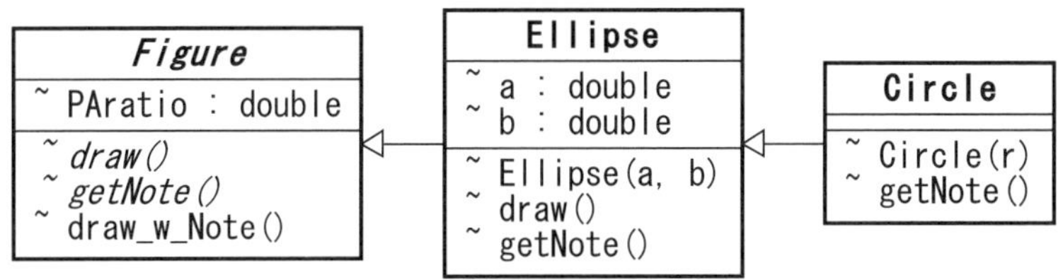

図 4.5. 抽象クラスとそれを継承するクラス

まず，次のコードをそれぞれ，`Figure.java`（抽象クラス)，`Ellipse.java`（抽象クラスを継承するクラス)，`Circle.java`（Ellipse クラスを継承するクラス)，`FigureTester.java`（モデルをテストするドライバ)，というファイル名で保存してください．

コード 4.8. 図形クラス Figure.java（上）と楕円クラス Ellipse.java（下）

```
abstract class Figure{
  final double PAratio = 0.48;  // 画素のアスペクト比
  abstract void draw();
  abstract String getNote();
  void draw_w_Note(){
    System.out.println("以下の図形は，"+getNote());
    draw();
  }
}
```

```
1  class Ellipse extends Figure{
2    double a; // 左右（x 軸）方向の軸の長さ（径）の半分
3    double b; // 上下（y 軸）方向の軸の長さ（径）の半分
4    Ellipse( double a, double b ){
5      this.a = a;
6      this.b = b;
7    }
8    void draw() {
9      for( double i = 0 ; i < b*2.0 ; i++ ){
10       for( double j = 0 ; j < a*2.0/PAratio ; j++ ){
11         double x = (j + 0.5) * PAratio - a;
12         double y = b - (i + 0.5);
13         double distance2 = x*x/(a*a) + y*y/(b*b);
14         if( distance2 <= 1 ) System.out.print('*');
15         else                 System.out.print(' ');
16       }
17       System.out.println();
18     }
19   }
20   String getNote(){
21     return "径（" + this.a*2 + ", " + this.b*2 + "）の楕円";
22   }
23 }
```

参考：13-14 行目は，楕円の方程式 $((x/a)^2 + (y/b)^2 \leq 1)$ に対応しています.

```
13         double distance2 = x*x/(a*a) + y*y/(b*b);
14         if( distance2 <= 1 ) System.out.print('*');
```

コード 4.9. 円クラス Circle.java（上）と FigureTester.java（下）

```
class Circle extends Ellipse{
  Circle( double r ){        super( r, r );  }
  String getNote(){ return "半径：" + this.a + "の円"; }
}
```

```
class FigureTester{
  public static void main(String[] args){
    Ellipse myEllipse = new Ellipse(10,5);
    myEllipse.draw_w_Note();
    Circle myCircle = new Circle(7);
    myCircle.draw_w_Note();
  }
}
```

次に，ドライバの FigureTester.java をコンパイルし，実行してください．実行結果は図 4.6 のようになります．なお，Figure.java の 2 行目で画素のアスペクト比 PAratio として 0.48[7]を与えていますが，実行環境によって最適な比が変わります．適切な値を探し，設定してください．

ソースコードについて説明します．Figure.java から，抽象クラスや抽象操作は，abstract を使って宣言することが読み取れます．つまり，draw() や getNote() が抽象操作，draw_w_Note() が普通の操作（＝非抽象操作）です．抽象クラスは，1 つ以上の抽象操作をもちますが，Figure.java のように非抽象操作を宣言することもできます．2 行目の final は，書き換え不可を意味します．

さて，この非抽象操作 draw_w_Note() では，「抽象操作の draw() や getNote() を呼び出す」という複雑な宣言をしています．この宣言の段階では，どの実装が呼ばれるかは未定で，実行時に決定されます（**「動的結合」**と呼びます）．

次に，Ellipse.java の説明をします．1 行目は Ellipse クラスが Figure クラスを継承している（extends）ことを意味し，2, 3 行目はパッケージ内公開の属性 a, b の宣言，4 行目からは Ellipse クラスのインスタンス生成時に呼ばれる特別な操作（＝コンストラクタ）の宣言，8 行目からは draw() のオーバーライ

[7] 0.48 は Windows で通常の文字サイズを使う場合に適した値です．

ド，20 行目からは `getNote()` のオーバーライドです．属性 a, b をパッケージ内公開（非公開ではない）としているのは，Ellipse を継承する Circle クラスから見えるようにするためです．`Circle.java` は，1 行目で Ellipse クラスから継承することを表し，2 行目でコンストラクタの宣言，3 行目で `getNote()` のオーバーライドを行っています．コンストラクタにおける `super(r, r)` は，スーパークラス Ellipse のコンストラクタ呼び出しを意味します．また，`draw()` をオーバーライドしないのは，(a=r, b=r) とすれば楕円と同じ操作で描画できるからです．

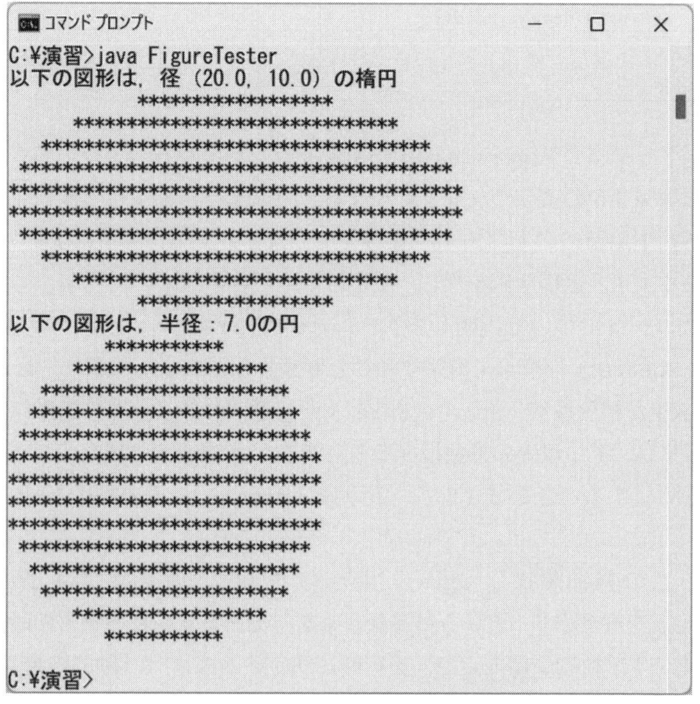

図 4.6. FigureTester の実行結果例

それでは，演習問題 4.4 の続きです．今度は入力したソースコードファイルからリバースエンジニアリングでモデルへ変換してみましょう（ドライバの `FigureTester.java` は不要）．図 4.5 のようになるはずです．

演習問題 4.5：抽象クラスと継承を用いた演習の続き

Figure.java を下記コードのように修正した後，FigureTester.java をコンパイルし（Figure.java のみでもよい），ドライバの FigureTester を実行してください．実行結果は図 4.7 のようになります．

```
abstract class Figure{
  final double PAratio = 0.48; // 画素のアスペクト比
  abstract void draw();
  abstract String getNote();
  void draw_w_Note(){
    draw();            // ←描画を文章出力の前に変更
    System.out.println("上記の図形は, "+getNote());
  }
}
```

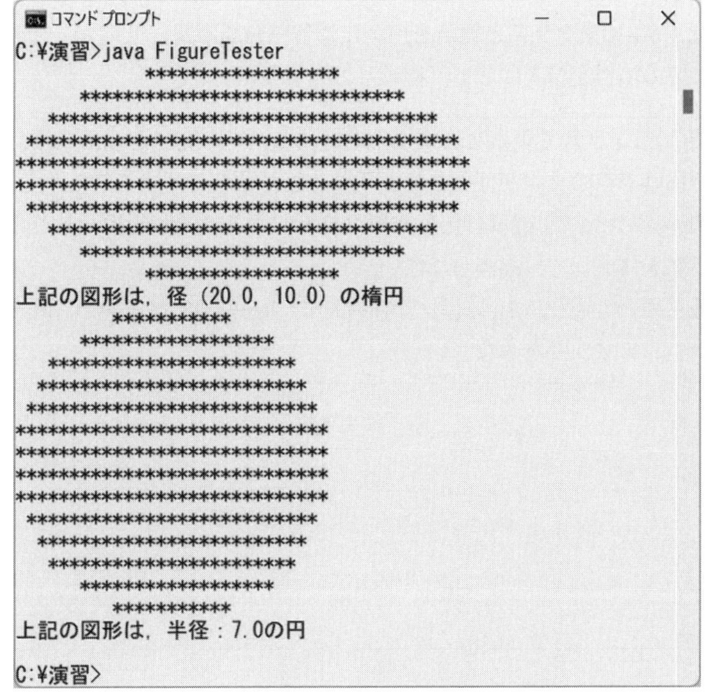

図 4.7. FigureTester の実行結果例（修正後）

実行結果から，抽象クラスの変更が，楕円と円の両方に反映されていることがわかります．

楕円や円は，図形クラス（Figureクラス）を継承しています．多くのクラスの継承元になるクラスに共通的な情報を集めておくと，変更箇所を限定できます．汎化・継承および抽象クラスの役割を整理します．

1. 同じことは2度書かない（更新箇所を限定するためです）．
2. 最上位の抽象クラスで操作を宣言しておくと，利用する側は，抽象クラスの操作のみを見て処理ができる（高凝集性の実現）．

なお，本演習は演習問題4.4の続きとして取り組んでも構いませんが，ソースコードファイル群を新たなディレクトリ（フォルダ）へコピーしてから，実施することをお勧めします．

演習問題4.6：抽象クラスと継承を用いた演習（発展課題）

ここまでの演習を参考にして，挑戦してみてください．

1. Figureクラスで画素を表す文字を宣言し，その文字を変えれば，すべての描画でその文字が使われるようにしなさい．
2. Figureクラスを継承した長方形クラス，さらにそれを継承した正方形クラスを作成して，描画しなさい．
3. さらに二等辺三角形，直角三角形のクラスを作成して描画し，リバースエンジニアリングをしなさい．

第 5 章 開発プロセス

本章では，情報システムの**開発プロセス**について解説します．開発プロセスは，部分的な出荷（リリース）を繰り返して開発する**反復型**と，要件定義，設計，実装を順番に完了させながら開発する**ウォーターフォール型**に大きく分けることができます．どちらを選択するかは簡単ではありません．両開発プロセスの長所・短所や特徴などを，技術面からだけではなく，調査資料などを用い，契約形態などの商習慣も考慮しながら紹介します．

5.1 開発プロセスについて

本章は，開発プロセスを選択するうえでの情報を提供しますが，どの開発プロセスを使えば良いか，という結論は明示しません．技術面から見れば，反復型（**アジャイル開発**）を選択すべきと感じていますが，一朝一夕にウォーターフォール型から反復型に変えることは難しいとも思います．重要なことは，**「決めつけないこと」**で，開発プロセス選択の背景も含めて理解することです．例えば，下記のようなことをわかってほしいと思います．

1. 「ウォーターフォール型は良くない」，あるいは「アジャイル開発はいい加減な方法」と一方的に考えてはいけない．
2. 大規模開発はどの開発プロセスにとっても難しい対象です．技術的な問題だけでなく，マネジメント方針などにも絡んだ問題があり，大規模開発なら X 型と決めつけることはできません．
3. アジャイル開発の方が優れていると考えて「明日からアジャイル開発」と簡単には切り替えられない可能性があります．例えば，システム開発に伴う契約の問題を知り，これを解決する必要があります．

5.2 基本編

5.2.1 開発プロセス

開発プロセスの定義は,

1. システム開発はシステムというプロダクト（生産物）を作ること.
2. 開発プロセスは，プロダクトを生み出す工程.

です．開発プロセスは大きく2つの「型」に分類できます（図5.1).

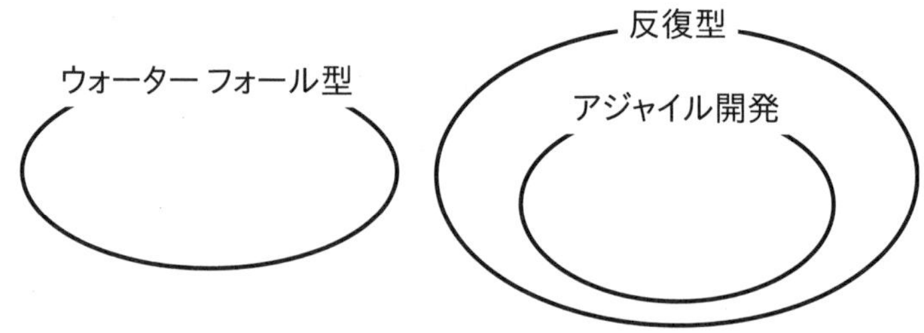

図5.1. 開発プロセスの分類

1. ウォーターフォール型
   開発プロセスをアクティビティ（要件定義，設計，実装，テスト）に基づいて分解し，順番に（完了させながら）実行します.
2. 反復型
   システムを（機能などで）分割し，開発期間（＝反復）を分けます．各開発期間（反復）で，分割されたシステムの開発（全アクティビティの実行）を行います.
   - アジャイル開発（アジャイル宣言（2001）を指針とする方法，スクラムやXP（Extreme Programming）など）
   - 古くからある反復型（UPなど）

ここでアクティビティは開発プロセスに共通しており，主なものとして**要件定義，設計，実装，テスト**があります（この後のアクティビティとして，配置

（デプロイ）があります．また，運用・保守は開発プロセスの外になりますが，これも重要なアクティビティです）．

ウォーターフォール型の名称は，滝が流れるように順次処理をすることからきており，文献 [14] を基に，後戻りをしないという解釈を加えて*1作られています．よく，**V 字モデル**（対応するテストと合わせて変形したもの）として表されます（図 5.2）．

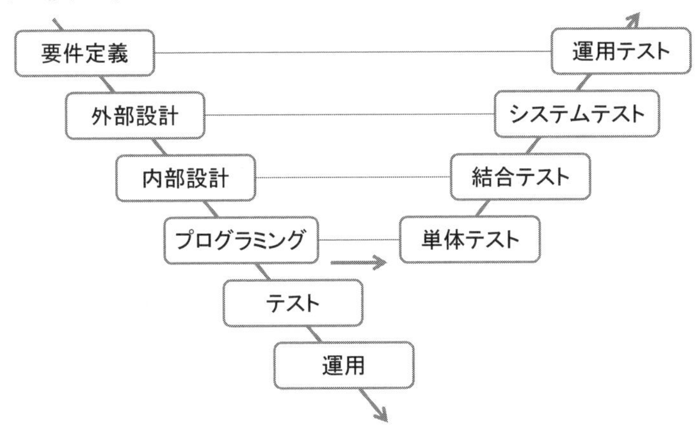

図 5.2. ウォーターフォール型の開発プロセスと V 字モデル

反復型の開発プロセスでは，それぞれの反復で，すべてのアクティビティを実施します（図 5.3）．

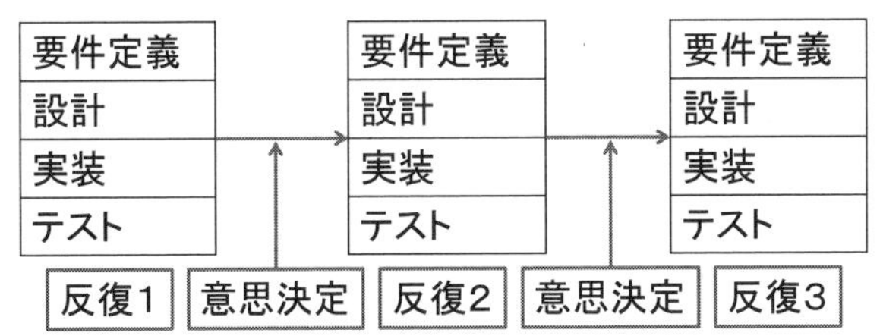

図 5.3. 反復型の開発プロセス

しかしながら，反復型を実施していると主張する組織において，図 5.4 のように，各反復でアクティビティを 1 つずつ完了させながら開発を進めている場合

*1 原文には後戻りの矢印があり，2 回サイクルを繰り返すことを推奨しています．また，単純なプロジェクト以外，ウォーターフォール型は使えないとも主張しています．

があります．これは，実質的にウォーターフォール型と同じです．形式的には「反復型」ですので，ファウラー氏はこれを「擬似反復型開発」と呼び，あるべき反復型では無いと指摘しています [20].

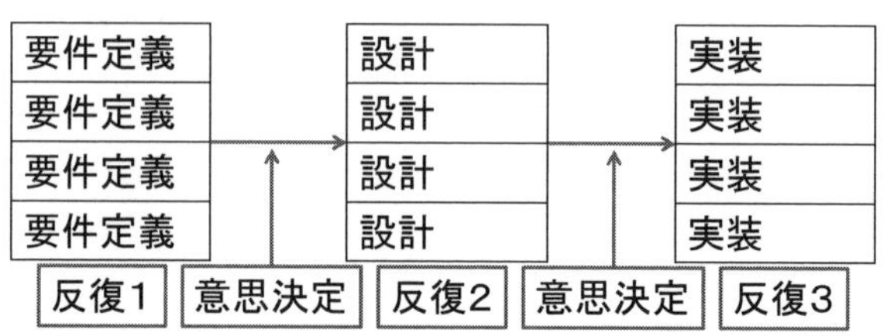

図 5.4. 擬似反復型開発プロセス

5.2.2　開発プロセスの長短所および特徴

反復型の長所と短所は，次のようになります．これら長所短所は各開発プロセスがもつ，生来の性質といえます．

長所　対応力が高い．反復のたびに，途中結果（部分システム）を見て「意思決定」をします．そのため軌道修正の機会が頻繁にあります．

短所　オーバーヘッドが多い（生産性が低い）．作業を途中で中断すると，再開してもすぐには生産性が上がりません．意思決定のための準備や意思決定という作業自体に時間が掛かります．

ウォーターフォール型の長所と短所は，反復型の裏返しになります．

長所　オーバーヘッドが少ない（生産性が高い）．要件定義を終えれば，設計を一気に進められます．中断が少なく，生産性は高くなります．

短所　対応力が低い．初期段階で要件定義を終わらせます．すると，その後変更が必要となっても対応が難しくなります．実際は「手戻り」により対応しますが，それもできずに「手遅れ」になることもあります．

次に各開発プロセスの特徴（あるいは運用方法）について，文献や自身の経験を参考にし，次に要約します．これらは，開発プロセスの生来の性質ではない慣習的なことも含むので，運用方法次第で変わり得ます．

ドキュメント

- ウォーターフォール型では，各アクティビティ（要件定義，設計，実装，テスト）の終わりに決められた（整然とした）ドキュメントを作り，レビュー（意識合わせ）を行って次へ進みます．
- 反復型（特にアジャイル開発）のドキュメントは，ウォーターフォール型に比べれば簡略的になります．そして，保守的な人には不備と映ります．

計画性

- ウォーターフォール型では，綿密な計画を立てます．いつまでに何を作るかを明確にし，開発コストを見積もります．
- 反復型では，反復期間を決め，その中で計画を立てますが，全体の計画は概略的となります．
- 反復型は初期段階でも，開発規模を予想しますが，概略的で予測の幅は大きいものになります．文献 [17] によると，プロジェクト期間の10%〜20% が終わる頃（2, 3 回の反復後），信頼に足る見積もりが可能になるとしています．
- 定額契約の場合，信頼に足る見積もりに時間が掛かる反復型開発は困難になります[*2]．これに対し，予測に基づく固定分と変化する分（例えば最大 3 割増）を設けた契約で対処する方法があります．このような初期費用と追加費用の積み増しで段階的に対処する考え方は，PMBOK[6]（6.2 節参照）にも記載され，一般的になっています．

定義されたプロセスと経験的プロセス（文献 [17, 20] 参考）

- ウォーターフォール型は，次の段階（アクティビティ）に移行するときに作成するドキュメントがきちんと定義されています．また，作業内容も定義（規定）されているものが多くなります．
- 反復型では，経験的プロセスが推奨されています．進め方は経験とともに変わり，つねに向上しようとします．
- ウォーターフォール型はルールベース，反復型は原則ベースといわ

[*2] 広く請負契約のとき，困難に直面します．この特徴は反復型導入の阻害要因になり得ます．

れています.

顧客との距離

- ウォーターフォール型では，顧客からのフィードバックの機会が少なく，顧客との距離が大きくなります.
- 反復型では，反復のたびに顧客からのフィードバックを受けます．そのため，顧客との距離が近くなります.

オブジェクト指向開発

- オブジェクト指向コミュニティでは，反復型が支持されてきました[20]．良い意味でも悪い意味でも，反復型とオブジェクト指向開発は関連づけて見られていると思います.

上記に示した「ウォーターフォール型」の特徴の背景には，テイラー氏が示した「科学的管理」[11] があると考えます．これは，労働者任せの労務管理が「組織的怠業」(「同じ賃金をもらえるのであれば，なるべく楽をしてもらいたい」と組織的に考えること）を起こしていたことから，課業管理（作業を科学的に分析し客観的に公平な作業量を管理者が決めること）を導入するなど，**「管理者が労働者に指示をする手法」**のことです．この方法は企業の生産能率を大幅に向上させましたが，自己管理による労働を認めないことから，テイラー氏に対しては「資本主義的搾取方法の完成者，アンチ・ヒューマニスト」という評価もあります（[11] 参考)．**「自己管理による労働」**の比率は増やしていくべきと思います．ただし，「指示を待つタイプ」あるいは「知識やスキルが不十分な人」に対しては，すぐには指示の量を減らせないので，段階を踏む必要があるでしょう.

開発プロセスの特徴として，満足度に関する調査結果を紹介します．図 5.5 は，日本企業に対するアンケート結果です（文献 [22] より)．この図において，ウォーターフォール型は 54 件，非ウォーターフォール型（=反復型とここでは考えます）は 81 件のサンプル数があり，分散を考慮して検定を行うと，この差は統計的に有意であることが示せます．このことは，**「反復型開発は開発者が満足すること」**を裏づけるものです．反復型（特にアジャイル開発）は，開発者の満足を目指しているといわれていますが，実際どうなのかは一般にわかりません．このように客観的な数字として差が確認できることは大変興味深いと思います．この事実だけでも反復型の導入を検討する価値があるといえるでしょう.

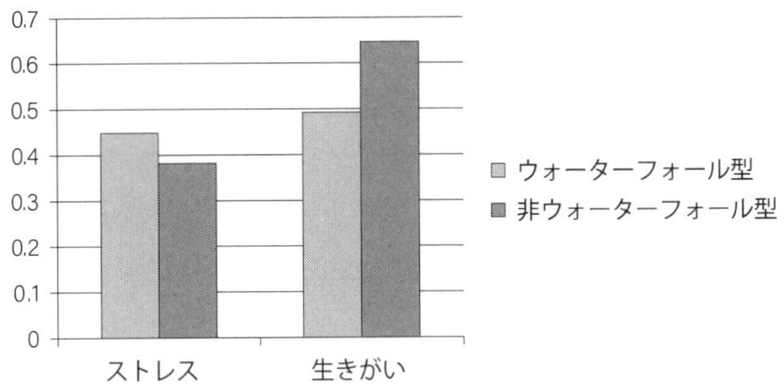

図 5.5. **満足度アンケート結果**

ここで，開発の無駄についての資料を示します．米国 Standish グループの調査によると，「開発された機能の 45% は全く使われなかった（ほとんどを入れると 2/3 に達します）」ことがわかりました（図 5.6）．この結果は，**反復型を使えば無駄が減らせること**を示唆しています．

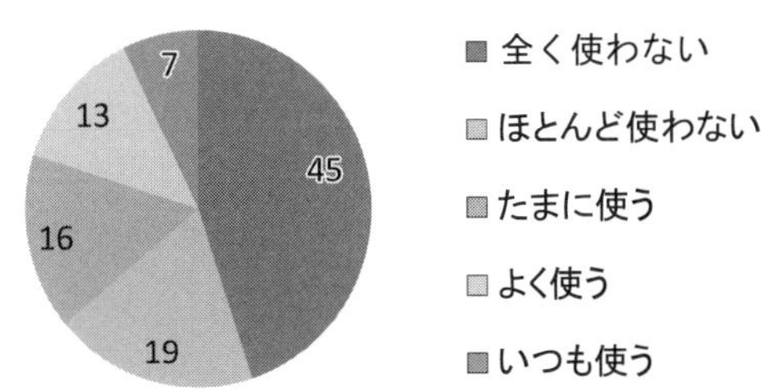

図 5.6. **システム機能の利用率** (Standish Group Study Report in 2000 Chaos Report)

5.2.3 大規模システムの開発

まず最初に，大規模開発はどの開発プロセスにとっても難しい対象です．技術的な問題だけでなく，マネジメント方針などにも絡んだ問題があります．ここで大規模の定義ですが，参加人数が 100 人以上とします [22].

大規模システムに関する技術的な問題として，以下の項目があげられます．

1. 文献 [7] によると，システムの規模が大きいほど要求変更の割合は拡大します．規模をファンクションポイントに基づいて考えたとき，中規模システムで 25%，大規模システムでは 35% 以上の要求が変更されました．
2. 規模が拡大すると関係者が増え，コミュニケーションが困難になります．

上記の項目 1 は，変更に対する対応力が低いウォーターフォール型では特に大きな問題となります．一方，反復型は各反復の終了時に意思決定を行いますので，対応力は高くなります．しかし，コミュニケーションを重視するという特徴をもちますので，項目 2 は反復型にとって大問題です．

これら技術的な項目以外に考慮すべきこととして，費用マネジメントの問題があります．大規模開発の費用は膨大です．その費用予測が困難となれば，予算の管理部門が難色を示す可能性が高くなります．この問題は，反復型の採用を躊躇させます．もっとも，ウォーターフォール型においても無視できず，開発の後半になって深刻な状況に陥ることは，あり得ることです．

アジャイル開発のスイートスポット

次に，**アジャイル開発のスイートスポット**という考え方について紹介します．アジャイルのスイートスポットとは，アジャイル開発（≒反復型）が成功しやすい状況のことで，文献 [10] では，

システム規模	0..**12**..300 （参加メンバーの人数）
深刻度	**シンプル，経済被害**，... 死亡
システムの年齢	調査，**新規開発**，レガシー保守
変化率	低，**中，高**
ビジネスモデル	**自社開発**，オープンソース，...
安定したアーキテクチャ	**安定**，オープンソース，...
チームの分散	**1 箇所に固まる**，...，オフショア外部委託
統制	**シンプルなルール**，...，SOX，...

としています．ここから外れた状況においては，何も工夫せずにアジャイル開発を適用しようとすると，失敗しやすくなります．成功させるには，「状況に合

わせてアジャイルを適用する」ことが重要と指摘しています [10].

確かに，これまでの大規模システム開発の実績ならウォーターフォール型の方が多いといえます．しかし，上記の意見やこれまでの実績を見て，「ウォーターフォール型が大規模開発や高い深刻度の問題を扱うのに適する」という結論を導き出すのは行き過ぎです．大規模かつ深刻度が高いシステムにアジャイル開発が適用され，成功している事例もあります．総じて，**大規模システムなら X 型が適すると決めつけることはできない**と考えます．

もし「ではどうするべきか」と聞かれれば，リスクを取ってどちらかを選択することになると答えますが，**二者択一ではない**とも考えます．すなわち，ウォーターフォール型を選択したときでも，途中段階（半完成品／部分システムを作った段階）で顧客やエンドユーザからフィードバックが得られる仕組み・機会を設けるように工夫することが望まれます．逆に反復型を採用するときも，コスト，目的・目標などの管理を意識的に行う必要があるでしょう．

日本の状況

ここで文献 [22] を参考にし，日本国内の状況・事情について紹介します．まず，情報処理推進機構（IPA）による 2009 年度の調査では，中・大規模開発のシステムはありませんでした．しかし，2011 年の IPA 調査 [22] では，100 人以上の大規模が 4 件，30 人以上 100 人未満の中規模が 6 件あります．現在は，もっと増えていると思われます．少しずつですが，日本においても大規模開発で反復型が適用されています．

5.2.4 反復型の解説

反復型に共通する特徴，考え方，用語などを説明し，続いて代表的な手法について紹介します．

反復型とインクリメンタルな開発

インクリメンタル（漸増的）な開発とは，システムを段階的に発展させる方法です．反復型と同時に実施することが多く，そのときは IID（iterative and incremental development）と呼ばれます．そして IID を「反復型開発」と呼ぶ

ことも多いため [17]，インクリメンタルな開発は反復型に含めて考えます．

リリース

反復型（特にアジャイル開発）では，反復後にリリース（release）（＝出荷）を行います（図 5.7）．これを**反復リリース**と呼びます．反復リリースは，通常内部向けのリリースで，最後のリリースが外部向けです．ここで，内部向けは発注者（クライアント）までの公開を指し，外部向けはエンドユーザに使ってもらうことを意味します．**段階的リリース**という場合は，最後のリリース以外でも，何回かに一度の反復リリースを外部向けとするやり方です [17]．エンドユーザからのフィードバックが期待できます．

反復のたびにリリースを行うことは，顧客からのフィードバックを得るためであり，反復型の重要な特徴です．このことで「顧客のためのシステムを作っている」という感覚が強くなり，顧客と開発者の距離が近くなります．

ウォーターフォール型では，最後までシステムを完成させてからリリースしますが，文献 [20] では，ウォーターフォール型でも**段階的リリース**をすべきと主張しています．筆者も，ウォーターフォール型開発において，最終納期の 3 ヶ月程前にエンドユーザからのフィードバックを得る取り組みが行われた例を聞いたことがあります．この段階的リリースは，その後のサービス展開での成功に大きく寄与したものと推察いたします．

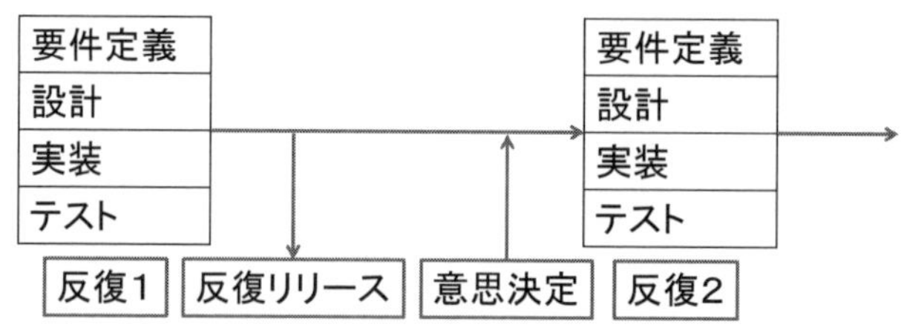

図 5.7. 反復型におけるリリース（出荷）

リスク駆動とクライアント駆動

反復型におけるシステム分割は，ビジネス的価値で分割することが重要といわれています．その理由は，反復後に開発内容や方針変更などの意思決定をするために判断材料が必要だからです．そして，判断材料として価値があるところから着手すべき，ということもいわれています．それが，**リスク駆動**と**クライアント駆動**という指針です．リスク駆動とは，**最もリスクの高いところから着手すべき**という指針で，クライアント駆動（クライアント＝発注者）とは，**クライアントが考える優先順位に従って開発する**という指針です．

■クイズ：どちらの項目を先に作るべきでしょうか？

ア）Web ページを緑色にする

イ）5,000 回のトランザクションの同時処理

回答欄（　　）[17][*3]

フィーチャチーム

反復型では，システムをビジネス的価値に基づいて分割しますが，この開発単位を**「フィーチャ」**と呼びます．そして，フィーチャを開発するチームは，**「フィーチャチーム」**であるべきといわれます．この「フィーチャチーム」という言葉には，職能横断チーム（多様性のあるチーム）という意味が込められています．これに相対する言葉として，コンポーネントチーム（技術単位のチーム）があり，例えばインフラチーム，DB チーム，Web アプリケーションチームなどが考えられます．コンポーネントチームで開発を行うと，サブシステム間に溝ができる危険性があります．

タイムボックス

反復型では，反復に**「タイムボックス」**という考え方を用います．これは，反復の最終日を固定し，変更させないという意味です．もし，予定の作業が終わりそうにないときは，作業の内容を一部変更（例えば，「可能なら実行する」に変更）します．最終日が近づくと集中により生産性が上がるというタイムボックス効果が知られています．この理由から，反復型は生産性が高いという意見もありますが，これは少々いい過ぎだと思います．生来の性質としては，ウォーターフォール型の方が生産性が高くなります．一般的なタイムボックスの長さは，1 週間から 6 週間で，短いほど適応性が高くなる代わりに，オーバーヘッドが大きくなり，生産性が低下します．

[*3] 答えは（イ）です．

アジャイル開発

アジャイル開発は，アジャイル宣言と 12 項目の「アジャイル原則」を指針とする反復型の開発プロセスです（http://www.agilealliance.com/）．アジャイルは，俊敏性（agility）からきており，機動性や身軽さなどの特徴をもっています．アジャイル宣言（マニフェスト）は，

プロセスやツールよりも	個人と相互作用
包括的なドキュメントよりも	動くソフトウェア
契約交渉よりも	顧客との協調
計画に従うよりも	変化に対応すること

です．これは，左側の項目にも価値がありますが，右側の項目の価値をより重く見るということです．1 行目の**「個人と相互作用」**は，開発者が満足する（受け入れ可能である）ことを含み，これが持続可能な開発に必要だとされています．4 行目の**「変化に対応すること」**は，顧客やエンドユーザからのフィードバックを受け入れることを意味し，3 行目と合わせてコミュニケーションが大切と考えられています．また，アジャイル原則には，**「うまくいく中で最もシンプルなものを行え」**などシンプルさを重視する考え方が盛り込まれています．

5.2.5　いくつかの反復型プロセス

スクラム

1993 年，サザーランド氏（Jeff Sutherland）は**スクラム**を発明し，シェーバー氏 (Ken Schwaber) とともに OOPSLA'95 で発表しました[*4]．スクラムは，メンバーを 7 人以下にすべきとしていますが，「スクラムのスクラム」を組むことで，数百人の大規模システムに適用された実績もあり，また深刻度としても人命に関わる重さのシステムにも適用されています．

スクラムのライフサイクルは，「計画」，「準備」，「開発」，「リリース」の 4 つ

[*4] Harvard Business Review 誌に投稿された論文：Takenaka and Nonaka, “The New New Product Development Game”(1986) にて，スクラム的手法を使っている企業があると発表されています．“http://www.scrumalliance.org/” において，この論文がスクラム (Scrum) の語源になったとの説明があります．

のフェーズからなります [17]．計画や準備では，プロジェクトの目的や目標，ビジョンなどを整理し，予算案なども検討します．また，「プロダクトバックログ」（何を生産物として作るのかを列挙したもの）を作成します．

「開発」フェーズにおいて，30 日以内の固定された期間の反復（初めての場合は 1 週間が推奨されている [13]）を繰り返すことになります．この期間をスプリントと呼び，反復を開始するときにスプリント計画（スプリント内での計画）を作ります．そのとき，2 つのミーティングが開催されます．

1. 最初のミーティングでは，利害関係者が集まり，「プロダクトバックログ」の更新をします．そこには，リスクやビジネス的価値に基づく優先順位の更新も含まれます．
2. 2 番目のミーティングでは，スクラムチームとプロダクトオーナー（顧客）が集まって，要求の実現方法を考え，タスク（4–16 時間）を列挙した「スプリントバックログ」（スプリント内で実施すること）を作成します．このスプリントバックログは，反復の中で更新していきます．

実際の反復内では，毎朝立ちながら，短時間（20 分程度）でスクラムミーティングを実施します．決まりきった質問項目（下記）をして，解決すべきことはホワイトボードなどに書き，対策が施されるまで残します．最後の 2 つの質問は後から追加されたものです．ミーティングは，それ自体に時間が掛かり，さらに準備の時間を考えると大変なものです．だからといって，これを省略するとプロジェクトは迷走しやすくなります．また，報告をメールで行うことにすると，読まれなかったり，誤解して伝わったり，そもそもメールを書くことで時間を取られたりという問題が生じます．これらのことを考えると，大変理にかなっていると思います．何より顔を合わせる（Face to Face）ことは単純ですが，有益です．

1. 前回のスクラム以降，何を行ったか？
2. いまから次のスクラムまでに何を行うか？
3. 反復の目的を達成するうえでの障害は何か？
4. スプリントバックログに追加するタスクはあるか？
5. チームメンバーから刺激を得て，何か新しく学んだことはあったか？

反復の途中では，**「メンバー以外の利害関係者が作業を追加してはならない」**ことになっています．この考え方は反復型では一般的で，**「自律性を重んじる」**という特徴として知られています．これと関連し，スクラムミーティングでは，スクラムチーム（ブタと呼ばれる）のみが発言でき，その他の人（ニワトリと呼ばれる）は，出席できますが発言できないことになっています．実は，スクラムマスターという役割があり，この人は，スプリントの目標を明確化し，開発の障害を取り除き，必要なリソースを提供するなどを行いますが，メンバーの自律性を邪魔してはいけないことになっています．自律性を重んじる姿勢はここにも現れています．

反復の間，少なくとも 1 日に 1 回は，プロジェクトに集まったソースコードをすべて統合し，テストを行います．これを「日次ビルド」（ビルド自体は，実行可能な状態にすることを意味します）と呼びます．**プログラムとテストを重視するのは，アジャイル開発全体に共通しています．**反復の最後に，利害関係者を集めてレビューを行い，デモを実施し，利害関係者からのフィードバックを得ます．このレビューにおいて，パワーポイントなどのプレゼンテーションツールの使用は禁止されています．プレゼンテーションの作成に時間を掛けるより，デモの準備に時間を掛けるべきという意味だと思います．

エクストリーム・プログラミング

エクストリーム・プログラミング (extreme programming: XP) は，ベック氏 (Kent Beck) らによって定式化され，提唱されています (1999 年に出版)．小規模プロジェクトを素早く成功させることに特化しており，人数としては 20 人以内，深刻度としては人命に関わる部分を除外した範囲で，適用実績があります．

基礎として 5 つの価値（コミュニケーション，シンプルさ，フィードバック，勇気，尊重）をあげ，19 の基本プラクティスがあり，対象者の立場（共同，開発，管理者，顧客）ごとに分類されています．ここで，この特徴が現れている「開発」と「顧客」のプラクティスを紹介します．

開発のプラクティス

テスト駆動開発　自動化されたテストを行います．実装よりテストを先に作る**テストファースト開発**にすることもあります．

ペアプログラミング　二人一組で実装を行います．

リファクタリング 機能を変えずに，完成済みのコードを改善します．
ソースコードの共同所有 チーム全員が修正し，責任をもちます．
継続的インテグレーション 自動化された結合テストを毎日行います．
YAGNI （読み方は「ヤグニ」） You Aren't Going to Need It.（いま必要なことだけ行う）

顧客のプラクティス

ストーリーの作成 求める機能を短い文章（例：最も安い料金を探す）で記したストーリーカードを作ります．
リリース計画 どのストーリーをどの反復で対象とするかを決めます．
受け入れテスト 顧客の立場からストーリーの実現性をテストします．
頻繁なリリース

ペアプログラミングは，面白い考え方です．各人それぞれプログラミングをした方が効率的なように見えますが，迅速なレビューができ，いずれかが抜けても対応ができ，技術の共有・継承もできるなどいろいろなメリットがあります．

上記以外の特徴として，タスクリストをホワイトボードに書いて可視化することがあげられます．この特徴および**テストの自動化**や**継続的インテグレーション**は，先進的なアジャイル開発では一般的になっています．例えば，これから示す「カンバンボード」などによるワークフローの可視化が広く行われています．

UP（Unified Process：統一プロセス）

UP の概要は第 1 章で説明しましたが，他の手法と対比してわかることについて補足します．UP は，アジャイル開発が出現する前からあり，スクラムと同様に大規模システムかつ人命に関わる重さのシステムにも適用されています．

1. ユースケース駆動を推奨しています．ユースケースは，開発単位としてより一般的な呼び方であるフィーチャや XP のストーリーに比べて粒度が大きく，利用者から見えるシステムの機能を表します．「利用者から見える」という部分だけを見ると，作るべき機能を見落とす可能性があります（ユースケースを作ってからフィーチャを検討すれば，問題ない）．
2. アジャイル開発に比べ，作業成果物が多いと批判されています．
3. プロセスが明確に定義されていて，重量級と批判されています．

現在は，ほとんど使われていませんが，成果物について具体的な説明があるので，オブジェクト指向開発を学ぶうえで，参考になる手法です．

カンバン（かんばん）

ジャスト・イン・タイムでのソフトウェア開発を目指した手法で，理論はアンダーソン氏 (David J. Anderson) によりまとめられました [1]．成功例から 6 つの特性（可視化，WIP（仕掛品）の制限，流れの管理，明確なポリシー，フィードバック，コラボレーティブに改善）が定義されています（Wikipedia 参照）．

この手法を実現するうえでワークフローの可視化は重要です．そのためのツールとして**カンバンボード**があり，タスクの状態 (To do, Doing, Done) などを表すことができます．アジャイル開発に関する調査において，回答者の 61% が使っているとの報告 (2021)*5があることから，手法に関係なく一般的なツールです．

WIP（仕掛品）の制限について説明します．さまざまな要求が開発部門に寄せられたとき，開発者が作業を中断して別の作業を行うことがあります．しかし，マルチタスクでの作業は効率を大きく下げることになります．急を要する仕事があるとしても，全体の作業効率維持のため，「WIP の数は制限」しなくてはならないのです．これを実現するにもワークフローの可視化が有効です [19]．

アジャイル開発に関する状況

アジャイル開発において使われている手法は，スクラムが 66% を占めます（図 5.8*5）．**スクラムバン**は，スクラムとカンバンの要素を取り入れた手法です．カンバンとスクラムバンの使用が増えていることも注目すべき点です．

図 5.8. チームレベルで利用しているアジャイル手法はどれに近いですか？

---

*5 “https://digital.ai/resource-center/analyst-reports/state-of-agile-report”「15th State of Agile Report」参照 (2022.10.23 訪問)．グラフは掲載された数値を用いて作図．

現在，さまざまなシステム設計・開発では，単体プロジェクトによるプロダクトの開発では終了せず，続けて更新や機能追加のための開発を行います．このような場合は，プロダクトの導入・成長・成熟・撤退という「**プロダクト開発**」のライフサイクルの中で，開発がマネジメント（管理）されています．以下は，このようなプロダクト開発における話です．

情報システムは利便性向上のために絶え間なく更新や機能追加が行われるようになり，開発の効率化（スピード）が求められています．この状況に対処するため，アジャイル開発を進化させるツールと考え方があります [19]．

CI/CD **CI** は**継続的インテグレーション**の略で，各開発メンバーが作成したソースコードを，日々統合してテストし動作を確認することです．**CD** は**継続的デリバリー**の略で，CI の結果を受け，より高レベルの結合とテストなどを行い，変更が本番環境へ配置（デプロイ）可能であることを確認します．例えば，テスト環境へのデプロイ，要件を満たすことの確認などが行われます．いずれも，自動化ツールの利用を想定しています．

DevOps （読み方は「デブオプス」）**開発**（**Development**）と**運用**（**Operation**）部門が連携して，プロダクト開発を効率化する考え方です．前者は「最新機能の追加」を求め，後者は「安定運用」を求めることから対立が起きやすく，そのことが開発した機能（変更）をデプロイするまでの時間を長くしていました．DevOps を実現するには，変更がデプロイ可能であることを随時確認することが必要です．すなわち，CI/CD の仕組み（ツール）が欠かせません．

CI/CD と DevOps を取り入れる前と後のアジャイル開発は，

前:［**要件定義**］→［**設計**］→［**実装**］→［**テスト**］→［**リリース**］[開発→運用] →［**デプロイ**］

後:［**要件定義**］→［**設計**］→［**実装**］→［**テスト**］→［**デプロイ**］→［**要件定義**］···

と表せるでしょう．**プロダクト開発**が出現する前は，反復を繰り返した後にリリースして開発が終わり，運用部門へ渡されるという手順でした（上段）．デプロイに時間が掛かっても大きな問題ではなかったでしょう．一方，**プロダクト開発**においては反復の度にデプロイまで完了させる必要があり，デプロイに時間が掛かること（開発側へのフィードバックの遅れ）は大問題です．下段に示したように，テストからデプロイまでを継続的に行い（CI/CD），DevOps を実現することが必要です．文献 [19] によると，無駄の半分が解消されるようです．

5.3　応用編

情報処理推進機構（IPA）の DX 白書 [26]，IT 人材白書 [25, 24]，文献 [22, 23] などを参考にして，国内外の動向を示します．

図 5.9 は，日米におけるアジャイル開発と DevOps の活用状況 [26] を示したものです（企業に対するアンケート）．米国企業では，アジャイル開発はもちろん，最近注目されている DevOps についても活用されています．一方，日本においてはあまり活用されていません．活用の検討が望まれます．

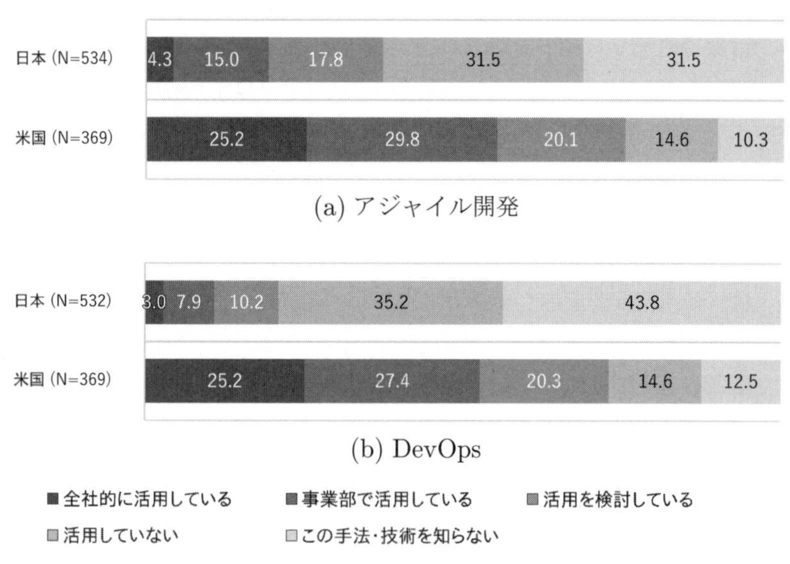

図 5.9. アジャイル開発と DevOps の活用状況（%）．(出典)DX 白書 2021

5.3.1　IT 人材の所属先企業

日本においてアジャイル開発の普及が進んでいない原因の 1 つとして，IT 人材（情報処理・通信に携わる人材）の多くが **IT 企業**（IT 提供側．他社のためにシステム開発を行う企業）に所属し，**ユーザ企業**（IT 利用側）には IT 人材が少ない，ということがあげられます（文献 [23] 参考）．図 5.10 は，国内外の IT 企業とそれ以外の企業（≒ユーザ企業）に所属する IT 人材の割合を示したものです．日本は IT 企業に所属する割合が 72% と高くなっています [24]．

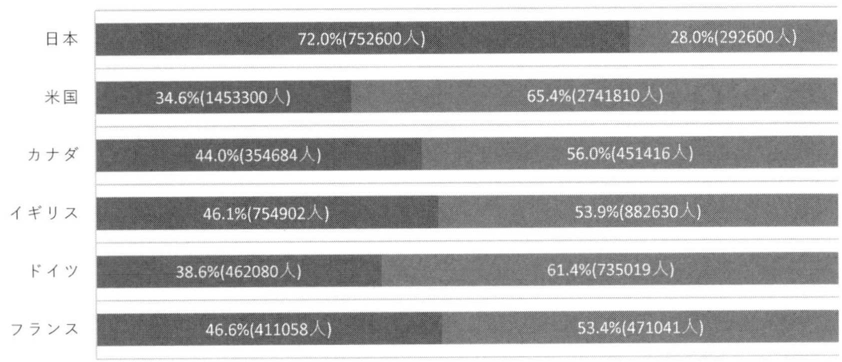

図 5.10. IT 企業とそれ以外の企業に所属する IT 人材．(出典) IT 人材白書 2017

ユーザ企業において IT 人材が多ければ，ソフトウェアを自社開発すること（内製）が可能です．それにより以下のメリットが考えられます．

ソフトウェア（情報システム）開発が契約を介さない．
契約を介さないと変更に対応しやすくなります（契約変更が不要なため）．アジャイル開発では，反復のたびに見直しを行い，何らかの変更が起こりやすいので，このメリットは重要です．

顧客と開発チームで，同じ組織の利益を追求し，ゴールを共有する．
これがないと，開発チームは顧客の要求を満たすコスト最小の開発を目指すことになります．顧客のフィードバックがコスト上昇に結びつく場合，受け入れが難しくなります（あるいは，顧客にコスト増分を負担してもらう交渉をすることになります）．

顧客が開発チームに参加しやすい．
顧客からのフィードバックを受け，軌道修正することがアジャイル開発を成功させるためには必要です．顧客がそばにいれば，フィードバックが受けやすくなります．

これらのメリットは，アジャイル開発の採用をしやすくします．従って，米国ではアジャイル開発が普及しやすく，ユーザ企業の IT 人材が少ない日本では普及しにくいことになります．次に示すように，この状況は今も続いています．

5.3.2 ユーザ企業における IT 人材の状況

図 5.11 は，IPA による IT 人材の過不足感の経年変化を表しています．これによると，IT 人材が「大幅に不足している」というユーザ企業が増えています．しかし，DX 白書 2021 によると，ユーザ企業における IT 人材の推計数は約 34 万人にまで増加していますが，全 IT 人材に占める割合としては約 25% と増えていません．現在の日本において，内製比率の増加を期待することは難しいようです．

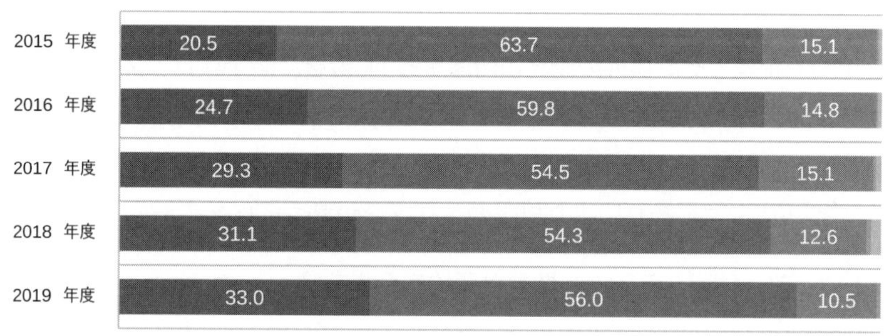

図 5.11. ユーザ企業の IT 人材の量に対する過不足感（%）．(出典) IT 人材白書 2020

2019 年の IT 業務の内製化状況調査（IT 人材白書 2020）によると，「企画・設計など上流の内製化を進めている」ユーザー企業は 30.2%，「プログラミング工程を含めた全体工程の内製化を進めている」ユーザー企業は 22.7% でした．これは内製の割合を示すものではありませんが，内製が選択肢に入っていることが重要です．この点に関しては，日本においてアジャイル開発を選択しやすい状況が増えていると考えます．

5.3.3 IT 人材の流動性

人材の流動性は，アジャイル開発と関係しています．米国では，技術者に限らず人材の流動性が高いといえます．経験によって個人の評価は上がり，より良い条件・経験を求めて流動します．流動性が高いということは，ユーザ企業は，必要なときに必要な人材を必要なだけ雇用することができ，必要がなくなれば手放せるということです．このような状況でなければ，ユーザ企業はIT 人材を多く抱えることができません．IT 人材が多いと内製が可能になり，アジャイル開発がやりやすい環境になりますので，**「人材流動性がアジャイル開発を支えている」**といえるのです．

人材の流動性とも関係しますが，米国では初任給のときから能力によって給料が変わります．図 5.12 は，2015 年の日米それぞれの平均年収（4,892,300 円，48,320 ドル）に対する情報処理・通信に関わる人材の平均年収を表しています．米国のアプリケーションソフトウェア開発者が 211% と平均の 2 倍以上の年収があるのに対し，日本のプログラマは平均以下の 83.5% です（IT 人材白書 2017）．米国では IT 関連職の給与が高くて人気があることを裏づけるものです．日本は国際競争力を向上させるために，IT 人材の評価を見直すべきでしょう．

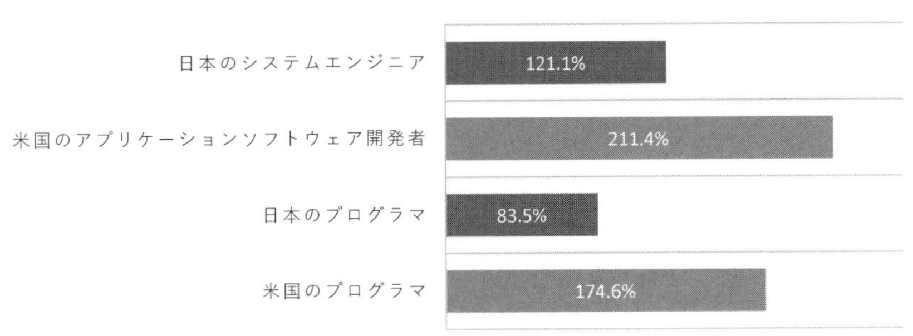

図 5.12. 情報処理・通信に関わる人材の平均年収．(出典) IT 人材白書 2017

日本における人材流動性の動向については，IT 人材白書 2020 に記載があります．IT 通信業界出身の転職決定数は年々増加し，2009～2013 年度の平均を 1 とすると，2018 年度は，同業種 1.92 ／異業種 2.20 でした（出典はリクルートエージェント「転職市場の展望 2020 年版」)．日本も IT 人材の流動性が高くなりつつあります．

5.3.4 スピードが求められる分野での開発プロセス

新しいサービスを Web やモバイルアプリで顧客に提供する情報システムでは，顧客の利便性向上のために絶え間なく更新や機能追加が行われ，開発にスピードが求められています．このようにスピードが求められる分野では，アジャイル開発（＋ DevOps）を採用すべきでしょう．また，このような分野は競争が激しい成長分野であることから，企業にとってはもちろん，社会にとっても重要な分野といえます．

一方，企業や組織の定形業務を効率化するための古くから存在する情報システムでは，上記のようなスピードは求められないので，ウォーターフォール型による開発を採用するのが自然かもしれません．特に，アジャイル開発についての経験やノウハウが不足する場合，新しい開発プロセスに挑戦することは難しいでしょう．ただし「面倒なので従来の方法で…」というのは困ります．というのも，組織内のシステムが使いにくい場合があるからです（実際にあります）．使う側の意見を反映する意味では，スピードが必ずしも求められない業務効率化のシステムにおいても，アジャイル開発を採用する意味はあります．

5.3.5 日本における問題

情報システムを設計・開発する際，いつもアジャイル開発が適するとは限りません．しかし，これを選択できない状況があるとすれば，改善するべきでしょう．本項では，情報処理推進機構（IPA）の調査報告書「非ウォーターフォール型開発の普及要因と適用領域の拡大に関する調査」(2012)」が指摘している，**非ウォーターフォール型開発が日本で普及しない要因**（下記）を紹介します [23].

1. 請負型の契約
2. 多重下請け構造
3. 要件定義のための要求定義を開発者側が主体となって行うこと
4. 教育

まず，**請負型の契約**について説明します．詳細は法律文書によるべきですが，請負契約と準委任契約の違いは以下のようになります．

請負契約

- 仕事の完成を約束し，仕事の結果に対して金銭を払う契約
- 「仕事の完成」を約束する
- 仕事の内容（仕様）と費用が決まっている

準委任契約

- 発注側が特定の作業をすることを委託する
- 「仕事の完成」は約束されない
- 期間を決めて何かを依頼し，報告を受ける

早期の予算の見積りが困難であり，反復のたびに仕様を見直すアジャイル開発は，請負契約の下では困難です．準委任契約であれば，より適用しやすいと考えられます．日本は請負契約が多いため，アジャイル開発が普及しにくくなっています．補足すると，民法の改正（2020 年 4 月より施行）があり，準委任契約において「成果完成型」が選べるようになりました．これは，達成された成果に対して報酬を支払うものです．完成義務があることは発注側にとって重要です．

そして，**多重下請け構造**について説明します．多重下請けとは，最初に発注者と直接契約する元請会社があり，次に元請会社からの発注を受ける下請け会社がある，という請負構造のことをいいます．下請けだけでなく，孫請けも普通にあります．ここには請負契約の問題もありますが，階層化されることにより，顧客と開発者との距離がさらに遠くなり，コミュニケーションができなくなるという問題も出てきます．コミュニケーションができなくなると，反復後にフィードバックを受けることができなくなり，アジャイル開発は困難になります．重複になりますが，階層化により上下関係が生まれ，そのことがさらにコミュニケーションを難しくします．

ここで，「**要求定義を開発者側が主体となって行うこと**」について説明します．要求定義は顧客と開発者との共同作業であり，双方で合意に至ったもの（システムの仕様）です．このように見ると，開発者側が主体になっても良いように見えますが，**本来の要求は顧客側にある**はずです．顧客が要求を明確にし，開発プロセスの途中段階でフィードバックを積極的に行うべきなのです．ところが，

日本では，**要求定義が開発者側に丸投げ状態**のことが多いのです．こうなると，開発途中での顧客からのフィードバックは得られなくなります．このような状況下ではアジャイル開発は困難になります．このことと関連し，日本ではPMO（Project Management Office）が開発者側にある，という指摘もあります [23]．PMOは，プロジェクトを一元的に管理する部門のことで，これが開発者側にあるということは，プロジェクトの管理も含めて外注していることになり，プロジェクト管理の面での顧客からのフィードバックがなくなります．

最後に，**教育**について説明します．文献 [23] では，米国の教育カリキュラムについても調査し，興味深い事実を示しています．アジャイル開発の普及というより，情報システム開発全般の競争力に関係する話です．

米国では，コンピュータ関連全般の知識をもった人材育成のための標準カリキュラム（CC2005, CC2020）が整備されています[*6]．そこでは，従来のカリキュラムと比較し，**幅広い知識の重要性が指摘されています**．その背景の1つとして，システム開発において重要かつ難易度が高い「要件定義」ができる人材は，システムの内部に詳しいだけでは不十分であり，利用方法も含めて考えられることが求められる，ということがあると筆者は考えます．幅広い知識とは，システムが扱う問題領域の知識も含みます．教育改善の試みは日本にもありますが，米国は一歩先を進んでいると思います．

米国・英国では，チームで行う実践的なPBL（Project Based Learning）教育が行われています．企業などの実際の問題を扱う例もあるようです [23]．筆者のPBL教育の経験からも，実際の企業の問題に，実際の担当者と交渉しながら取り組んだとき，システム開発の難しさと面白さを学習できると思います．少なくとも，相手と交渉して要件定義を行い，プロダクトを見せてフィードバックを得る，ということができれば大変有意義な学習になります．

補足すると，2020年に策定されたCC2020では，学問分野としてサイバーセキュリティとデータサイエンスが加わっています．また，従来の教育が知識に基づいていたのに対し，コンピテンシー（知識＋スキル＋行動）に基づくとしています．行動（disposition）は，課題を遂行する意欲，いつ，どのように取り組むべきかに気づく感性を特徴づける社会感情的なスキル，行動，態度などです．

[*6] 日本も，CC2005を参考にしたJ07が2007年に策定されています．

第 6 章

要件定義

本章では，要件定義について解説します．**要件定義**とは，「どのようなシステムを作るか，仕様を明らかにすること」で，顧客と開発者が合意に至ることを含みます．情報システムの開発において，要件定義は，開発の成否に大きく影響を与えます．しかしながら，システム開発は未知のプロダクト（生産物）を作りあげるというプロジェクトであるため，難しい問題といえます．プロジェクトマネジメントの考え方などを参考にしながら，要件定義に関わる問題の解決に役立つ観点・視点を示します．

続いて，要求定義における成果物を説明し，実際の構築方法について演習します．

6.1 要件定義における大局的視点

要件定義については，1.3.1 項で示したように顧客と開発者との共同作業であり，現状分析（as-is）を行うときと，システム要求（to-be）を分析するときがあります．しかし，この要件定義を技術的に解決する前に，大局的視点に基づいて考慮あるいは確認すべきこと（下記）があります．

- 情報システムを含む上位の視点
- エンドユーザの認識
- 要件定義を行う役割と責任

6.1.1 情報システムを含む上位の視点

これは，ある「情報システムの要件定義」を考えるとき，「情報システム」そのもの「だけ」に集中していては危険，という意味です．

例えば，ある企業が「Web 研修システム」を作ることになったとします．これを**プロジェクト**と考えます．いろいろと情報を集めて良いシステムを作ろうと要件定義に着手したとします．調べてみると，関連するプロジェクトとして，「研修ルールの策定」，「ヘルプデスクの開設」などがあり，それらの上位に「Web 研修の仕組みづくりと実施」というプログラムがあることがわかったとします（図 6.1）．ここでの**プログラム**は，関連するプロジェクトを取りまとめたものをさします．

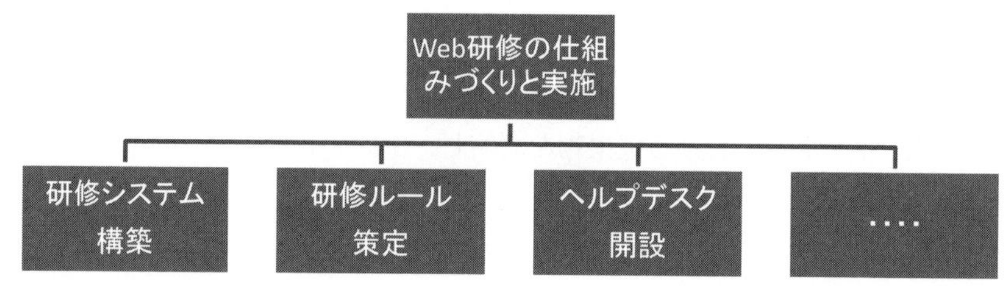

図 6.1. 複数プロジェクトからなるプログラム

当然ながら，より上位の**プログラム**が成功しなくては，「研修システム構築」**プロジェクト**は成功したことになりません．関連するプロジェクトはもちろんのこと，プロジェクト周辺における状況を認識し，対応することが欠かせません．例えば，以下のような状況があったとします．

- その企業では，研修とは対面形式が一般的であった．
- 研修を Web システムで行うことに対して，有効性が疑問視されていた．
- 教員が複雑な仕組みの教育用コンテンツを作ることに慣れていない．

この状況からいろいろな進め方が考えられます．例えば，「複雑な仕組み」を取り入れることを見送り，「有効性が疑問視」されていることから，早期に実現して「Web 研修の仕組みづくり」の進め方に対する判断を仰ぐ，という進め方も１つの案になるでしょう．この案を採用すれば，情報システムの機能を絞り込むことが必要になります．情報システムだけの最適化を考えると，**情報システムにいろいろな機能を盛り込むことになりがち**です．このような判断は目の前の「情報システム」だけに集中していては気づくことができません．

上記のような検討をするときには，**「システム思考」**を意識することが有効です．**システム**は相互に関連する**要素**から構成されます．今回の場合，システムに相当するのは，プロジェクトを取りまとめた「プログラム」のことです．個々のプロジェクトを**要素**と考え，要素の相互作用を見極め，**システム全体**を考えることが，**情報システムを含む上位の視点**を考慮することになります．

6.1.2 エンドユーザの認識

準備として，**顧客**と**ステークホルダー**という用語について，説明します．

- **顧客**は，一般に発注者をさしますが，場合によっては，その先の利用者を意味します．これを区別したい場合は，発注者（＝**クライアント**）や**エンドユーザ**（実際にシステムを使う利用者）という言葉を使います．
- **ステークホルダー**は，利害関係者と訳されます．一般には発注側と開発側の全関係者をさしますが，場合によっては発注側（特に意思決定者を含むことを意識して使う）のみをさします．本来的な意味からすれば，発注側と開発側の関係者に加え，実際の利用者（エンドユーザ）も含みます．

エンドユーザを認識することの重要性について説明します．企業におけるプロジェクトは，経済活動ですので利益を追求します．従って，プロジェクトの目的・目標を次のように考えることは，間違っていません．

- 発注者は，システムを使って得る利益
- 受注者（＝開発者）は，システムを構築して得る対価

ただし，主語に「利用者（エンドユーザ）」がありません．上記を変形すると，

- 発注者は，（システムを使って得る利益 − 構築コスト）の最大化
- 受注者は，（システムを構築して得る対価 − 構築コスト）の最大化

となります．これも間違っていませんが，コスト面ばかりを重視し，最終的に使うエンドユーザの使いやすさを軽く見る危険性があります．エンドユーザの使いやすさは，「システムを使って得る利益」に直結しますので，この式においても，エンドユーザの使いやすさは追求すべきです．しかし，エンドユーザの満足度は数値化できないことが多く，それを無視したコスト削減に走りがちなのです．その結果として，**エンドユーザが使いたがらないシステムができあがる**という問題が起こります．

上記問題を解決する方法は，目標にエンドユーザの使いやすさやメリットを数値化し，含めることです．例えば，電子商取引システムで使うレコメンド機能であれば，「推薦した商品のクリック率を従来比で50%増しにする」という目標を作ることに相当します[*1]．そして，開発途中でエンドユーザからフィードバックを得ることも有効です．実際，ベータ版と称して市場に出し，エンドユーザからのフィードバックを得て成功している企業があります．もちろん，それが不可能なプロジェクトもあります．そのようなときは，エンドユーザに見立てた人（発注者や開発者とは発想が違う人）に評価してもらうことが考えられます．いずれにしても，エンドユーザの視点をもつことが重要です．

本項の結論は，エンドユーザは重要なステークホルダーなので，**プロジェクトの目標は，エンドユーザの満足度も含めて考えるべき**です．

6.1.3 要件定義を行う役割と責任

情報システムの要件定義を行う役割は，顧客と開発者です．ところが，日本において，**要求定義のための要求定義が開発者側に丸投げ状態**のことが多いという問題があります．このようなときに，どう対処すべきかを考えます．

前記を具体例で書けば，発注側から「こんな感じでお願いします」のような漠然とした要求で依頼され，そこから開発側の想像力だけで要件を作っていくことです．さらに，要件が実情に合わなかったとき，開発側が責任を取ることになる場合もあります（本来なら，要件の原案レベルの要求を発注側が作るべきですし，要求を作った発注側は，それを作成した責任を負うことになります）．この

[*1] 外注の場合には，それを納品の条件とすると，納品できなくなる危険性がありますので，努力目標として書く（拘束力がないので不要といわずに）のも1つの方法だと思います．

ようなことになる背景には，第 5 章に書いたように日本では発注側であるユーザ企業に IT 人材が不足しているという事情もあります．一方，米国では，ユーザ企業が IT 人材を多数抱え，内製する割合が高くなっています．

この対策としては，**プロジェクト全体の目的・目標を発注側の意思決定責任者に確認する**ことです．大局的視点が間違っていなければ，深刻な問題には至らないのが普通です．要求も曖昧で，全体の目的・目標もわからない状態は，非常に危険といえます．また，要件定義の進め方について事前に確認することも大切です．どこまで具体的な要求を出してもらえるのか，開発側が案を作るのであれば，どこまで責任を負うか（例えば，何割負担するのか）などです．ただし，責任を明確にしたことが要件定義の見直しを妨げる可能性もあります．もっとも，これらはウォーターフォール型で請負契約による開発の場合に起こりやすい問題です．契約形態や商習慣などを見直すことが，根本的な解決につながると思います．

日本における**「丸投げ」**の商習慣は是非改めなくてはなりません．第 5 章で示したように，企画・設計など上流の内製化を進めているユーザ企業は 30.2% と少なくありません．上流工程が内製化されているのであれば，丸投げはないでしょう．良い方向に向かっていると期待します．

6.2 プロジェクトマネジメント

要件定義をするには，プロジェクトの目的・目標を明確にする必要があります．なぜならば，目的・目標に基づいて要件定義を行わなくては，「なぜそれを作るのか」が説明できないからです．これが不明確なままプロジェクトを進めることは，目的・目標を見失うことに直結します．

プロジェクトマネジメントの知識体系である PMBOK（Project Management Body of Knowledge,「ピンボック」と発音する）[6] は，「目的・目標の設定」をはじめ，プロジェクトを計画し遂行するための知識や手順などを幅広く著しています．例えば，前節で示した「要件定義において確認すべきこと」に関しても，含んでいるとみることができます．以下では PMBOK の概略を示し，プロジェクトの立ち上げ時に行う目的・目標の明確化に関する記述を紹介します．

PMBOK は [6]，1969 年に設立されたプロジェクトマネジメント協会 PMI

(Project Management Institute) が策定しています.『PMBOKガイド第7版』の特徴の1つとして,「開発アプローチの全範囲(予測型, 従来型, 適応型, アジャイル, ハイブリッドなど)を反映しました」が記されています. 注目すべきは,「予測型」(一般にはウォーターフォール型) と「アジャイル」の両方がある点です. 特定の開発プロセスに偏ることなく書かれており, さまざまな考え方を許容し, 対応しています.

第7版では,「プロジェクトマネジメントの12個の原理・原則とプロジェクトの成果を効果的に達成するために重要な8個のプロジェクト・パフォーマンス領域を示しています」と書かれています.

原理・原則

(1) 勤勉で, 敬意を払い, 面倒見の良いスチュワードであること
(2) 協同的なプロジェクト・チーム環境を構築すること
(3) ステークホルダーと効果的に関わること
(4) 価値に焦点を当てること＊
(5) システムの相互作用を認識し, 評価し, 対応すること＊
(6) リーダシップを示すこと
(7) 状況に応じてテーラリングをすること
(8) プロセスと成果物に品質を組み込むこと
(9) 複雑さに対処すること
(10) リスク対応を最適化すること
(11) 適応力と回復力を持つこと
(12) 想定した将来の状況を達成するために変革できるようにすること＊

パフォーマンス領域

(1) ステークホルダー
(2) チーム
(3) 開発アプローチとライフサイクル＊
(4) 計画
(5) プロジェクト作業
(6) デリバリー＊
(7) 測定＊
(8) 不確かさ

「原理・原則」はマネジメントのためのガイドラインであり,「パフォーマンス領域」はマネジメントと並行して行う, マネジメントに関連した活動です(PMBOK[6] 参考). ここでは, 要件定義を行ううえで特に参考になる項目(＊

をつけました）について紹介します（一部は第 5 章に関する項目）.

目的・目標について

パフォーマンス領域 (7) の**「測定」**では，目標設定の指針が示されています．それは，目標の達成度合いを評価する尺度を **SMART** に設定するというものです.

具体的である（Specific）
有意義である（Meaningful）
達成可能である（Achievable）
関連性がある（Relevant）
タイムリー（Timely）

目標は単なる**スローガン**ではなく，**具体的**であるべきです．上記の，有意義 (Meaningful) を**測定可能 (Measurable)**，関連性 (Relevant) を**現実的 (Realistic)**，とする考え方もあります [6]．著者としてはこちらを選びたいと思います．なぜならば，成果の達成度合いを**測定しない**で，実行すること自体を目標と考えてしまうプロジェクトがあるからです．また**非現実的**な目標を掲げて取り組む場合があるからです．まずはプロジェクトにおいて「測定可能」で「現実的」で「具体的」な目標を設定し，その下で要件定義をしましょう.

目的の設定についての直接的な指針は PMBOK に示されていません．目的はプロジェクトの存在理由であり，自明であるからでしょう．しかし現実には，目的が曖昧になっているプロジェクトがあるように思います．そのようなときは，目標の設定指針を参考にして目的を明確にする必要があります.

パフォーマンス領域 (7) の**「測定」**と関係するのが，原理・原則 (4) の**価値に焦点を当てること**だと考えます．「**価値**は，プロジェクト成功の究極の指標である」[6] と記され，価値との整合性を継続的に評価しプロジェクトを調整すべきとされています．適切な目標を設定することと，目標の達成度合いを定量的あるいは定性的に評価しながら対処することは，いずれも重要です.

大局的視点をもつことについて

原理・原則 (5) の「システムの相互作用を認識し，評価し，対応すること」と (12) の「想定した将来の状況を達成するために変革できるようにすること」は，6.1 節「要件定義における大局的視点」の重要性を，より一般的に示していると考えます．いずれも「目の前にあること」だけでなく，周辺に気を配り，将来の状況を想像することを重要視しています．

開発プロセスについて

パフォーマンス領域 (3) の「開発アプローチとライフサイクル」では，第 5 章で示したさまざまな開発プロセスが紹介されています．「開発プロセス」の代わりに「開発アプローチ」という用語が使われ，大きくは，予測型と適応型，およびその中間のハイブリッド型に分かれるとしています．予測型アプローチは，ウォーターフォール・アプローチとも呼ばれ，アジャイル・アプローチは適応型アプローチと考えられるとの記述があり，第 5 章の記述と容易に対応づけられるでしょう．予測型と適応型のいずれにも偏らず，公平な視点で書かれています．

プロジェクトの「デリバリー」について

パフォーマンス領域 (6) の「デリバリー」には，プロジェクトの成果物に関する記述があり，「成果物には，ステークホルダーの要求事項，スコープ，品質が反映される」としています [6].

ステークホルダーからの**要求事項**は，本書で示してきた発注者からの**要求**に対応するものと考えます．また，**スコープ**は，「プロジェクトとして提供されるプロダクト，サービス，所産の総称である」と定義され，「要求事項が特定されると，要求事項を満たすスコープが定義される」としています [6]．そして，「スコープは，ワーク・ブレークダウン・ストラクチャー（Work Breakdown Structure: **WBS**）を使って，より下位の層に分解することで詳細化できる．WBS は，プロジェクト目標を達成し，必要な成果物を作成するために，プロジェクト・チームが実行する全作業範囲を階層的に分解したもの」と説明されています [6].

WBS による詳細化は，有効な方法として広く使われています．

6.3 ユースケースモデル

ここからは，技術的な面から要件定義を考えます．ユースケースモデルは，機能要件を明らかにするもので，UP では，補助仕様書（非機能要件＋制約など）とともに要件定義ディシプリンの主要成果物です．これら機能要件，非機能要件，制約などを表す表現として FURPS+（フープスプラス）があります [4]．これは下記の頭文字をとったものです．この中で “F” がユースケースモデルに相当します．非機能要件と対比させながら理解してください．

機能性（Functional）　フィーチャ，能力，セキュリティ
使いやすさ（Usability）　使い勝手，ヘルプ，文書
信頼性（Reliability）　障害の頻度，回復可能性，予測性
性能（Performance）　速度，効率，リソースの消費，スループット，応答時間
維持可能性（Supportability）　適応性，保守性，国際化，構成可能性
プロジェクト上の制約（+, plus constraints）　言語，アーキテクチャ

■クイズ：次のうち非機能要件はどれでしょう．

ア）24 時間 365 日，継続して動作する．
イ）キーワードに基づいて，該当項目を検索する．
ウ）検索ボタンを押してから 2 秒以内に解答が得られる．

回答欄（　　）*2

6.4 ユースケースモデルの作成手順

本書では，ユースケースモデルとして，ユースケース図とユースケース記述を考えます．ユースケースは機能要件を表しますが，より細かくいえば，ユーザ（利用者）から見えるシステムの機能であり，ユーザがシステムとやり取りをして，ある目的（機能）を達成するシナリオです．

*2 答えはアとウ．アは信頼性，ウは性能．

6.4.1　アクターの抽出

まず最初に，**アクターの抽出**を考えます．

- アクターとは，システムを実際に使う「人」です．ユーザ（利用者）と考えてよいです．
- 一般には，「人」以外のシステムもアクターにはなり得ます（例：自動化された支払い認証サービス）．しかし，人間をメインに考えてください．
- アクターを抽出する意味は，システムの外側と内側を明確にすることを含みます．アクターは，作るべきシステムの「外側」（範囲外）です．

例えば，コンビニエンスストアのレジシステムを考えてみましょう．アクターとして考えられるのは，レジ係です．レジシステムの恩恵を受けるのは，「顧客」，「コンビニの経営者」などさまざまな利害関係者ですが，**実際にシステムを使う**人がアクターになります．最近は，顧客もレジシステムで確認や支払いをするために使います（セルフレジ）．その場合は，顧客もアクターになります．

6.4.2　シナリオの検討

このシナリオの検討も，アクター抽出と同じく初期段階で考えます．**シナリオ**とは，ユーザとシステムの間の対話を表す一連のステップです．例えば，Web 上の電子商店システムで顧客が商品を購入する場合を考えましょう（文献 [20] を参考）．

シナリオ　顧客が商品を選択（複数可）し，商品カートに入れます．顧客が商品カートを開き，支払方法と送り先を入力します．すでに登録済みの支払方法と送り先を使う場合は，その指定をします．注文の確認画面が表示されますので，確認ボタンを押すと注文が確定となり，システムに登録され，内容がメールで顧客に送信されます．

シナリオの書き方はいろいろと考えられます．固有名詞で人物を考え，その人がまさに日常の中でシステムを使う場面を想定し，鮮明なイメージを加えながら書く方法もあるでしょう．また，ある程度抽象化し，細部をぼかして書くこともあり得ます．シナリオの書き方は，そのシステムで何を狙うかによっても変わってきます．

6.4.3 ユースケース図の作成

ユースケース図は，ユースケースモデルの見出しとして全体を俯瞰するためにあります．図は視覚的に確認できるのでわかりやすいですが，わかりやすさを保つためにも見出しに専念させた方が良いでしょう．そして，詳細はユースケース記述に書きます．

前項のシナリオに対応したユースケース図の例を図 6.2 に示します．ユースケースは楕円で書き，そこに「ユースケース名」を書きます．ユースケース名は，動詞（＋目的語）で，その主語はアクターです．つまり，**「顧客が商品を購入する」**と自然に読める，という意味です．アクターは，スティックマンと呼ばれる人の形をした図形で表し，行う（システムを通して目的を実現する）ユースケースと関連で結びます．

ユースケースを囲む四角形は，**「システム境界」**を表します．この内側が，今回構築するシステムです．そして，システム名（スコープ（範囲）と呼びます）を記入します．**システム境界は，システムの外側と内側を明確にする**という重要な意味をもちます．アクターがシステムの外にいる点にも注意してください．

アクターは，システムを使う「人」（人間）ですので，システム境界の内側に入れてはいけません[*3]．

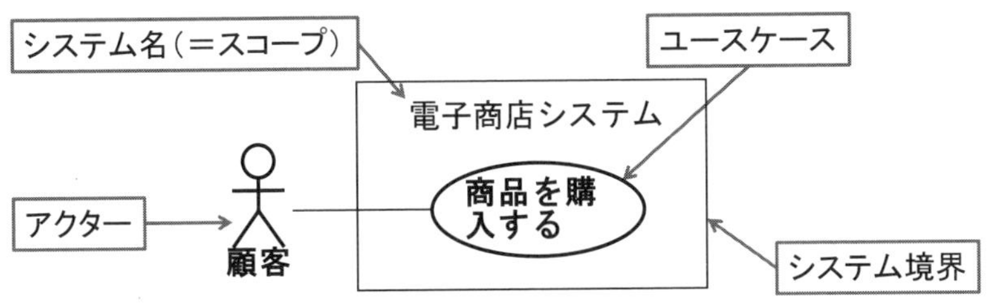

図 6.2. ユースケース図の例（その 1）

*3 この話を書くと，「特許の自動作成機があり，とてもインテリジェントな動作をするなと思ったら，その中には優秀な大学院生が座っていた」というジョークを思い出します．

ユースケース図は，なるべく簡素な方が良いのですが，以下の2つは必要に応じて使いましょう．それを図6.3に示しました．

- ユースケース（「商品を購入する」と「あるユースケース」）を行うときに付随して行うユースケースがある場合，≪include≫（包含）を使って包含関係にあるユースケース同士を結んで表せます．点線とキーワードを使うことや矢印の向きに注意してください．ここでは，「ログインする」という下位機能レベル（粒度が細かい）のユースケースを行うことも含む，という意味になります（**含む**下位機能を示したいときに使います）．
- もう1つが，アクター間の関係として「汎化」を表すことです．ここでは，「優良顧客は顧客が行うユースケースを行う」，あるいは「優良顧客ならば顧客であり，顧客がすることは優良顧客もする」と読んでください．2.2.2項で示したように，汎化の関係と「ならば」（⇒）の関係は同値です．また，汎化の関係を示すことと，優良顧客から顧客と同じように関連の線を引くこととは意味が違います．汎化関係（抽象度が高い）は，顧客が行うユースケースが増減すれば，自動的に優良顧客が行うユースケースが増減することを意味するからです．
- 上記以外にも，ユースケース間で「拡張」や「汎化」を表すことができます．しかし，これらは図を複雑化するだけで，その意味が曖昧になる危険性もあり，使わないことを強くお勧めします（文献[20]参考）．

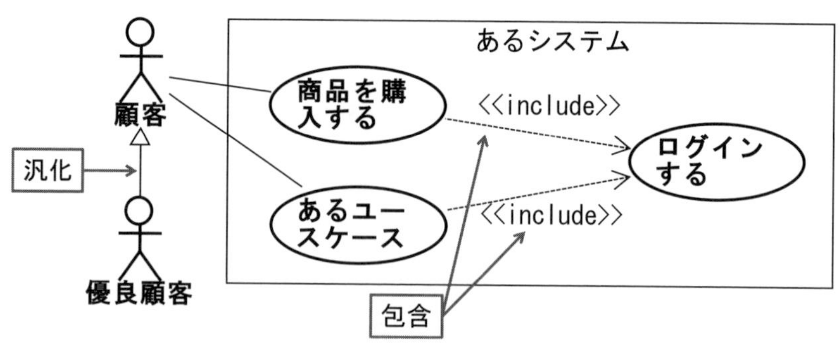

図6.3. ユースケース図の例（その2）

6.4.4 ユースケース記述の作成

ユースケース記述は，文章でシナリオを表します．シナリオそのものもユースケース記述ですが，情報を加えて箇条書きにする書き方もあります．ユースケース記述は UML ではなく，また書き方にも明確なルールはありません．本書は，文献 [18, 20] が紹介している，コーバーン氏のモデルを用います（本書では，重要な項目に限定して説明します）．

表 6.1. ユースケース記述の例（その 1）

項目	内容
ユースケース名	動詞で始める(主語は，アクターを想定)
スコープ	設計対象のシステム名
レベル	ユーザ目的(海面レベル)，下位機能(海中レベル)
主アクター	目的を達成しようとしてシステムを呼び出す(人)
利害関係者と利益	
事前条件	開始時に真であるべきこと
成功時保証	成功終了時に真であるべきこと
主成功シナリオ	成功進行の典型例で，条件分岐もないもの
拡張	別のシナリオ(異常，失敗)
特別な要件，その他	

以下では，表 6.1 で示したような項目に関するユースケース記述を考えます．ユースケース記述では，いずれか 1 つのシナリオの**「主成功シナリオ」**（MSS: Main Success Scenario）について書きます．また，シナリオをステップに分解して箇条書きし，番号を振ります．表 6.1 において，ユースケース名，スコープ，主アクターは，ユースケース図（図 6.2）と対応します．レベルは，ユースケースの粒度を表します．細かすぎず，粗すぎず，適度であることが求められます．推奨されているのは「ユーザ目的レベル」です．これは，伝統的に「海面レベル」とも呼びます．これより 1 つ細かいレベルを「下位機能レベル」あるいは「海中レベル」と呼びます．

例えば，「ログインする」というのは「下位機能レベル」です．これについてユースケース記述を書くことはないでしょう．ただし，「ログインする」のような下位機能レベルのユースケースでも，図6.3のように多数のユースケースに含まれる（付随的に行われる）ものをユースケース図に記述する場合（価値）があります．

表6.2. ユースケース記述の例（その2）

項目	内容
ユースケース名	商品を購入する
スコープ	電子商店システム
レベル	ユーザ目的(海面レベル)
主アクター	顧客
利害関係者と利益	
事前条件	顧客は当システムにログイン済みである
成功時保証	注文内容が登録され，メールで顧客に送られる
主成功シナリオ	1. 顧客が商品(複数可)を商品カートに入れます 2. 顧客が商品カートを開きます 3. 顧客が登録済みの支払い方法と送り先を指定します 4. システムが金額，支払方法，送り先などを表示します 5. 顧客が注文内容を確認し，確認ボタンを押します 6. システムが，注文内容を登録します 7. システムがユーザに内容をメールします
拡張	3a. :顧客が登録済みでない情報を使う場合 .1:顧客が支払方法と送り先を入力し，4へ戻ります

表6.2は，前項で検討した電子商取引のシナリオをユースケース記述で表した例です．架空のシナリオですので，実際にこれで購入できるかは別として，ユースケース記述の説明として見てください．一番の注意点としては，**シナリオからの自動的な作業でユースケース記述は作成できず，何らかの想像や仮定によって行間を埋めなくてはならない**，ということです．書く人によって答えは千差万別になります．その後，書いた記述をたたき台とし，想像や仮定を確認・修正することになります．

長さについて，文献[20]では「ほとんどの場合，1つのユースケースについて2, 3ページで十分」としています．以下，書き方の例です．文献[18, 20]の説明も参考にしてください．まず，前半の項目について説明します．

1. ユースケース名，スコープ（＝システム名），主アクター（＝アクター），はユースケース図を書いていれば，これと共通にしてください．

2. レベルは，通常は「ユーザ目的レベル」にすればよいでしょう．
3. 利害関係者と利益の項目は，本シナリオからは読み取れなかったので，書きませんでした．シナリオの前提となる重要事項などを書いてください．
4. 事前条件は，例のように前提となる状態を書きます．
5. 成功時条件は，成功時にどのような状態になっているかを書きます．この項目は，設計のときの指針になりますので，重要な項目です．

主要部分についての注意点は以下になります．

1. 主成功シナリオ（MSS）は，元のシナリオをステップに分解し，番号をつけて箇条書きにします．
   - **原則，アクターかシステムを主語にします**．このようにすることで，アクターとシステムのやり取りが明確になります．
   - **ブラックボックス・ユースケース**にしてください．これは，「管理コードを読み取る」というように外から見える機能を書く，という意味で，「管理コードを**バーコードで**読み取る」のように，実現方法までは書かないということです．実現方法の最適化は，もっと検討が進んでから行うべきです．
2. 拡張は，条件分岐を表します．MSS の代替案であったり，失敗した場合の対応などを書きます．現実の問題では，ここに書く項目が多くなると思われます．簡潔に分岐の存在を示し，詳細は別のシナリオとして書くことも考えられるでしょう．書き方については，どこから分岐したかがわかるように番号を工夫します．表 6.2 では，「3」から分岐しているので「3a」と書いています．その後の対応を，「.1」のように小番号をつけて表し，戻る場合は戻り先の番号（ここでは「4」）を示します．

6.4.5 ユースケースとフィーチャ

ユースケースと**フィーチャ**はどちらもシステムの機能を表しますが，開発単位として一般的に使われている用語はフィーチャです．ユースケースは，アクターがシステムを使用するシナリオであり，「利用者から見える」レベルの機能を表します．フィーチャ（XPではストーリー）は，システムがもつ機能を考えますので，ユースケースの機能はフィーチャやストーリーよりも粒度が大きくなる傾向があります．一般的なシステム開発では，ユースケースよりもフィーチャで考えた方が，漏れがなくて良いと思われます．

このように書くと，ユースケースモデルの検討が無駄のように見えますが，文献[20]が指摘しているように，まずはユースケースを考えてからフィーチャリストを作成するのが，見通しがよく，大きな見逃しが起こりにくいでしょう．多くのフィーチャは，ユースケース記述の主成功シナリオや拡張のステップを書くなかで，整理できると思います．

6.4.6 ツールを用いたユースケースモデルの作成にあたり

本書では，astah*（2.3節を参照）を用いた，ユースケース図とユースケース記述の作成演習を用意しています．ユースケース記述については，慣れたOfficeツールを使った方が効率的かもしれません．astah*には，ユースケース図と連携する（共通する項目を反映させる）機能がありますので，その点については便利です．

まず，最初にユースケース図を作成してください（図6.2参照）．新規にユースケース図を作成し，ツールパレット（ダイアグラムエディタ上部の図形メニュー）から，アクターやユースケースを選んで挿入し，関連で結ぶなどして，図形（図形が表す概念）同士の関係を表してください．システム境界は，「長方形」という図形を使って描きます．また，システム名（＝スコープ）は，テキスト挿入機能を使い，システム境界内の適当なところに（上部中央など）書いてください．

次に，ユースケース記述を書きます．まず事前準備として，全体のメニューから「ツール」→「テンプレート設定」→「ユースケース記述」を選択し，テンプレートとして，「アリスタ・コーバーンの完全形式」を選択してください（これは，一度だけ実施すれば良い）．次に，左上のプロジェクトビューから，ユースケース記述を書く対象となるユースケースを選択し，右クリックしてメニューを出現させ，「ユースケース記述を開く」を選択すると，ユースケース記述が書き込めるようになります．演習では，{ユースケース名，スコープ，レベル，主アクター，利害関係者と利益，事前条件，成功時保証，主成功シナリオ｝の項目について扱います[*4]．ユースケース名と主アクターについては，自動的にユースケース図の情報が反映されているはずです．ここから表 6.1 や表 6.2 などを参考にしながら記述してください．

演習問題 6.1：図書システムのユースケースモデルを作成しなさい．

下記説明文は，ある大学の「図書システム」に関するシナリオです．このシナリオから，ユースケース図とユースケース記述（学生が「本を借りる」というユースケースについて）を作成しなさい．

> 新たに導入するシステムは，学生コードと本（同じタイトルの本は複数ある）につけた管理コードを使い，貸出情報（いつから，誰が，どの本を借りているか，返却されたか）を管理する．大学では省力化の観点から学生がシステムを使い，最低限の管理ができれば十分と考えているが，入力ミスについては心配している．学生は，本を借りるときと返すときに，学生コードと管理コードを入力し，対応する氏名と本のタイトル（題名，著者，出版社，ISBN コード）を確認する．また，貸し出し状況を見て制限を掛ける予定（制限ルールは未定）がある．

[*4] 全体像の把握を狙いとし，簡潔な例を用います．現実の問題では，「拡張」の項目も重要です．拡張は，初期シナリオでは書ききれない課題・問題点を明確にします．

演習問題 6.2：購買傾向分析システムのユースケースモデルを作成しなさい．

下記説明文は，ある本屋の「購買傾向分析システム」に関するシナリオです．このシナリオから，ユースケース図とユースケース記述（レジ係が「購買情報を登録する」というユースケースについて）を作成しなさい．

> 本屋の店長は，今回作成するシステムで，本のタイトル（題名，著者，出版社，ISBN コード），購入者の客層（性別と年代），および購入日時を記録し，購買傾向を分析したいと考えている．システムの利用者はレジ係と店長である．レジ係は，本のタイトル，客層，および購入日時を登録する．店長がレジ係として使うこともある．店長のみがパスワード認証により特権モードに入り，記録を閲覧したり，購買情報を分析したりする．なお，顧客の支払い処理は別のレジシステムで行う．

演習問題 6.3：ビデオレンタルシステムのユースケースモデルを作成しなさい．

下記説明文は，「ビデオレンタルシステム」に関するシナリオです．このシナリオから，ユースケース図とユースケース記述（受付係が「貸出し情報を登録する」というユースケースについて）を作成しなさい．

> ビデオレンタル店の受付係が使うシステムで，どの会員がどのビデオをいつ借りたか，返却したかを管理する．受付係は，会員から借りるビデオの空き箱を受け取り，該当するビデオ（管理コードがつけられている）を棚から取り出して，管理コードと会員コードをシステムに入力し，ビデオのタイトル（題名，言語，販売元，EAN コード）と会員氏名を確認して，これらの情報を登録する．レンタル料の支払い処理を別システムで行い，ビデオを会員に渡す．返却処理は，受付係が返却ポストに投函されたビデオをチェックし，返却されたことをシステムに投入する．

演習問題 6.4：スーパーのレジシステムのユースケースモデルを作成しなさい.

下記説明文は,「スーパーのレジシステム」に関するシナリオです. このシナリオから, ユースケース図とユースケース記述を作成しなさい.

> 会員制スーパーのレジ係が使うシステムで, 会員（会員コード, 氏名, ポイント, 性別, 生年月日, 住所）に対する売上（日時, 支払金額, 利用ポイント）を記録し, 支払金額から利用ポイントを除いた額に応じて, ポイントを付与する. 売上は売上明細（数量, 単価）で詳細化され, 商品（商品コード, 商品名, 単価）の情報に結びつけられる（単価は日々変動する）. レジ係は, 会員コードをシステムに読み込ませ, 会員がレジにもってきた商品の商品コードと数量を順次投入し, 最後に支払金額を表示させ, 会員から利用ポイントを聞いてシステムに投入し, 残額の支払いを会員に求めて精算し, レシートを印刷する.

演習問題 6.5：ホテル予約システムのユースケースモデルを作成しなさい.

下記説明文は,「ホテル予約システム」に関するシナリオです. このシナリオから, ユースケース図とユースケース記述（会員が「部屋を予約する」というユースケースについて）を作成しなさい.

> 会員（会員コード, 氏名をもつ）がホテルの部屋を予約するシステムである. 会員は部屋タイプ（デラックス, スタンダード）と予約情報（チェックイン日と滞在日数）の指定により, 予約可能かどうかと料金を見ることができる. 料金は部屋タイプや宿泊日によって異なり, 日々変わる. また, 前記の部屋タイプと予約情報を指定して予約する（予約依頼をして予約完了／失敗の確認）ことができる. ホテルの受付係が, システムを使ってチェックインのときに実際の部屋（部屋番号）を割り当てることができる.

第7章
ビジネスモデリング

本章では，ビジネスモデリングについて解説します．ビジネスモデリングの目的は，**情報システムが対象とする問題領域における注目すべき概念を明らかにすること（視覚化すること）**です．その成果物である問題領域モデルは，**データ中心アプローチ**（Data Oriented Approach: DOA）における概念モデルに近いといえます．データ中心アプローチは，データ管理が明確で変更に強いという優れた性質をもち，オブジェクト指向設計とは無関係に広く普及している考え方です．そのポイントを簡潔に紹介しながら，問題領域モデルの存在意義を説明します．問題領域モデルも，要件定義と同様に手探りで答えを探す面があり，難しい問題です．簡素な例を用いて，これらの基本を説明します．

統一プロセス（UP）に沿って，ビジネスモデリングというディシプリンにおける成果物（問題領域モデル）を説明し，実際の構築方法について演習します．

7.1 問題領域モデルとデータ中心アプローチ

歴史的には，システムを機能で階層的に分解して設計する，構造化分析設計手法，構造化分析（Structured Analysis）／構造化設計（Structured Design），の考え方が最初にあり，その後，データ構造の分析を先行させるというデータ中心アプローチ（DOA）が出現しました．DOA と対比する場合，従来の手法はプロセス中心アプローチ（Process Oriented Approach: POA）と呼ばれるようになります．DOA は，オブジェクト指向設計を意識しておらず，またオブジェクト指向設計も通常，DOA とは異なるという立場をとります [18].

統一プロセス（UP）における分析／設計では，問題領域モデルを参考にしてデータモデルを検討します．データ中心アプローチ（DOA）との違いは，最初に問題領域モデルを検討するか否か，であるといえます．両者の細かな違いに着目するよりは，「急がば回れ」と考え，問題領域モデルの作成をお勧めします．

統一プロセス（UP）　問題領域モデル→データモデル（概念→論理→物理モデル）

データ中心アプローチ（DOA）　データモデル（概念→論理→物理モデル）

7.1.1　プロセス中心アプローチとデータ中心アプローチ

データ中心アプローチ（DOA）が生まれた理由は，プロセス中心アプローチ（POA）における問題点を克服するためでした（DOAは，主に日本で通用する用語です）．ここで，話を単純化して考えます．いま，ある社内システムの設計において，「教育処理」と「給与処理」があったとします．プロセス中心アプローチでは，それぞれの機能単位で設計するので，下記のようにいずれの処理も社員情報を必要とし，それぞれ独自で管理するように設計しがちです．

教育処理　社員情報利用（独自管理）を必要とする．

給与処理　社員情報利用（独自管理）を必要とする．

上記は「社員情報」が**重複すること**が問題になります．すなわち，社員情報を更新するときに，どちらの「社員情報」も更新が必要で保守性が悪いのです．手間が多いことも問題ですが，片側だけ更新することによる不整合がより深刻な問題を引き起こします．これを**データ整合性**の問題といいます．

一方，データ中心アプローチ（DOA）においては，下記のように「社員情報」をデータベースで一元的に管理するため，前記（POA）のような重複は存在せず，保守性が高くなります．社員情報に更新がある場合は，データベース上の社員情報を更新すれば，いずれの処理にも対応したことになります．処理方法には，機能追加や変更が起こりやすいですが，それらが使うデータの構造は比較的安定しているため，データモデルの変更は少なく，その意味からもシステムが変更に対して強くなります．

教育処理　データベースの社員情報を参照する．

給与処理　データベースの社員情報を参照する．

7.1.2 問題領域モデルの存在意義

以上の議論から，データ中心アプローチは，良い設計（重複がない）のための性質をもっているといえます．それでは，問題領域モデルの検討は不要でしょうか？

データ中心アプローチは，抽象的な意味において，どのようなデータモデルも扱えます．しかし，現状ではほとんどの場合，関係データベース（RDB: Relational Data Base）を想定しており，事実上実現方法を限定した設計を行うことになります．もちろん，多くのシステムがRDBを利用しており，効率的な方法といえますが，より優れた実現方法に気づけない可能性も残ります．

問題領域モデルは，データ中心アプローチの概念設計より抽象度を高く保ち，本質的な問題を明確化することを目指しています．その違いは，演習を通じて体感できると思います．問題領域モデル作成は，より良いシステムを実現するための妥当かつ適切なステップであると考えます．

7.1.3 反復型の開発プロセスにおける注意点

統一プロセスでは，問題領域モデルを作成後，それを参考にしてデータモデルを作成します．また，データ中心アプローチの良さを引き継ごうとします．このように書くと，データモデルの設計（概念→論理→物理）のすべてを早期に終わらせるように見えます．もしこれが正しいとすると，反復型の開発プロセスの方針に反することになります．それは，反復型におけるシステム分割は，ビジネス的価値で分割することが重要といわれているからです（反復後の判断のため）．

一般には，**データモデルの概念モデル作成までは全体で考え，そこから先は「ビジネス的価値」ごとに設計・開発する**，ということになるでしょう．

7.2 マイクロサービスアーキテクチャ

ここまで，問題領域モデルを作成する場合も含め，データ中心アプローチ（DOA）が有用な考え方であることを説明してきました．情報システムにおいて「データ整合性」は重要であり，その実現にはシステム全体で1つのデータベースを共有することが**「ほぼ」必須**といえます．筆者としても，「DOAの考え方は有用である」という意見に変更はありません．しかし，世の中の動向を見ると，このことを**鵜呑みにはできない**状況になっています．その状況を説明するときに登場するのが**マイクロサービスアーキテクチャ**です．

マイクロサービスアーキテクチャについては，ルイス氏（James Lewis）とファウラー氏により2014年に書かれた『マイクロサービス』[*1]というブログ記事が有名です．『モノリスからマイクロサービスへ』[12]は「**マイクロサービスとは**，ビジネスドメインに基づいてモデル化された，独立してデプロイ可能なサービスだ」と定義しています．前節の表現を使うなら，「ビジネスドメインに基づいてモデル化された」というのは，「ビジネス的価値で分割された」となるでしょう．

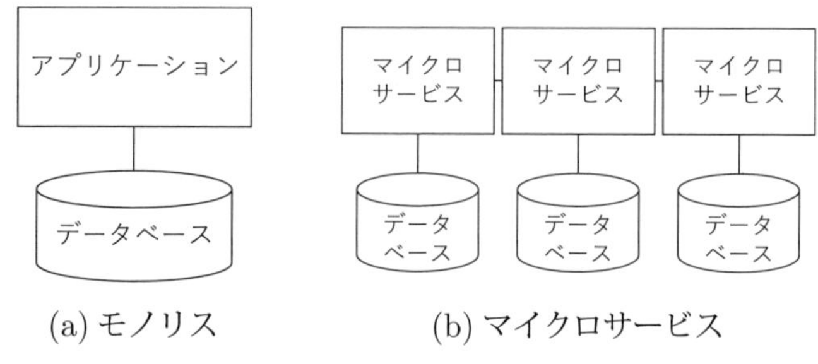

図 7.1. モノリスとマイクロサービスアーキテクチャ

図7.1(b)は，典型的なマイクロサービスアーキテクチャです（文献[12]参考）．独立性が高い疎結合な多数のマイクロサービスで情報システムが構成されています．データベースもそれぞれのマイクロサービスごとにもっています．マイクロサービスではないアーキテクチャ（図7.1(a)）は，モノリス（一枚岩）といわれています．アプリケーションのところは，複数の疎結合なモジュールで構成される場合があるでしょう（**モジュラーモノリス**と呼ばれます）．問題は，データベースが共有されている点です．モジュール間は疎結合であっても，データベースが共有されているために，どうしても相互依存性が高くなります．

[*1] http://martinfowler.com/articles/microservices.html (2022.11.15 訪問)

従って，個々のモジュールごとにデプロイ（配置）することができません．デプロイにおいては，関係するすべてのコードが本番環境で動作することを確認します．そのため，反復のたびにデプロイまでを行う**プロダクト開発**（第 5 章参照）では，大きな問題となります．デプロイ自体も大変ですが，設計・開発において全体を意識しなくてはならないという負担が無視できません．

マイクロサービスアーキテクチャを採用した場合は，マイクロサービスに閉じた範囲での開発とデプロイに集中できます．とても素晴らしい方法なのですが，別の問題が生じます．それは，前節でも示した**データ整合性**の確保が容易ではない点です．同じ項目のデータを別々に管理すればデータの不整合が起きます．問題が起きないようにデータベースを分割することが必要です．これには高度な知識・スキルを前提としたうえで，実現したアプリケーションにおいて変更が頻繁に起こる箇所を知ることが重要となります．なぜならば，変更が複数のマイクロサービスにまたがると，モノリスの場合以上に変更コストが掛かるからです．マイクロサービスの考え方は，**疎結合性**を高めることを目指しています．しかし，**データ整合性**を実現するコストを増やします（図 7.2）．

疎結合性 ←···→ データ整合性

図 7.2. 疎結合性とデータ整合性との対立

マイクロサービスという概念が提唱されてから時間が経ち，対象や状況に合わせて適切なアーキテクチャが選択されるようになりつつあります．たとえば，前述の**モジュラーモノリス**が適する場合があります．『モノリスからマイクロサービスへ』[12] では，最初はモノリスでシステムを構築し，それからマイクロサービスへ移行するのが現実的であるとし，マイクロサービスを実現するさまざまな工夫，移行する手順などを示しています．

ここで，マイクロサービス間の連携について説明します．マイクロサービスでは，**疎結合性**を重視し，個々のサービスがなるべく独立した形で機能を公開します．そして公開されたサービスの連携によりアプリケーション全体が実現されます．その公開には，Web サービスが使っている HTTP プロトコル（9.4.1 項参照）により呼び出せる WebAPI（API: Application Programming Interface）を使うのが一般的です（詳細は「REST API」11.6 節参照）．

7.3 問題領域モデル

ここからは，技術的な面から**問題領域モデル**を考えます．問題領域モデルは，**問題領域における注目すべき概念を明らかにする（視覚化する）**もので，統一プロセスでは，ビジネスモデリング・ディシプリンの主要成果物です．問題領域モデルは**静的**です．この静的という意味は，物語にたとえると登場人物の紹介にあたります．問題領域モデルを構築する手順は，登場人物である「概念」の抽出を行い，概念間の関係を検討することになります．

7.3.1 概念の抽出

概念の抽出方法としては，名詞抽出法と概念クラスのカテゴリを考える方法が知られています [18]．前者の名詞抽出法は，シナリオや関連文書に出現する名詞を抽出し，その中から選ぶというものです．網羅性があるかもしれませんが，ノイズが多く，見通しが良い方法とは思えません．一般的なのが後者の**「概念クラスのカテゴリ」**を考える方法です．本書で紹介する方法は，『UML モデリングの本質』[8] で示されている「モノ」と「コト」を考えることです．原則「モノ」は目に見える物，「コト」はより抽象的な事象（＝イベント）で，ほとんどの場合（まずはこれに限定して良い），「モノ」と「モノ」の間に生じる事象です．

モノ：目に見える実世界の物　本，ビデオ，商品，科目，カタログ，…
コト：事象，取引，サービス　貸出，返却，購入，販売，受講，…

ここで，上記の原則とは少し異なる見方を紹介します．それは，**システムが管理すべきデータは何かに注目する**というものです．当然ながら，**データベースとして管理すべきものはまず抽出すべき概念**となります．ただし，データベースで管理しない情報もあり得ます．例えば，**設定ファイル**や**ルール**などです．

概念を抽出した後，以下の検討を行い，問題領域モデルとします（図 7.3）．問題領域モデルは，クラス図により表しますが，概念の整理が目的なので操作は宣言しません．同じ理由で，可視性や型名はオフにします．

- 概念に付随する属性を検討する．抽出した概念が，ある概念に付随する属性である可能性も検討する.

- クラス（クラス名，属性）を作成する.
- クラス間の関係（汎化，関連，依存）を検討する.

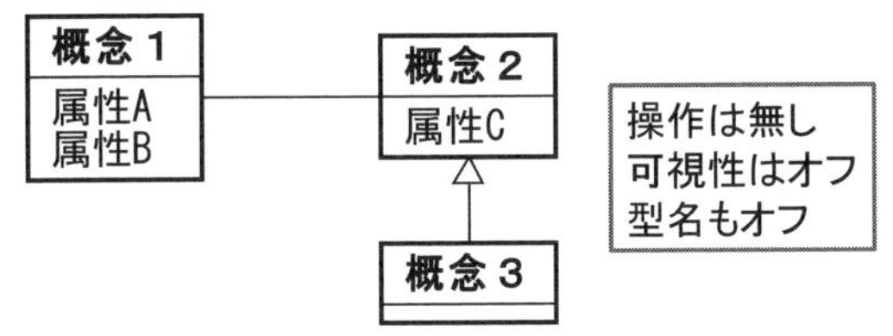

図 7.3. 問題領域モデル

上記は，問題領域モデル作成の一般的な原則です．演習問題 7.1-7.5 では，以下の方針と注意に従って取り組んでください．

- 基本パターンである「モノ–コト–モノ」を見つけてください．そのときの多重度は，「1–＊，＊–1」になることがほとんどです（2.5.1 項参照）.
- 基本パターンの変形がありますので，その部分を考えてください．よく見られるのは，下記です．まずは大きな構造として取り出し，その次に付加情報や内側の構造をモデル化してください.
  - 別の概念との関係が付加される.
  - 「コト」の部分を，親子関係（コンポジション関連）に置き換える.
- 注意点として，**アクターを概念としないこと**があげられます．理由は，アクターが，システム境界の外にあるからです．また，人間を情報システムの内部に組み込むのは不適当だからです[*2]．繰り返しになりますが，アクターは，情報システムが扱うデータではありません．ただし，システムが扱うデータの中にアクターに関連するものが含まれることはあります．そのときは，概念の名前を変えてください（アクターではないからです).
- 問題領域モデルでは，関連先がもっている属性を重複して書きません．ここは，データモデル（RDB 前提の）と異なるところです．このことで，モデルの抽象度が高くなります.

[*2] 情報システム以外の「仕組み」としてのシステムには，人間が入っていても問題ありません.

演習問題 7.1：演習問題 6.1「図書システム」の問題領域モデルを作成しなさい．

演習問題 7.2：演習問題 6.2「購買傾向分析システム」の問題領域モデル作成

演習問題 7.3：演習問題 6.3「ビデオレンタルシステム」の問題領域モデル作成

演習問題 7.4：演習問題 6.4「スーパーのレジシステム」の問題領域モデル作成

演習問題 7.5：演習問題 6.5「ホテル予約システム」の問題領域モデル作成

演習問題 7.6：履修管理システムの問題領域モデルを作成しなさい．

下記説明文にある「履修管理システム」の問題領域モデルを，最初は限定子なしで，次に限定子を使って作成しなさい．「限定子」は，限定する概念に対してつけます（astah*では，関連を選択して，限定子をつけたいクラスの近くで右クリックしてメニューを出すと限定子が追加できます）．

> ある大学で，学生が 100 名在籍し，講義が 32 講義あります．誰がどんな講義を履修しているかを管理します．1 つも講義を履修しない学生や，どの学生も履修しない講義も存在し得るとします．なお，学生は単一年度では同一の講義を一度しか履修できません．このモデルは単一年度で検討しています．このことを限定子を使ってモデルに明示しなさい．

演習問題 7.7：ステートパターンを考慮した問題領域モデルへ変更しなさい．

図 7.4 は，問題領域モデルとして適切で，会員が複数の状態（ステート）をもつことを表しています．しかし，一般的なプログラミング言語では，インスタンスを生成後に状態を変えることはできません．そこで，これが実装段階で可能になるように，ステートパターンを考慮したモデルへ変換しなさい．

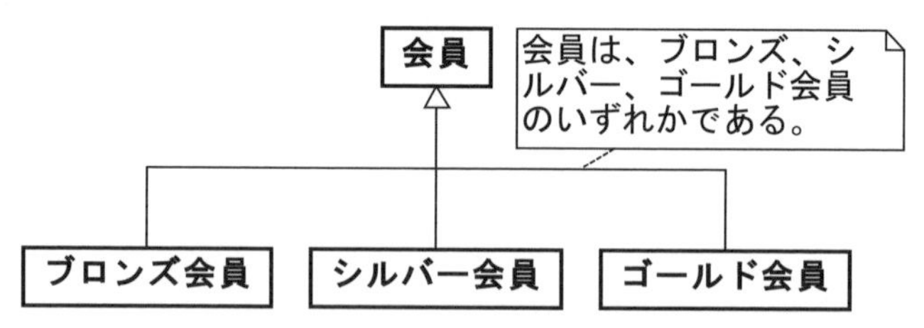

図 7.4. 複数の状態の存在を表す問題領域モデル

第 8 章
データモデル

本章では，データモデルについて解説します．統一プロセス（UP）では，設計ディシプリンの成果物（設計モデル，データモデル，ソフトウェアアーキテクチャ文書）の 1 つです．データモデルは，保管される**永続的なデータ**[*1]を表すモデルで，問題領域モデルの大部分のクラスが元になります．また，保管先が関係データベースの場合，**ER 図**（Entitiy Relationship Diagram）がよく使われます．以下，データモデルについて説明し，実際の構築方法（ER 図の作成）について演習します．

8.1 データモデル

データモデルは，どこかに保管される**永続的なデータ**を示すモデルです．統一プロセスでは，問題領域モデルを参考にして作成します．問題領域モデルの方が，概略的かつ抽象的です．細部に捉われずに，全体を捉えるためには問題領域モデルを作成してから，データモデルを考えるのが適当です．統一プロセスにおいてデータモデルを作成するディシプリンは，実装を意識する設計です．設計には 3 段階あり，それらに対応する 3 つのデータモデルがあります．

概念設計と概念モデル　DBMS（DB Management System）の特性を考慮せず，システム化する業務を純粋にモデル化する．

論理設計と論理モデル　DBMS の特性を考慮し，アクセス効率や性能を意識してモデルを変換する．CRUD（Create, Refer, Update, Delete）分析を行う．

[*1] 電源を切っても消えないデータです．

物理設計と物理モデル 具体的な実装や構築.

CRUD分析について，補足します．データベースはさまざまな機能の実現に使われています．そのため，データのみに集中していると，矛盾が生じている（生成していないのに更新している，など）かがつかめません．そこで，さまざまな機能での使い方をCRUDの面から洗い出して俯瞰し，矛盾がないかを検査します.

8.2 関係データベースとER図

データベースには，さまざまな種類があります．オブジェクト指向データベースもありますが，現在，多くのシステムは**関係データベース**（RDB: Relational Data Base）を用いています．RDBの利用を前提としたとき，データモデルは，**ER図**を用いて表されます．本書ではER図を使ってデータモデル構築を説明します．ER図の記法は複数あり，中でもIE（Information Engineering）記法とIDEF1X（「アイデフワンエックス」と発音する）がよく使われています．本書では，記法としてIE（記法）を用いて説明します（astah* professionalではどちらもサポートされ，記法の変換もできます）.

8.2.1 ER図

ER図では，概念をエンティティ（Entity）と呼びます．エンティティは，UMLのクラスに相当し，これを雛形として作られる実体を，同じようにインスタンスと呼びます．そして，エンティティ間を結びリレーションシップ（R）を表します．クラス図同様，関連と多重度を使いますが，元の英語が違います[*2].

関連 クラス図の関連（association）と違い，リレーションシップです.
多重度 クラス図の多重度（multiplicity）と違い，カーディナリティです.

エンティティには，インスタンスを一意に特定するための属性である**主キー**（Primary key）が必要です．ここがクラス図と大きく違います．複数の属性で主キーを構成することもあり，これらを**複合キー**と呼びます.

[*2] 歴史的にはER図が先です．UMLはER図を参考にしています.

ER 図の具体例を，問題領域モデルと対比して示します（図 8.1）．問題領域モデルのクラス名は，ER 図では長方形の外に書きます．ER 図の上部長方形は，主キー属性を書きます．この違いを除けば，両者は似ています．

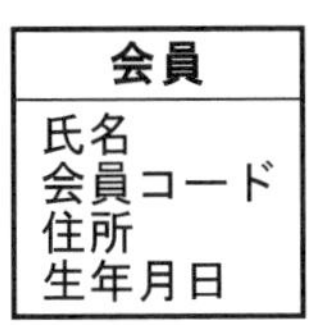

(a) 問題領域モデル

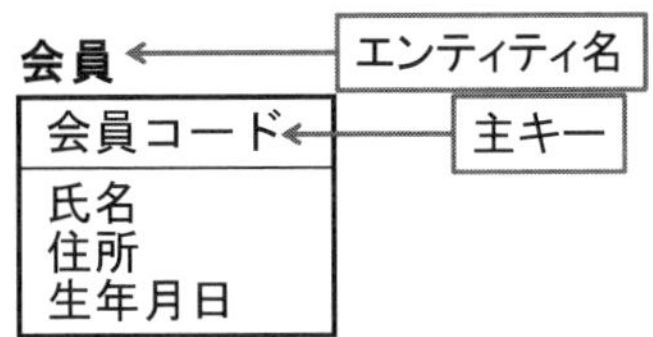

(b)ER 図

図 8.1. 問題領域モデルと ER 図

次に，エンティティ間のリレーションシップについて説明します．リレーションシップが 1 対多であるとき，1 の側を親エンティティ，多の側を子エンティティと呼びます（1 対 1 のときは，どちらかを親エンティティにします．多対多もあり得ますが，一般には 1 対多の関係を考えます）．また，親エンティティの主キー（属性）は，子エンティティの「外部キー」になるという約束があります．ここも問題領域モデルと違う点です．さらに，親エンティティの主キーが，子エンティティに**主キー属性**として入る場合と，主キー以外の**非キー属性**として入る場合を区別して扱います．前者のリレーションシップを**依存型リレーションシップ**，後者を**非依存型リレーションシップ**と呼びます（図 8.2）．リレーションシップを表す線が前者は実線，後者は点線です．

依存型リレーションシップ　親エンティティの主キーが，子エンティティに主キー属性として入る．

- リレーションシップを表す線は実線になる．
- 子エンティティは**依存エンティティ**になり，角が丸くなる．

非依存型リレーションシップ　親エンティティの主キーが，子エンティティに主キー以外の非キー属性として入る．

- リレーションシップを表す線は点線になる．
- 子エンティティは**独立エンティティ**になる（形状はそのまま）．

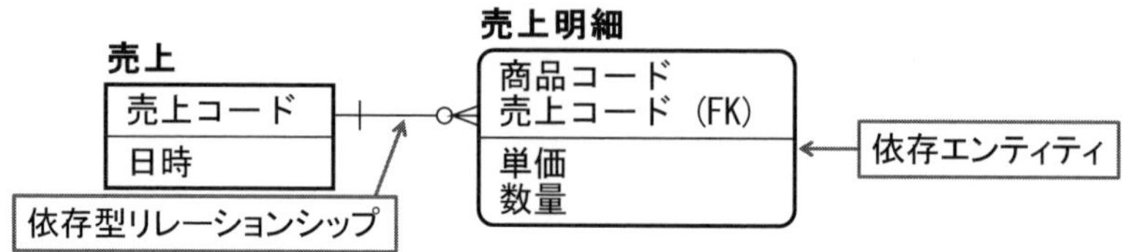

(a) 依存型リレーションシップと依存エンティティ

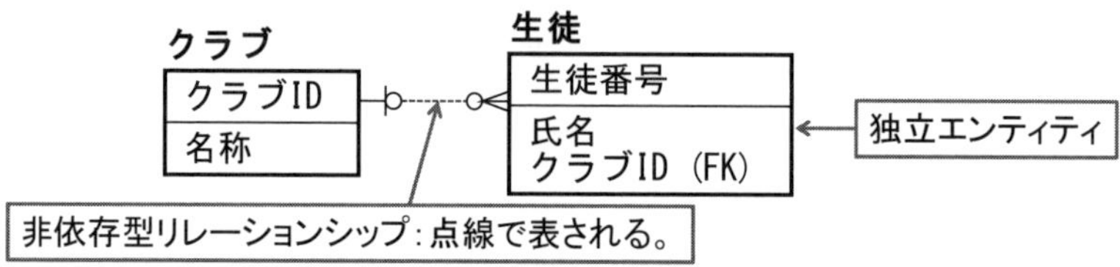

(b) 非依存型リレーションシップと独立エンティティ

図 8.2. 依存型／非依存型リレーションシップ

依存型のリレーションシップになる問題領域モデルの典型例を図 8.3 に示します．このようにコンポジション関連がある場合，**排他的所有権**を表すので，これを ER 図に変換したとき，親エンティティがないと子エンティティは存在し得ないため（依存関係があるので），依存型リレーションシップになるのが自然です．この問題領域モデルは，図 8.2 の (a) の元となっています．ER 図では，主キー（売上コード）が追加されている点にも注目してください．一方，図 8.2 の (b) のような，クラブと生徒の関係は，非依存型リレーションシップになります．なぜなら，クラブに属さない生徒もいますし，生徒がいなくなったクラブもあり得るため，生徒はクラブに依存していません．

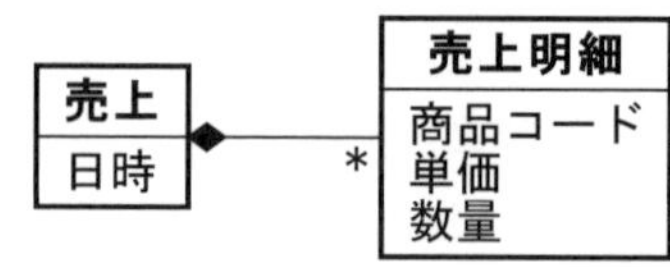

図 8.3. コンポジション関連（依存型リレーションシップになる典型例）

なお，コンポジション関連だからといって，必ずしも依存型リレーションシップを使う必要はありません．依存関係の存在は，依存型リレーションシップを用いる制約にはならず，子エンティティに主キーを別途用意すれば，非依存型にできるのです．結論としては，**依存型／非依存型の選択は，子エンティティの一意性を確保するための主キーを何にするか**という判断に基づきます．

ここで，図 8.2 に書かれているリレーションシップのカーディナリティ（多重度）について説明します．ER 図は，リレーションシップを表す実線あるいは点線の両脇で，カーディナリティを示します．ゼロは「○」，1 は「｜」，多は「カラスの足跡（Crow's foot）」を使って表します（表 8.1）．

表 8.1. 多重度（カーディナリティ）の表記（IE 記法）

0 か 1	─┼○
ちょうど 1	─┤
0 以上	>○
1 以上	>┤

8.2.2　ツールを用いたデータモデル（ER 図）の作成にあたり

本書では，astah* professional（2.3 節を参照）を用いた，データモデル（ER 図）の作成演習を用意しています．

ER 図作成における注意点は，**外部キーは，リレーションシップを張るときに自動で挿入される**ということです．いい換えると，**自分では外部キーを書かない**という意味です．図 8.4 は，非依存型リレーションシップを使う場合です．リレーションシップを張ると自動的に，親エンティティの主キーが子エンティティの非キー属性側（下側）に入ります．

細かなことですが，非依存型リレーションシップにおいて，親エンティティのカーディナリティは，デフォルトが「0 か 1」になります．このカーディナリティーを「ちょうど 1」に変更したい場合は，リレーションシップを選択した状態で，プロパティビューにて，「親は必須」というチェック欄をチェックしてください（親が必須となる場合の方が，むしろ多いと思います）．

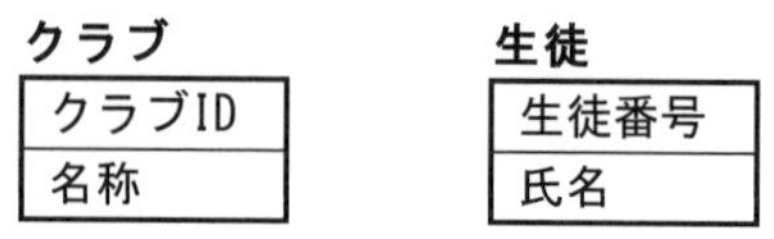

(a) リレーションシップを張る前

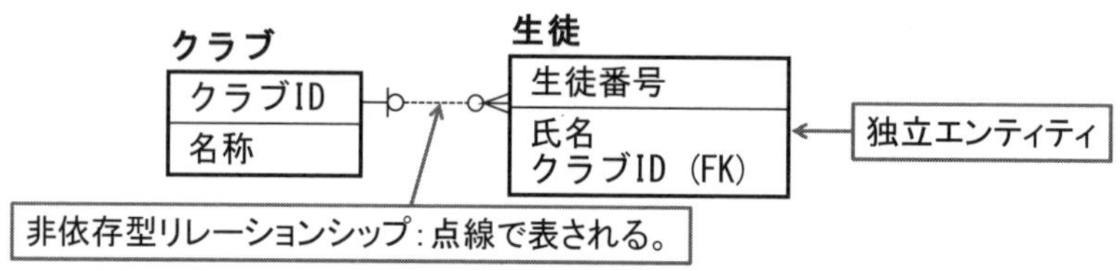

(b) リレーションシップを張った後

図 8.4. 非依存型リレーションシップにおける外部キーの自動挿入

図 8.5 は，依存型リレーションシップを使う場合です．リレーションシップを張ると自動的に，親エンティティの主キーが子エンティティの主キー属性側（上側）に入ります．

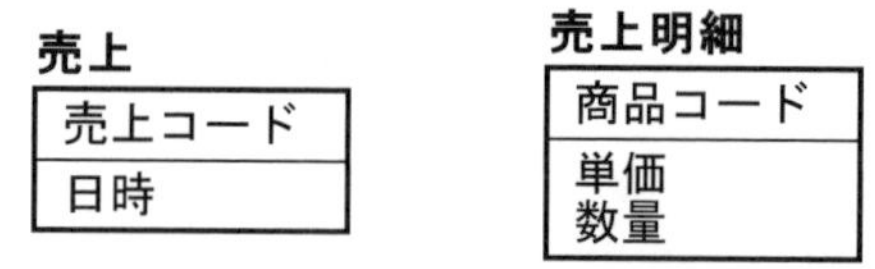

(a) リレーションシップを張る前

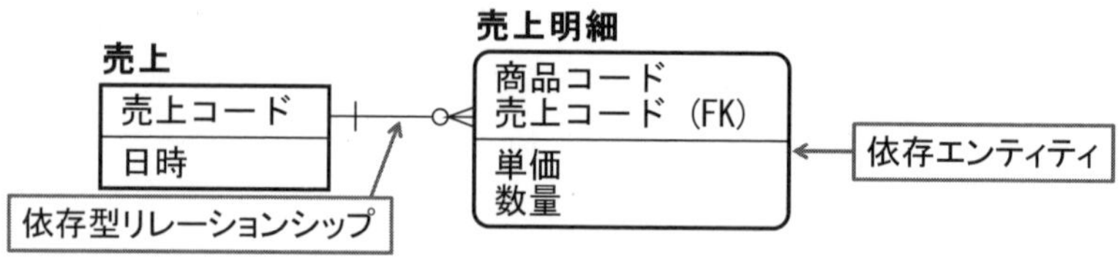

(b) リレーションシップを張った後

図 8.5. 依存型リレーションシップにおける外部キーの自動挿入

8.2.3 正規化について

ER 図は，問題領域モデルに比べればいろいろな制約がありますが，それでも設計者の考え方次第で自由にモデリングする余地があります．その自由度の中で望まれているのが，データの追加・削除・訂正にも柔軟に対応でき，構造が明解でわかりやすいデータモデルです．そして，そのための考え方に**正規化**があります．ここでは，第 1 正規化，第 2 正規化，第 3 正規化を考えます．正規化のために特殊な考え方は不要で，冗長性や依存性を取り除くと自然に第 3 正規化の形になります[*3]．

例題として，図書貸出票（図 8.6）を使います．共通的な項目と繰り返しのある項目 { 利用者 ID，氏名，貸出日，返却日 } があります．

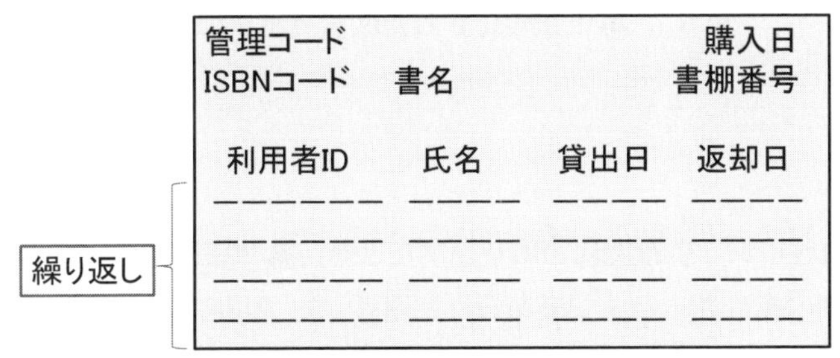

(a) 図書貸出票

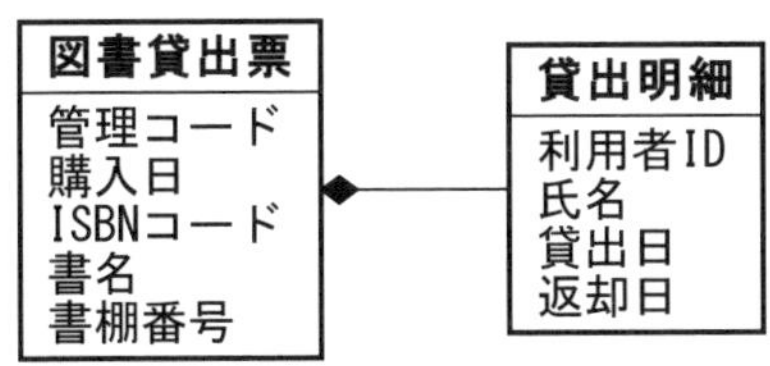

(b) 問題領域モデル

図 8.6. 図書貸出票と問題領域モデル

[*3] 論理設計段階では，性能を出すために非正規化を行うこともあります．

第1正規化

繰り返しがある属性を取り出すことを，**第1正規化**といいます．図8.6(a)の繰り返し部分を「貸出明細」として取り出した問題領域モデルが，図8.6(b)であり，これに主キーとして「利用者ID」を加えたER図が図8.7です[*4]．貸出明細エンティティには主キー属性が複数あります．これは「複合キー」の例です．

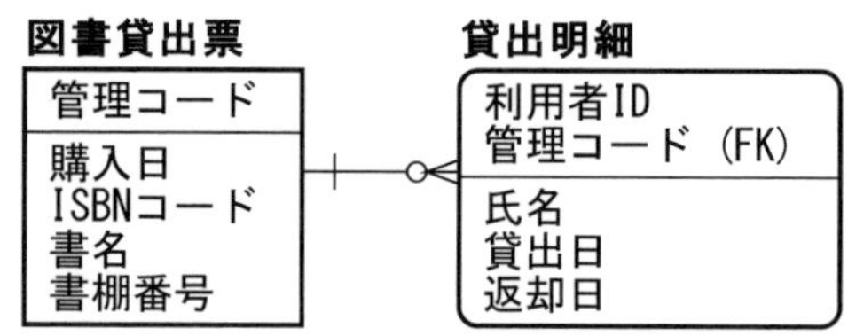

図8.7. 第1正規化された図書貸出票のER図

第2正規化

主キー属性にある依存関係を取り出すことを，**第2正規化**といいます．図8.7の貸出明細の複合キーの1つである「利用者ID」**のみ**に依存する非キー属性として「氏名」があります（他の非キー属性は複合キー**すべて**に依存）．これを取り出した（第2正規化した）のが図8.8です．取り出したエンティティとのリレーションシップは，依存型リレーションシップになります．

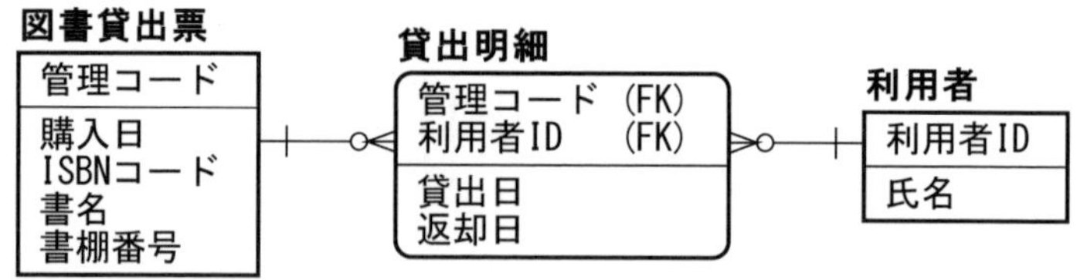

図8.8. 第2正規化された図書貸出票のER図

*4 厳密に考えれば，同じ人が同じ本を何度も借りる可能性があるので，利用者IDを主キーに加えても，一意性を確保できません．ここは，正規化の説明として読んでください．

第 3 正規化

主キー以外の属性（非キー属性）にある依存関係を取り出すことを，**第 3 正規化**といいます．図 8.8 の「書名」は「ISBN コード」に依存しています．これを取り出した（第 3 正規化した）のが図 8.9 です．取り出したエンティティとのリレーションシップは，非依存型リレーションシップになります．このようにして第 3 正規化されたデータモデル（ER 図）は，冗長性が排除され，変更による影響範囲が限定されているという意味で，良いモデルになります．

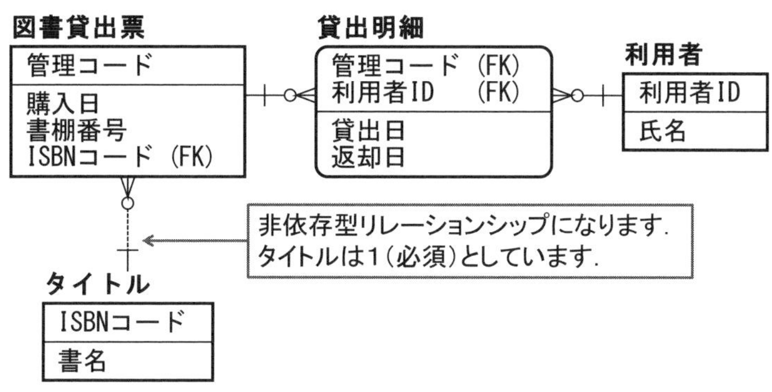

図 8.9. 第 3 正規化された図書貸出票の ER 図

データベース用語についての補足

ここまでの正規化の説明において，「ある属性が別の属性に依存（depend）する」と書きましたが，データベース用語では，依存することを**関数従属**するといいます．第 2 正規化において，「氏名」という非キー属性は複合キーの 1 つである「利用者 ID」**のみ**に依存していました．これを**部分関数従属**するといいます．部分関数従属していないということ（=**すべて**の複合キーに依存する）は，**完全関数従属**といいます．第 3 正規化において，非キー属性間に存在する依存関係を外に取り出しましたが，この依存関係を**推移関数従属**といいます（主キーに**依存**する属性に**依存**するので）．第 2 正規化は**部分関数従属の排除**，第 3 正規化は**推移関数従属の排除**です．直感的理解の次に覚えてください．

演習問題 8.1：演習問題 6.1「図書システム」のデータモデル（ER 図）を作成しなさい.

ユースケース記述抜粋（成功時保証）と問題領域モデル（図 8.10）が与えられているとします（ルールは具体的になっていないので，モデル化不要です）.

成功時保証　貸出情報（学生コード，管理コード，貸出日）が登録される.

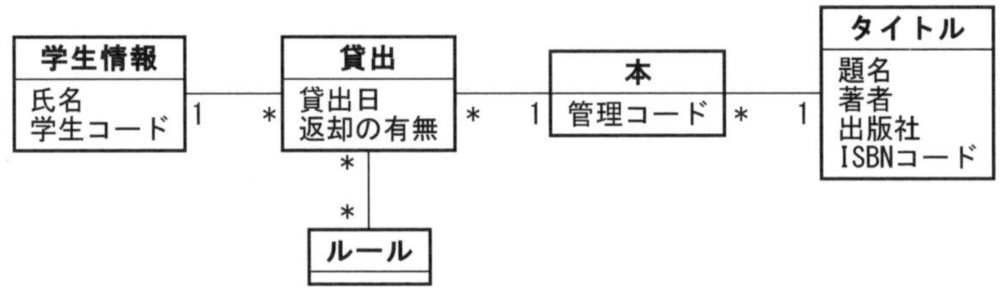

図 8.10. 図書システムの問題領域モデル

演習問題 8.2：演習問題 6.2「購買傾向分析システム」のデータモデル（ER 図）を作成しなさい.

成功時保証と問題領域モデル（図 8.11）が与えられているとします.

成功時保証　購買情報（日時，本のタイトル，客層情報（性別と年代））が登録される.

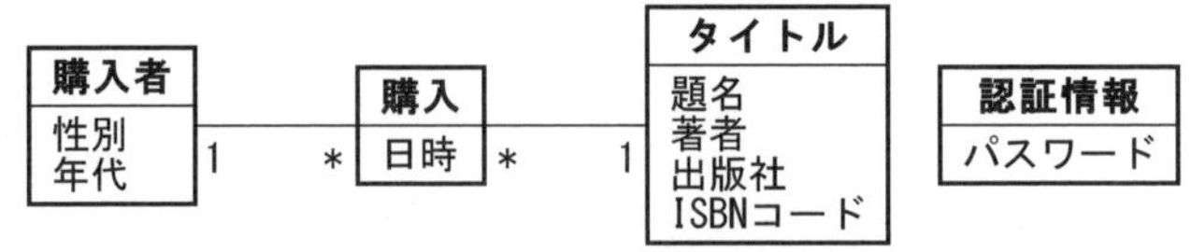

図 8.11. 購買傾向分析システムの問題領域モデル

演習問題 8.3：演習問題 6.3「ビデオレンタルシステム」のデータモデル（ER図）を作成しなさい．

成功時保証と問題領域モデル（図 8.12）が与えられているとします．

成功時保証 貸出情報（管理コード，会員コード，貸出日）が登録される．

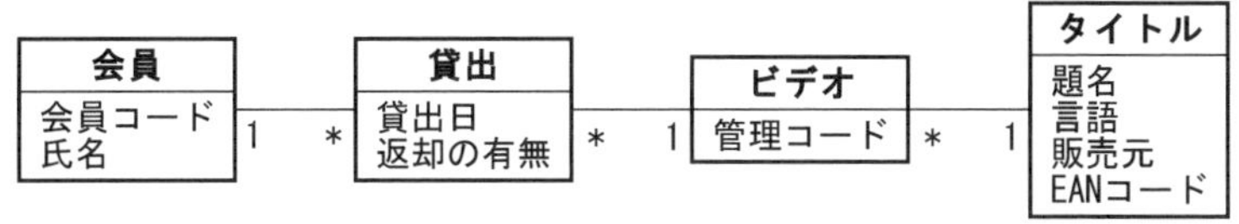

図 8.12. ビデオレンタルシステムの問題領域モデル

演習問題 8.4：演習問題 6.4「スーパーのレジシステム」のデータモデル（ER図）を作成しなさい．

成功時保証と問題領域モデル（図 8.13）が与えられているとします．

成功時保証 売上情報（会員情報，日時，支払金額，利用ポイント）とその明細（商品，単価，数量）が登録され，会員のポイント情報が更新される．

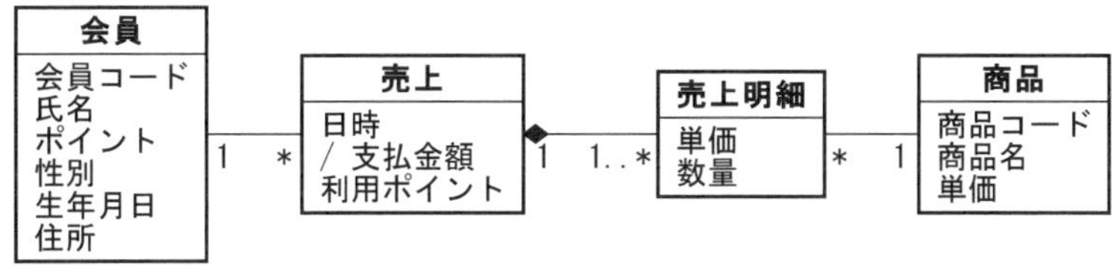

図 8.13. スーパーのレジシステムの問題領域モデル

演習問題 8.5**：演習問題** 6.5**「ホテル予約システム」のデータモデル**（ER **図**）**を作成しなさい．**

成功時保証と問題領域モデル（図 8.14）が与えられているとします．

成功時保証　予約情報（会員コード，チェックイン日，滞在日数，合計料金）と各宿泊情報（宿泊日，料金，部屋タイプ）が登録される．

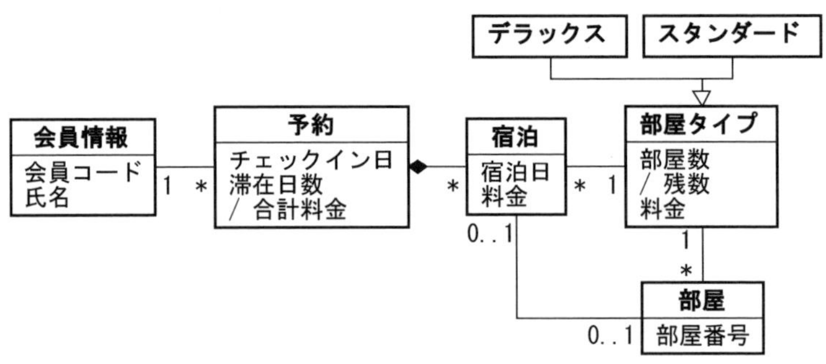

図 8.14. ホテル予約システムの問題領域モデル

演習問題 8.6**：下記の発注書のデータモデル**（ER **図**）**を作成しなさい．**

発注書（図 8.15）において，使用される項目は**太字**にしています．

発注書

発注先コード　　　　　　　　**発注日**

発注先名 御中　　　　　　　**発注番号**

住所　　**電話番号**

店舗コード　　**店舗名**

下記商品を発注します

商品コード	**商品名**	**単価**	**数量**	**金額**
			合計金額	

図 8.15. 発注書

第9章 ソフトウェアアーキテクチャ文書

本章では，**ソフトウェアアーキテクチャ文書**について解説します．統一プロセス（UP）では，設計ディシプリンの成果物（設計モデル，データモデル，ソフトウェア・アーキテクチャ文書）の1つです．

9.1 ソフトウェアアーキテクチャ

ソフトウェアアーキテクチャとは，情報システムの構成要素であるソフトウェア部品（コンポーネント）の外部特性や，相互関係を表したものです．アーキテクチャには複数の視点があり，それぞれの視点から検討する必要があります．

設計ディシプリンでは，非機能要件などから，あるべきアーキテクチャを分析・決定し，その意思決定をソフトウェアアーキテクチャ文書に記述します（非機能要件は補助仕様書に書かれていますので，そこへの参照も示すことになります）．また，意思決定は動機・理由とともに残すことが重要です [18].

9.1.1 検討すべき複数の視点

ソフトウェアアーキテクチャの視点として，**「4+1 ビュー」**があります [9].

論理視点（Logical）	エンドユーザに提供する機能
開発視点（Development）	プログラマ視点から見た描写
プロセス視点（Process）	システムの実行時の振る舞い
物理視点（Physical）	物理的なソフトウェア構成要素の配置
ユースケース視点（＋1に相当）	アーキテクチャに最も関連するユースケース記述（シナリオ）の要約

現在はN+1 ビューという形で一般化されています．

9.2 物理視点アーキテクチャ

具体的な例としては，サーバマシンなど物理的なもの（ノードと呼ぶ）や，アプリケーションを動かすサーバソフトウェアを検討することです．後者のサーバソフトウェアについて，広く普及している Web アプリケーションにおける例を図 9.1 に示します．サーバソフトウェアは独立に選択可能であり，非機能要件やコストを考えて，具体的に決定することになります．

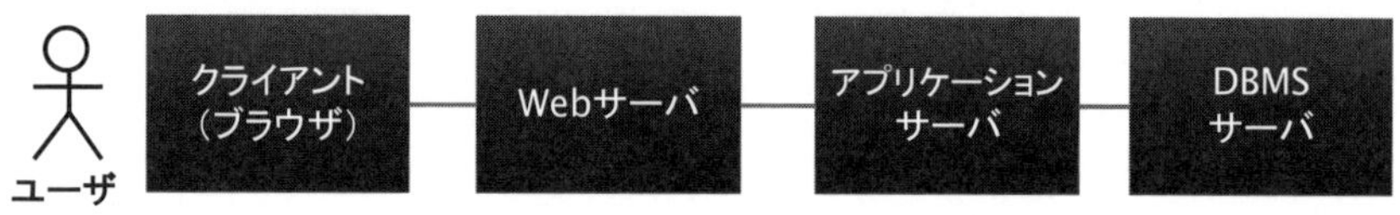

図 9.1. Web アプリケーションにおけるサーバソフトウェア・アーキテクチャ例

9.3 論理視点アーキテクチャ

まず，**論理視点アーキテクチャ**は，物理視点は切り離して考えます．疎結合性や高凝集性の向上のために，他の技術分野でも知られている**レイヤ化**（多層化）を用います．一般の多層アーキテクチャ（例：通信についての OSI モデル）は，「第 N 層の構成要素は第 N+1 層だけをアクセスする」という厳密な制限があります．一方，情報システムのアーキテクチャでは，厳密性を求めません．通常「上位レイヤが下位レイヤに依存する」ことを期待しますが，あくまでも「緩いレイヤ化」です．レイヤ数などは，システムごとに自由に決められます．一般的にいえることは，レイヤ数が多くなればオーバーヘッドが大きくなり，効率性を犠牲にする可能性が高まります．

9.3.1 モデル／ビュー分離の原則

多層化の考え方の下，重要な原則があります．それが，**モデル**（Model）／**ビュー**（View）の分離です．ビューが上位レイヤ，モデルがそれより下位のレイヤになります．さまざまに異なるアーキテクチャの提案がありますが，いずれもこの原則が根本にあると考えます．この原則の狙いは，

関心事の分割 開発者がモデルかビューに集中できる．

再利用性の向上 モデルやビューの単位で考えると，別の局面で再利用できる可能性が高まる．

となります．論理視点で多く見られる 3 層モデルは，**インタフェース層，ビジネスロジック層，データアクセス層**です．

インタフェース層 エンドユーザとのインタフェースを担当．ユーザとシステムの情報のやり取りを行います．

ビジネスロジック層 システムが提供する機能やサービスを実現するところです．

データアクセス層 データベースとのアクセスを担当．例えば，ビジネスロジック層からのデータベース接続で，SQL 文用意の手順を隠蔽します．

9.3.2 アーキテクチャ検討例

システムには，タイプとして，**フロントエンドシステム**と**バックエンドシステム**があります．多くのシステムは，これらをサブシステムとし，両方の面をもっていますが，これら個々のサブシステムについて考えると，アーキテクチャについての決めるポイントが異なるのがわかります．いずれも，非機能要件がアーキテクチャを決める要因になることが多いといえます．一般論を紹介します．

フロントエンドシステム エンドユーザと直接やりとりをするシステム．Web アプリケーションはその代表例．使いやすさや信頼性などがより重視されます．

- 一般の不特定多数のエンドユーザが利用する場合は，（社内システムなどと比較して）信頼性がより重視されることになります．
- 金融サービス，携帯電話サービスなどが不具合を起こすと多くの人に迷惑がかかります．信頼性の実現に細心の注意が図られます．

バックエンドシステム フロントエンドシステムで使うためのデータを処理

するシステム．解析が中心となります．性能（速度，精度，効果）がより重視されます[*1]．

- 検索システムにおける前処理（検索サービスのためにページランクアルゴリズムなどで膨大な Web ページの検索順位を決定する処理はその例）．アーキテクチャ検討では，大規模分散処理でいかに効率よく解析するか（故障対策も含む）が関心事となります．
- 電子商取引などにおける推薦も，ユーザが残した膨大な履歴（ビッグデータの 1 つ）から，コンテンツとコンテンツの結びつきの強さを事前に計算しています．ここでも性能が重視されることになります．

9.4 Web アプリケーション

フロントエンドシステムの代表的なものに Web アプリケーション（サービス）があります．

- Web アプリケーションは，専用アプリケーションの配布が不要であり，維持管理がしやすい．
- 専用アプリケーションは，配布とインストールという手間が必要です[*2]．
- Web サービスの登場はサーバ側ですべてを準備できるので，開発側・ユーザ側双方にとって画期的でした．

Web アプリケーションは広く普及しており，需要が高い（執筆時）といえます．その仕組みについて知っておくことは有用ですので，関連技術をいくつかピックアップして紹介します．

[*1] アーキテクチャ検討以前に，解析結果の質を決める処理アルゴリズムの検討はもっと重要です．そして処理アルゴリズムによって，最適なアーキテクチャは変わります．

[*2] 昔のシステムにおける専用アプリケーションの更新は，依存するライブラリの更新も伴い，煩雑で時間が掛かり大変でした．

9.4.1 HTTP

HTTP（Hyper Text Transfer Protocol）とは，Web サーバとブラウザとの通信に使われている取り決め（**プロトコル**）です．HTTP はステートレスなプロトコルで，以下のようなメリットがあります．

- ステートレスとは，ステート（状態）をもっていないということ．
- 状態を管理しないので，通信のオーバヘッドが少なく高速です．
- 状態に合わせていろいろなレスポンスを用意しなくてよい．つまり，ページだけを用意すれば，ユーザに見せることができる手軽さがあります．
- このステートレスという特徴（シンプルさ，高速性）があってこそ Web が普及しました．

通信の中身は，ブラウザ付属の開発ツールで閲覧可能です（例えば，Firefox，Chrome，IE）．その例を図 9.2 と図 9.3 に示します（第 11 章の例より）．

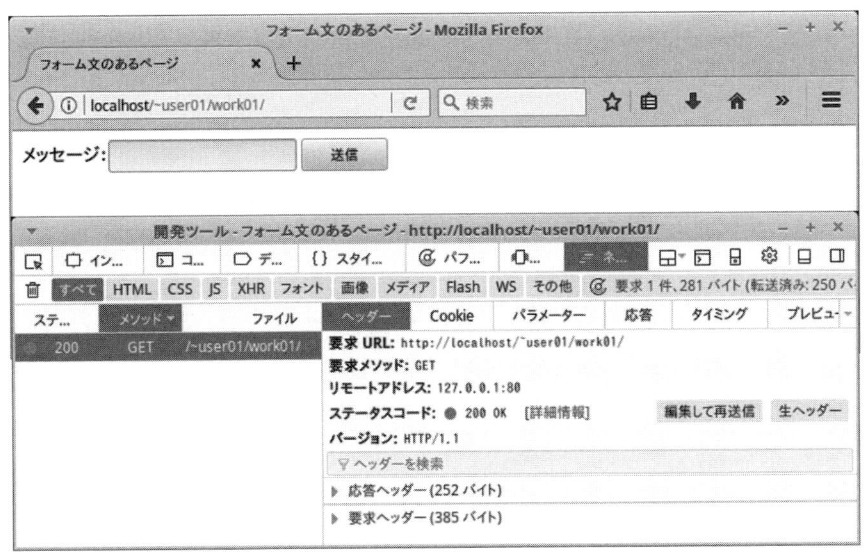

図 9.2. ブラウザから見た HTTP 通信（GET メソッド）

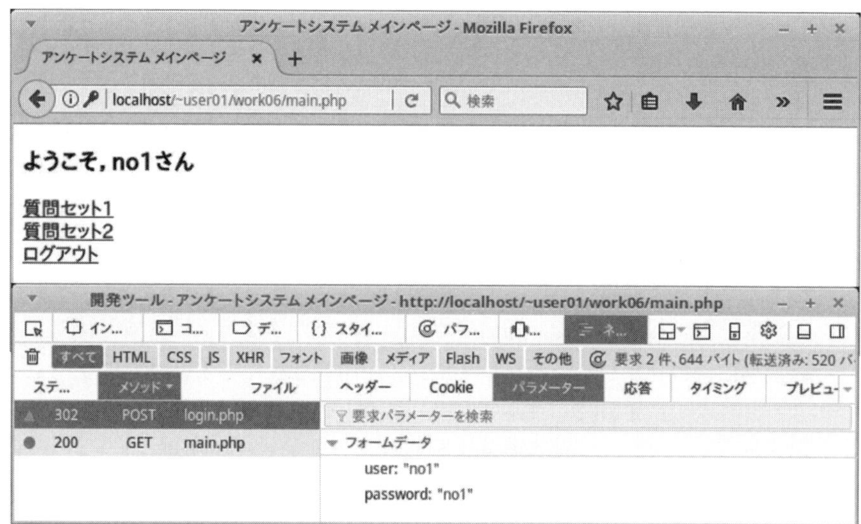

図 9.3. ブラウザから見た HTTP 通信（POST メソッド）．通信は 2 回行われています．ここでは最初の通信の内容を調査しています．現在，ブラウザに表示されている内容は，2 回目の通信のときに GET メソッドで得たものです．ログインに成功して，「ようこそ」の歓迎メッセージが表示されたところです．

下記は，通信の概略です．

- ブラウザから，要求メソッドと URL を指定して，サーバへ要求（リクエスト）が行われ，サーバは要求が「完了したか／失敗したか」などのステータスコードを返します（図 9.2，図 9.3 では左下に書かれています）．
  図 9.2　GET メソッドが使われ，**200 OK** が返されています．
  図 9.3　POST メソッドが使われ，**302 Found** が返されています．
- ブラウザからの要求には，「要求ヘッダ」情報と送信 Cookie（もしあれば）が含まれます．
- もし，要求が POST メソッドなら送信フォームデータも送られます．これもブラウザで見ることができます．図 9.3 では，次の情報がブラウザから送られています（この例から，実用システムではパスワードを送る際，通信の暗号化が必須なのがわかります）．

  - user という名前の変数に “no1” という文字列
  - password という名前の変数に “no1” という文字列
- サーバから，応答ヘッダ，受信 Cookie（もしあれば），および実際のページの内容（＝応答ボディ）が返されます．

9.4.2 HTTP の問題点と解決策

HTTP はステートレスなプロトコルで，前項で示したメリットがある反面，問題もあります．

1. セッション（＝一連の通信）を行うことができません（セッションの典型的な例は**電話**です．これに限らず，相手を特定してやり取りをする通信のことをさします）．
2. ページの内容を更新するために，ページ遷移を伴います．

上記を不思議に思われる方も多いと思います．実際に，

1. Web サービスでログインすれば，一連の通信を行って，電子商取引ができます．つまり，セッションが実現できています．
2. ページ遷移をしなくても，一部分だけ表示が変わるページは普通にあります．

です．身近にある Web アプリケーション（サービス）は，前記問題をある程度解決できています．その解決策について，以下で紹介します．

セッションを実現する方法

セッション（＝一連の通信）の実現手順の例は，下記のようになります．図 9.4 で同じ内容を表しています．

- Cookie を使い，Web サーバとブラウザ間で同じセッション ID を送受信し続け，一連の通信が続いていることをサーバ側で確認します．
- サーバ側では，ログイン（ユーザ名，パスワードで認証チェック）が成功したとき，セッション ID に関連づけて，ログインしたことがわかる情報

（例えばユーザ ID）を保存します．以降，送られてきたセッション ID を見て，ログイン済みであるかを判断します．

図 9.3 は，実際にユーザ名とパスワードをサーバへ送り，サーバー側でセッション ID とユーザ情報を結びつけ（ブラウザからはわかりませんが）ている例です．

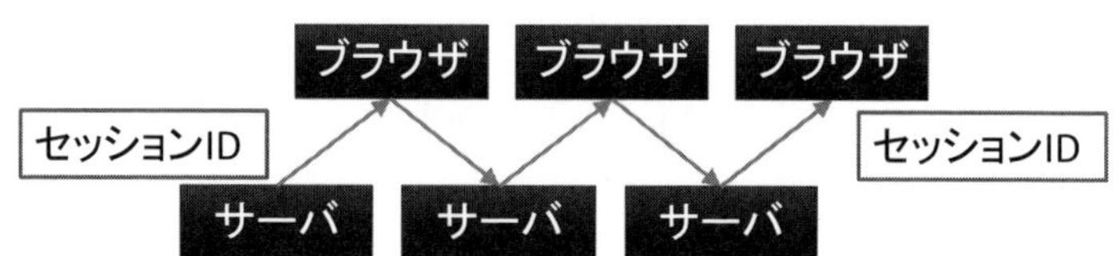

(a) セッション実現のためのセッション ID の送受信

(b) セッション実現のためのセッション ID とユーザ ID の結びつけ

図 9.4. セッション実現方法の例

ページ遷移を抑制する方法

ページ遷移を抑制するために，下記のような **JavaScript** を使う方法が知られており，Ajax（Asynchronous JavaScript + XML）と呼ばれています．

- クライアント側で処理を行うことで，見かけ上ページ遷移なしで，ページ内容の一部を更新することを実現します．
- クライアント側で動くプログラムは，JavaScript で書かれます．
  - エンドユーザとしては，何もする必要はありません．サーバが送信するページの中に JavaScript を埋め込みます．
  - ページの作成には JavaScript などの知識が必要です．

これにより，ページ遷移がない「対話型 Web アプリケーション」の実現が可能になります．

Ajax を使った「対話型 Web アプリケーション」は広く普及しており，目にしたことがあると思います．Ajax の実現も含め，JavaScript は jQuery などのライブラリを通して使うことが一般的です．

Ajax の問題点としては，デバッグ（間違えを見つけること）が難しい点です．それは，不具合が起こったときに，サーバ側の問題かブラウザ側の問題か，HTML 文の問題か JavaScript の問題か，どのタイミングの通信で起きているのかなどをひとつひとつ切り分けていく必要があるためです．そのようなこともあり，Ajax を簡単に使うための工夫も検討されています[*3]．

9.4.3 Web アプリケーションフレームワーク

現在 Web アプリケーション開発では，アーキテクチャと同じ重要度で用いる**フレームワーク**を検討するのが一般的です．フレームワークとは，あらかじめ用意された雛形のようなもので，ライブラリと似ています．フレームワークに従って穴埋め問題のようにリソースを用意すれば，望ましいアーキテクチャ（モデル／ビューの分離が実現されている）の Web アプリケーションが実現できます．フレームワークには多数の提案がありますが，例えば Apache が開発した「Struts（ストラッツ）」が有名です．

フレームワークは，ライブラリの“逆”ともいわれます．

- ライブラリは，開発者が呼び出して使います．
- フレームワークを使う開発では，フレームワークの呼び出し先を作ります（穴埋め問題の様である）．

多くは，**MVC（Model, View, Controller）モデル**（オリジナルと異なるので MVC2 とも呼ぶ）を実現します．

---

*3 例えば，“Angular”（“https://angular.io/”）や “React”（“https://reactjs.org/”）があります．

MVC モデル

関心事の分割と再利用性の向上を目的とし，「モデル／ビューの分離」の考え方を発展させています（図 9.5）．下図とその説明は，フレームワークとして Struts を使う場合の MVC モデルです．フレームワークが異なれば，MVC モデルも変わります．

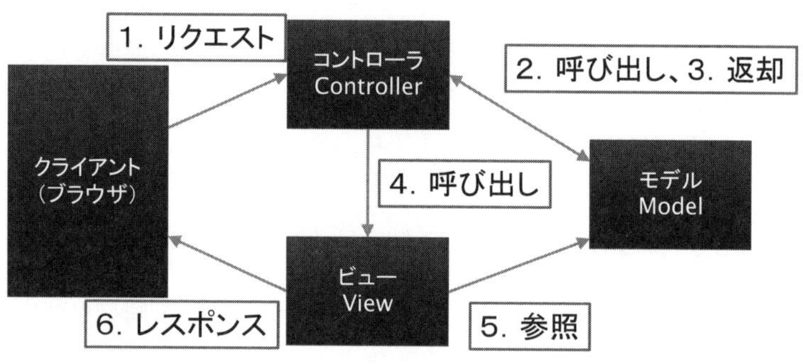

図 9.5. MVC モデルの例（Struts の場合）

モデル（Model）　データ処理を実際に行います．MVC モデルで作れば，処理の作成に専念できます．

ビュー（View）　モデルがもつ処理結果を参照し，表示を行います．制御や処理が不要なため，表示のデザインなどに専念できます．

コントローラ（Controller）　情報入力を受け，モデルに処理を行わせます．モデルから処理の成功・不成功などのステータス情報を得ます．コントローラは，ステータスも考慮して，ビューへ表示を依頼します．

第 10 章
設計モデル

本章では，**設計モデル**について解説します．統一プロセス（UP）では，設計ディシプリンの成果物（設計モデル，データモデル，ソフトウェアアーキテクチャ文書）の 1 つで，データモデルと同様，問題領域モデルを参考にして作成します．以下，設計モデルについて説明し，実際の構築方法について演習します．

10.1　設計モデル

設計モデルは，問題領域モデルを参考にして作成します．問題領域モデルでは，**実装に捉われないこと**が抽象的で汎用的なモデル作成にとって重要でしたが，逆に設計モデルでは**実装を意識すること**が求められます．また，**静的なモデル**と**動的なモデル**の両方を考えます（1.3.2, 1.3.3 項では，前者が物語の登場人物紹介，後者が進行にあたると述べました）．

10.2　検討すべきオブジェクト

問題領域モデルでは，例えば図 10.1 のように，システムで管理すべき概念（データ）を表します．システムを構築するには，データだけでは不十分であり，新たにいくつかのオブジェクトを検討する必要があります．実際には，ユーザインタフェースや処理をコントロールするオブジェクトなどです．

10.2.1　ロバストネス図

UML ではありませんが，問題領域モデル以外のオブジェクトを検討する方法として**ロバストネス図**が使われます．astah*では，ユースケース図の中で描画

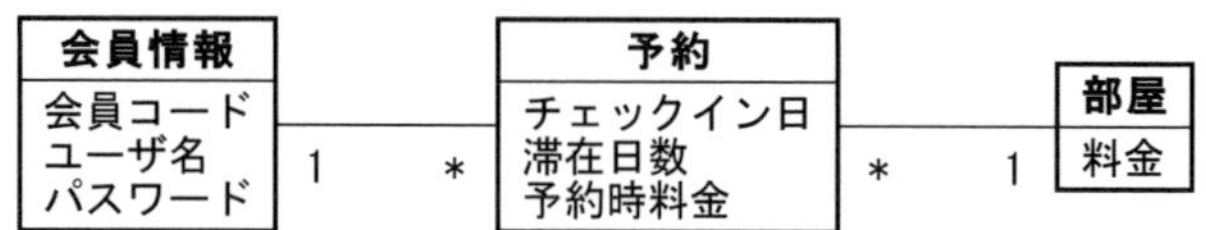

図 10.1. **問題領域モデルの例（ホテル予約システム）**

可能です．

ロバストネス図　バウンダリ，コントロール，エンティティの 3 つから構成され，BCE 図ともいわれます．

バウンダリ　ユーザインタフェース

コントロール　ユースケースの機能ロジックを実現

エンティティ　問題領域モデル中の概念クラスを実現

ロバストネス図を具体的に作成する例を図 10.2 を使って示します．まず，前提として問題領域モデル（図 10.1）と，ユースケース図（図 10.2(a)）があるとします[*1]．

1. ユースケース図における各**ユースケース**を**バウンダリ**と**コントロール**に分解します．

   部屋を予約する　→「予約 UI」（バウンダリ）＋「予約処理」（コントロール）

   会員登録をする　→「登録 UI」（バウンダリ）＋「登録処理」（コントロール）
2. 問題領域モデル（図 10.1 から，「予約データ」と「会員データ」をエンティティとしてロバストネス図に加える（部屋情報は省略しました）．

ロバストネス図に関する注意点と補足を示します．

- ロバストネス図は，設計モデル作成への 1 ステップです（必須ではありませんが，見通しをつけるために有効です）．

[*1] 実際に，ツールで書くときは，別プロジェクトで新たに書くのが良いでしょう．

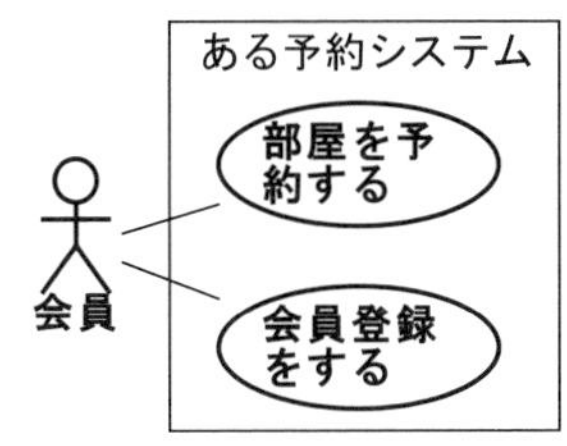

(a) ユースケース図

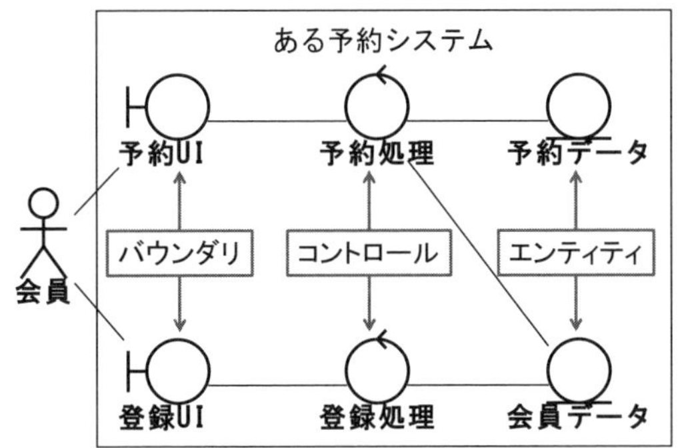

(b) ロバストネス図（BCE 図）

図 10.2. ユースケース図からのロバストネス図検討例

- ロバストネス図で考えたオブジェクトのすべてが，そのまま設計モデルのオブジェクトになるとは限りません．
- ユースケースをバウンダリとコントロールに分解することは，初期検討段階で有効です（それだけの検討で十分なことは稀だと思います）．
- MVC モデル（9.4.3 項）のオブジェクトとは，1 対 1 に対応しません．原則，バウンダリオブジェクトが VC，Model がコントロールオブジェクトとエンティティオブジェクトに対応します[*2]．
- 図 10.2 を見ると，アクターである**会員**がシステムの外，エンティティである**会員データ**が内側にあり，両者が別物とわかります．

[*2] 細かな対応に厳密性を求めるのは難しいと考えます．

10.3 責任割り当て

「実践 UML」[18] は，オブジェクト指向開発における最も重要な能力が，**責任をソフトウェアオブジェクトに割り当てること**であるとして，**「責任割り当て」の原則**を提唱しています[*3]．「責任割り当て」の原則 [18] の中で，下記の**情報エキスパート・パターン**は参考になります．

情報エキスパート（Information Expert） 責任の遂行に必要な情報をもっているクラス（＝情報エキスパート）に責任を割り当てる．

上記の「責任割り当て」問題は，責任の遂行に必要な情報をどのクラスにもたせるか，という問題と対になっています．

一般に責任割り当ては，オブジェクト（そのクラス）へ操作（＝責任）を割り当てることです．ただし，**「責任割り当て」**は，一連の処理全体の責任をもたせる意味と捉えるべきで，責任を割り当てられたオブジェクトがメッセージを送る役（つまり操作は受信側のオブジェクトにある）の場合もあります．例えば，情報エキスパートがもつ**情報**を引数とするメッセージを送る場合です．この点に注意しながら適用してください．

10.4 設計モデルの作成演習

設計モデルは，静的なモデルと動的なモデルからなります．静的なモデルは，操作の記述も加わったクラス図で表します．本書で用意した演習では，シーケンス図を使って動的なモデルを表します．注意としては，先にクラス図を作成することです．これは動的なモデルが，オブジェクト間の相互作用を検討する図であるため，その前提として静的なモデルであるクラス図を必要とするからです．また，クラスの操作を決めることと，オブジェクト間の相互作用を考えることは同時に行います．以下の演習では，意識的にクラス図の操作を空欄とし，シーケンス図作成時に，メッセージを受信するクラスにそのメッセージに相当

[*3] 「責任割り当て」の原則を含め，設計に関する計 9 つの基礎的な原則（GRASP パターン）を提唱しています．設計に関する原則は，疎結合性と高凝集性に関わることが主といえます．

する操作（＝責任）を割り当てることを行ってください．

astah*を使ってシーケンス図を作成するときには，あるオブジェクト（クラス）に対してメッセージを送信すると，メッセージを選択する画面が出るはずです．表示されるメッセージの選択肢は，受信側オブジェクトのベースクラスがもつ操作です．もし，そこに適切なメッセージがないときは，クラス図にて，適切な操作を該当するクラスに割り当ててから，再度メッセージを選択してください．

シーケンス図作成については，3.2.2 項に説明があります．具体的なシーケンス図の作成は，下記の手順になります（51 ページの演習問題 3.2 参照）．

1. 新規シーケンス図を作成した後，プロパティビューのベース設定にて，上の 3 つと一番下の項目のみチェックを入れ，他は外してください．
2. プロジェクトビューにあるクラスをシーケンス図に向けてドラッグ&ドロップすることで，ライフラインを生成してください．
3. パラメタ（＝引数）がある操作にパラメタを設定するには，操作を選択し，左下のプロパティビューにて，パラメタを選択し，パラメタを追加してください．

10.4.1 本書における生成メッセージの考え方

シーケンス図において，生成メッセージと Destroy メッセージは特殊であり，そのための操作が用意されていない（暗黙の操作である）ことがあります．そのときは，メッセージを編集して対応することにします．例えば，生成メッセージについては「生成」，Destroy メッセージについては「Destroy」としておけばよいでしょう．

演習の多くは，Web アプリケーションを想定しています．本書では，Web ページもそれぞれオブジェクトとして扱います．この場合，通常 Web ページの遷移は，生成メッセージによって行われることになります．生成時にパラメータを渡さないときは，暗黙の操作による生成と考え，メッセージを編集して「生成」としてください．生成時にパラメータを渡す場合（例えばフォーム文などを用いたパラメータ送信を伴う場合）は，受信側に生成用の操作（＝コンストラクタ）をもたせることにします．そして，メッセージはこのコンストラクタを選択してください．本書では，このような考え方を採用します．

なお，生成用の操作（コンストラクタ）は，受信側クラスと同名になります．

演習問題 10.1：説明を読み，指示に従って，「ログインサブシステム」の設計モデル（クラス図およびシーケンス図）を作成しなさい．

本演習が扱うのは，Web アプリケーションにおける認証を行うサブシステム「ログインサブシステム」です．設計モデルで実現すべき具体的なシナリオと成功時保証は，下記になります．

1. ユーザが，ログインページにてユーザ名とパスワードを入力し，ログインボタンを押す．
2. システムが，ユーザ名とパスワードの組を受け取り，これが事前に登録された正当なものであることを確認する．
3. システムが，メインページにてログイン成功の歓迎文を示す．

成功時保証　システムは，セッション実現のため，セッション ID にユーザ ID を結びつけて保存する（図 9.4 参照）．

問題領域モデルを下記に示します．

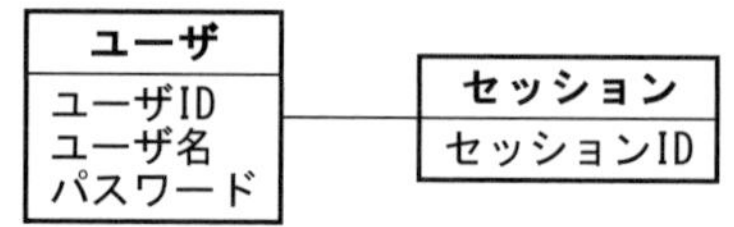

図 10.3. 問題領域モデル（演習問題 10.1 ログインサブシステム）

上記が与えられた事前情報と考え，設計モデルを検討します．まず最初に，シナリオを参考にして，**ロバストネス図**を考えます（図 10.4．ユースケース図は省略しています）．図より，バウンダリオブジェクトやコントロールオブジェクトが見えてきます．

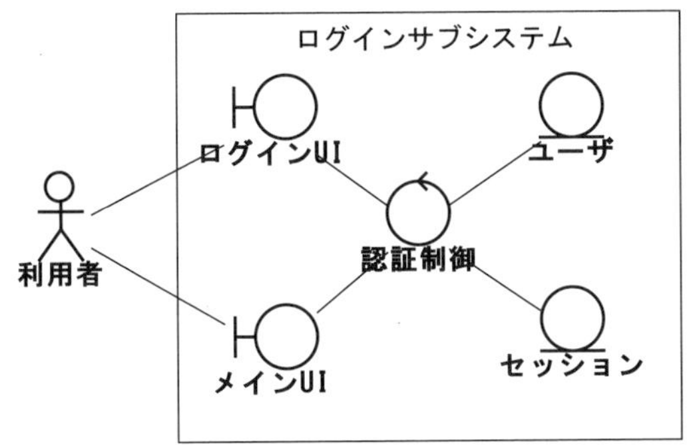

図 10.4. ロバストネス図．演習問題 10.1 ログインサブシステム

静的なモデルをクラス図で表すと，図 10.5 のようになります．この問題では，ロバストネス図に対応しています．操作名は，図をコンパクトにするため，体言止め*4を使っています．演習として，この図を astah*で書いてください．ただし操作区画は空欄にしてください．

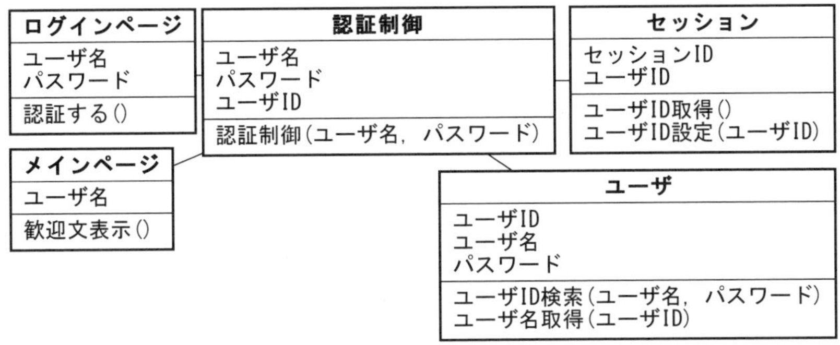

図 10.5. クラス図（演習問題 10.1 ログインサブシステム）

演習として，下記の指示に従って，シーケンス図の作成とクラス図における「責任割り当て」を行ってください．最初に，新規シーケンス図を作成しましょ

*4 操作は原則動詞で表すべきですが，関係者間で誤解がなければ，見やすさを優先することもあります．

う．プロパティビューのベース設定やライフラインの生成方法は，157 ページの手順や演習問題 3.2（51 ページ）を見てください．図 10.6 が完成図です．そして，シーケンス図を作成する過程でクラスに操作を追加（責任割り当て）してください．メッセージを受信するクラスには，そのメッセージと同じ操作を割り当てる必要があります（ライフラインを編集し，見た目だけ合わせると，責任割り当てができません）．

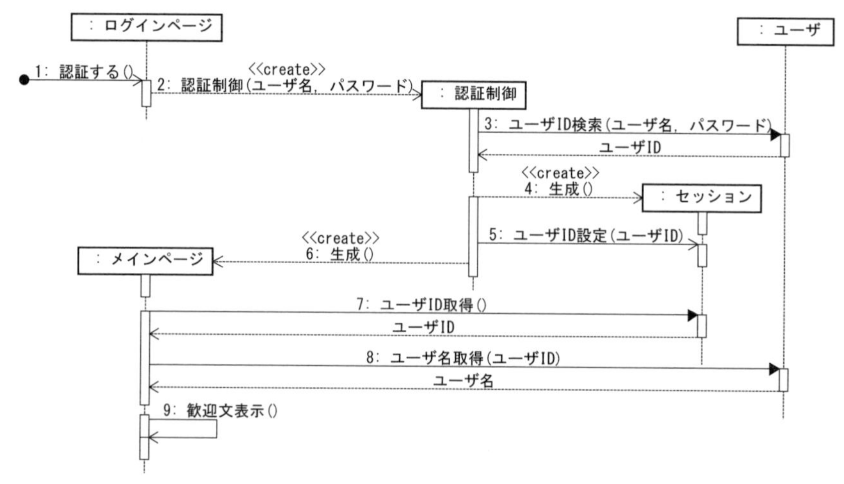

図 10.6. シーケンス図（演習問題 10.1 ログインサブシステム）

本演習について解説します．まず，シーケンス図がシナリオや成功時保証を実現しています．それらのことを確認してください．また，ブラウザとサーバ間の通信で使われる HTTP は，ステートレスで一方向的です．従って，通常のページ遷移はすべて生成で行い，「非同期メッセージ」になります．ユーザ情報やセッションからユーザ ID を取り出すためのメッセージは，返り値を求めますので（また HTTP による通信ではないので）「同期メッセージ」です．セッション（一連の通信）が続く間は「セッション」オブジェクトが存在し続けることになります．

「モデル／ビューの分離」の観点から設計モデルを見てみます．ログイン，メインページは，ユーザからの処理依頼を受けつけていますが，処理自体は行っていません．これらは「ビュー」ですから，インタフェースに徹しています．問題領域モデル（ロバストネス図ではエンティティ）は，「ユーザ ID 取得」や「ユーザ ID 検索」など，核となる処理をもっています．ただし，「処理の流れ」の主導権はもっていません．「認証制御」（ロバストネス図ではコントロール）は，ビューからの依頼を受けつけ，モデル（ユーザやセッション）とのやり取りを切り盛りして，「処理の流れ」を支配しています．また，そのための情報も得ているのが確認できます．このように，オブジェクトごとに役割分担がなされ，「モデル／ビューの分離」が実現されています．

演習問題 10.2：演習問題 10.1 の続きです．指示に従って，設計モデルを修正し，ログアウトのシナリオに対応させましょう．

図 10.5 の「メインページ」に「ログアウト ()」という操作，新規に「ログアウト処理」というオブジェクト（クラス）を追加し，クラス図（図 10.7）を作成してください．

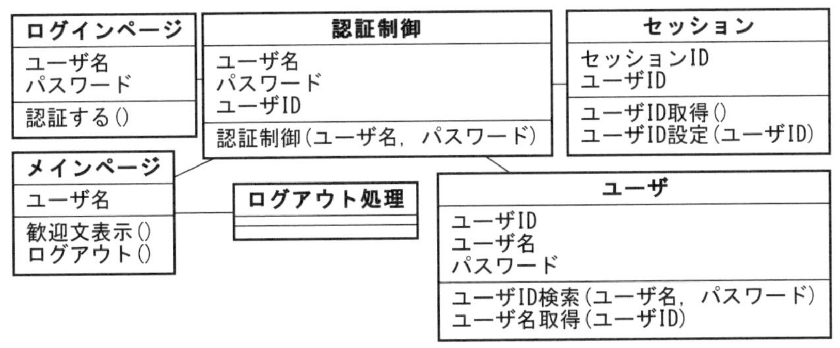

図 10.7. **クラス図（演習問題 10.2 ログインサブシステム）**

下記のシーケンス図を作成してください．Destroy メッセージがセッションを停止させている（セッションを終わらせている）ことがわかります（Destroy メッセージを非同期としても構いません）．

演習問題 10.3：演習問題 3.2 を指示に従って，実施してください．

演習問題 3.2 では，クラス図を完成させてからシーケンス図を作成しましたが，最初は**クラス図の操作区画を空欄にし**，シーケンス図を作成する過程で，ク

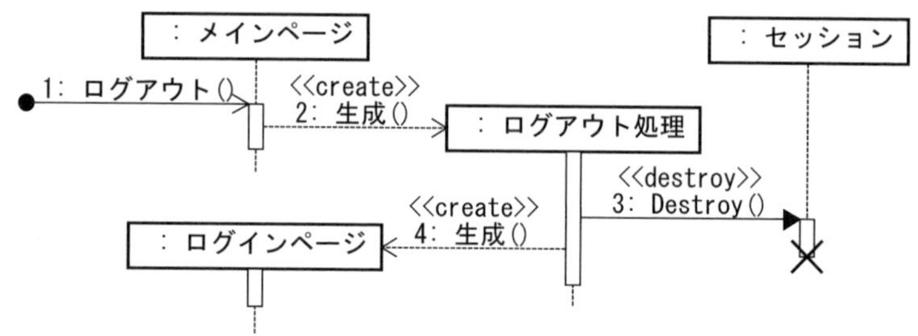

図 10.8. **シーケンス図（演習問題** 10.2 **ログインサブシステム）**

ラスに操作を追加（「責任割り当て」）する手順で実施してください．

本演習の設計モデルについて解説します．セッションがあるということは，ログインなどがすでに行われ，セッション（一連の通信）が開始され，さらにセッション ID に利用者情報が結びつけられていることが想定されます．また，予約完了表示は，予約依頼に対しページ遷移を伴わずに行われており，単なる HTTP では実現困難なため，Ajax などの技術を使うことが前提となります．ロバストネス図で表せば，予約画面がバウンダリ，予約処理がコントロール，セッションと予約 DB がエンティティに相当します．この設計モデルにおいても，「モデル／ビューの分離」が実現されています．

演習問題 10.4**：演習問題** 6.1**「図書システム」の設計モデル（クラス図とシーケンス図）を作成しなさい．**

学生が「本を借りる」というシナリオに関して，設計モデルを作成しなさい．設計モデルの作成は，ユースケース記述，問題領域モデル，データモデル（ER 図）などを参考にしてください．解答はいろいろと考えられますが，本書で示す解答例では，オブジェクト指向を広い意味で捉え，ER 図で表されるエンティティ（関係データベースのテーブルに相当する）をクラス，SQL 文などによる検索や登録を操作とみなしてモデルを作成します．また，Web アプリケーションであることも仮定しています．作成手順の例は，ユースケース記述のシナリオと成功時保証を確認→ユースケース図と問題領域モデルからロバストネス図を作成→ ER 図のエンティティを参考にしながら設計モデルのクラス図を作成→ユースケース記述のシナリオに沿ってシーケンス図を作成する，です．

演習問題 10.5：演習問題 6.2「購買傾向分析システム」の設計モデル（クラス図とシーケンス図）を作成しなさい．

レジ係が「購買情報を登録する」というシナリオに関して，設計モデルを作成しなさい．

演習問題 10.6：演習問題 6.3「ビデオレンタルシステム」の設計モデル（クラス図とシーケンス図）を作成しなさい．

受付係が「貸出し情報を登録する」というシナリオに関して，設計モデルを作成しなさい．

演習問題 10.7：演習問題 6.4「スーパーのレジシステム」の設計モデル（クラス図とシーケンス図）を作成しなさい．

シーケンス図において，繰り返し構造（loop）を使う必要があります．これは，「複合フラグメント」を使って繰り返すオブジェクトと時間帯を囲み，制御として loop を，[Guard] に条件をすることで実現できます（これらは左下のプロパティ・ビューで行います．制御構造を使うと図が複雑になりますが，ここでは止むを得ず使います）．

演習問題 10.8：演習問題 6.5「ホテル予約システム」の設計モデル（クラス図とシーケンス図）を作成しなさい．

会員が「ホテルの部屋の予約状況を確認後，最終的に部屋を予約する」というシナリオに関して，設計モデルを作成しなさい．本演習問題も，シーケンス図において，繰り返し構造（loop）を使う必要があります．

第 11 章
Web アプリケーション作成演習

本章では，Web アプリケーションの作成を通して，実際に設計が動くことを確認してもらいます．本章は，設計のためのプログラミング演習その 2 です．現在，Web アプリケーションは広く使われ，その多くがデータベースを用いています．従って，データベースを用いた Web アプリケーションの仕組みを知っておくことは，多くのシステム設計の場面で役に立つと考えます．ここでは，データベースの読み書きを伴う Web アプリケーションの作成演習を行います．具体的には，PHP というスクリプト言語を用います（演習を通して，Web 処理の仕組みを理解することを重視するため，フレームワークは使いません[*1]）．

情報システム設計において，ある程度実装を知っていることはとても重要です．なぜならば，**実装の方法がある程度見えていれば，先を見通しながら設計ができる**からです．そこで，設計に活かす経験を積む意味で，実装例を学んでもらう章を設けました．本章の演習を通して，前章までの設計が，実際に動くものであることを実感できると思います．

Web アプリケーション作成では，HTML 文を書くことは避けられません．しかし，本章では HTML 文の書き方までは説明しません．もし，HTML 文を書くことに慣れていない場合は，並行して勉強してください．

11.1　演習のための開発環境

演習を行うためには，RDBMS（Relational Database Management System）サーバ，Web サーバ，これらが連携して動くためのライブラリなどがインストー

[*1] 現在，ほとんどの Web アプリケーションは，フレームワークを使って作られています．ですから，仕組みを理解した後，何らかのフレームワークを使うことに挑戦してみてください．

ルされている必要があります．本演習では，RDBMS サーバとして MySQL，Web サーバとして Apache，データベースとの連携やセッションなどを実現するために PHP を用います．ここで，本章に示すコードの動作確認を行った開発環境について示します．Ubuntu(Ubuntu 22.04 LTS) 派生 Linux において，パッケージを下記コマンドによりインストールし，

```
sudo apt install php mysql-client mysql-server php-mysql
sudo apt install apache2 libapache2-mod-php
```

一般ユーザーが自身のホームディレクトリ内に置いたファイルを Web サイトとして公開できるように下記コマンドを実行し，apache の設定 (conf) ファイルの該当箇所を修正してください（ホームディレクトリのパーミッションにも注意）．

```
sudo a2enmod userdir
```

MySQL のユーザとして，admin（パスワードは mysql とします）を作成し，必要な権限（下記は全権限）を付与してください．下記コマンドの 1 行目を実行すると，MySQL のプロンプト “mysql>” が出ますので，2,3 行目のコマンドを実行してください（抜けるには”quit” 実行）．また，MySQL の設定ファイル (my.conf) に加筆し，デフォルト文字コードを utf-8 にしてください．

```
sudo mysql
mysql> create user 'admin' identified by 'mysql';
mysql> grant all on *.* to admin;
```

11.2 MySQL の基本操作

RDBMS として MySQL を使います．以下の演習は，端末から行いますので，端末を使える状態にしてください．開発環境を構築してログインしたとき，おそらく MySQL サーバは起動状態にあるはずです．

MySQL には，これを操作するユーザが必要です．ここでは admin（パスワードは “mysql”）が作成されているとして説明します．MySQL は，端末における CUI（Charactor User Interface）で操作できます．本演習では，この CUI を主にテーブルの中身確認用として使います．CUI の起動は，次に示すように-u

の後にユーザ名，半角スペースを入れて-pと入力してください．

```
mysql -uadmin -p Enter
Enter password:xxxx Enter
```

ここでEnterは，Enterキーを押すことを意味します．2行目のようにパスワードの入力を促されますので，パスワード（"mysql"）を入力してください（カーソルは移動せず，xxxxとも出力されませんので注意）．コマンド実行後，"mysql>"というプロンプトが出るはずです（プロンプトとは，入力可能状態を示す記号です）．以下は，よく使う操作コマンドの例です．

1. mysql> show databases;は，登録されているデータベースの一覧表示
2. mysql> use xx;は，データベースxxを使うという指定
3. mysql> show tables;は，使うデータベースを指定した後，そのデータベースに登録されているテーブル一覧を表示
4. mysql> select * from yy;は，テーブルyyの中身を全部表示
5. mysql> quitは，MySQLの操作CUIを抜ける

例えば，下記を試してください．

```
mysql> show databases; Enter
mysql> use mysql; Enter
mysql> show tables; Enter
mysql> select * from user; Enter
```

11.2.1 MySQLによる実際のデータベースの作成

実際にMySQLを使って，

- データベースを作り，
- そのデータベースにテーブルを作り，
- そのテーブルにデータを挿入する，

という演習をしましょう．SQL 文に詳しくない方は，この機会に例から学んでください．作成するデータベースは books，そのデータベースに作成するテーブルは author（下記 ER 図）とします．

このテーブルには，id と name という属性があり，id が主キーになっています．テーブルの作成は，前項で説明した MySQL の操作 CUI を使ってもできますが，打ち間違え防止と，テーブルの宣言の記録を残す観点から，SQL スクリプトを用いるのが良いでしょう．データベース作成用の作業用ディレクトリを作り（例えば，ホームディレクトリ直下の workDB），その下に下記 SQL スクリプト（文字コードは UTF-8）を `author.sql` という名前で保存してください．

```
1 DROP TABLE IF EXISTS author;
2 CREATE TABLE author (
3   id INT NOT NULL AUTO_INCREMENT,
4   name TEXT,
5   PRIMARY KEY(id)
6 );
7 INSERT INTO author VALUES (0, "鈴木");
8 INSERT INTO author VALUES (0, "sato");
```

ここで「鈴木」以外は半角文字です．カッコなどの記号が全角にならないように注意してください．このスクリプトについて，簡単に説明します．1 行目は，すでに author テーブルがあれば削除するという意味です（削除しないと，新規作成ができません）．2-6 行目がテーブル宣言に相当します．ここで，id という属性は自動加算（AUTO_INCREMENT）され，NULL ではなく，さらに主キー（PRIMARY KEY）であると指定されています．このようなテーブルにレコードを挿入する際は，例にあるように id の値に “0” を指定します（テーブル中の実際のデータを「レコード」と呼びます）．id の値は自動加算されて適切に設定されます．次に，データベースを作成するシェルスクリプト（実行したいコマンド群を書き込んだもの）を作ります．データベース作成用の次のシェルスクリプトを，`initBooks.sh` として保存してください．

```
1 #books というデータベースを強制的に削除する.
2 mysqladmin -uadmin -pmysql -f drop books
3
4 #books というデータベースを作成する.
5 mysqladmin -uadmin -pmysql create books
6
7 #SQL スクリプトを読み込んでテーブルを生成し，データを登録する.
8 mysql -uadmin -pmysql books < author.sql
```

行の先頭に "#" がある行はコメントとして解釈されます．従ってこのスクリプトにおいて実行されるのは，2 行目のデータベース削除，5 行目のデータベース作成，および 8 行目のテーブル作成です（データベースが無いときは「データベースが削除ができない」とエラーメッセージが出ます．また，パスワードがスクリプト内に書かれていると警告が出ますが，コマンドは実行されます）．では，下記のようにして実行してください．

```
sh initBooks.sh [Enter]
```

作成したデータベースとテーブルは，下記コマンド操作によって確認できます．

```
mysql> show databases; [Enter]  （データベース books が確認できる）
mysql> use books; [Enter]  （データベース books を選択する操作）
mysql> show tables; [Enter]  （テーブル author が確認できる）
mysql> select * from author; [Enter]
```

最後の操作で author テーブルの中身を表示します．操作結果は，

```
mysql> select * from author;
+----+--------+
| id | name   |
+----+--------+
|  1 | 鈴木   |
|  2 | sato   |
+----+--------+
2 rows in set (0.00 sec)
```

となるはずです．id が自動加算されていることも確認できます．日本語が表示できれば，日本語の利用も可能なことがわかります．

11.3 PHP を用いた Web アプリケーションの作成

PHP は，フォーム文で入力された値の受け渡し，セッションの実現，データベースの読み書きなど HTML では実現できないさまざまな機能を実現し，便利な Web アプリケーションの作成を可能にします．また，HTML 文と混在させながら使えるので，小規模なアプリケーションを短期間に作る場合に便利です．もちろん，PHP 用のフレームワークもあり，中大規模なアプリケーションの作成にも使われています．

以下の説明では，ユーザ名が “user01” であるとしますので，異なる場合は適宜読み替えてください．この場合，ホームディレクトリは`/home/user01` となります．その直下に作った `public_html`（`/home/user01/public_html`）下に Web アプリケーションを構築することとします．このディレクトリ下においたファイルは，Web サーバにより “`http://localhost/~user01/`**ファイル名**” でアクセスできます (外部からのときは，`localhost` の部分を変えてください).

11.3.1 フォーム文で入力された値の受け渡し

最初の演習は，フォーム文を入力するページ (図 11.1) と，その結果を表示するページからなる Web アプリケーションの作成です．情報を入力したページから表示するページへ，値の受け渡しを PHP で実現します．別のアプリケーションと分離するため，ディレクトリ `public_html` 直下にディレクトリ work01 を作成し，その下にアプリケーションを作成する（=ファイルの作成）ことにしましょう．

次の 2 つの PHP スクリプトをそれぞれ `index.php` と `response.php` というファイル名で，work01 直下に保存してください (work01 を作成するには，カレント (現在いる) ディレクトリが`/home/user01/public_html` の場合，コマンド「`mkdir work01`」により作成できます．work01 に移動するには「`cd work01`」とします).

図 11.1. フォーム文のあるページ

コード 11.1. 情報を入力するフォーム文のあるページ index.php

```
<!DOCTYPE html>
<html>
<head>
  <meta charset="UTF-8">
  <title>フォーム文のあるページ</title>
</head>
<body>
  <form action="response.php" method="POST">
    メッセージの入力：<input type="text" name="message">
    <input type="submit" value="送信">
  </form>
</body>
</html>
```

コード 11.2. 入力された情報を受け取るページ response.php

```
<!DOCTYPE html>
<html>
<head>
  <meta charset="UTF-8">
  <title>情報を受け取って表示するページ</title>
</head>
<body>
  <h2>入力されたメッセージは，「
    <?php echo htmlspecialchars($_POST['message']); ?>
  」です．</h2>
</body>
</html>
```

まずは動かしましょう．ブラウザで（http://localhost/~user01/work01/）

にアクセスしてください．index.php が表示されますので，何らかの文字を入力して「送信」ボタンを押してください．例えば，「明日は晴れ」と入力して送信すれば，図 11.2 のように表示されます．「フォーム文で入力された値の受け渡し」ができているのが確認できます．

図 11.2. 情報を受け取って表示するページ

動作について解説します．入力フォームのある index.php を見てください．これは PHP のコードが全くない HTML 文で（index.html とすべきだったかもしれません），PHP の利用に限定されない一般的な書き方です．8 行目

```
8    <form action="response.php" method="POST">
```

の action の値は，データを受け取るプログラムの URI を指定します．今回は，「response.php」なので，データは「response.php」が受け取ります．method として POST を選択しているため，データは，「送信フォームデータ」として送られます．9 行目は，入力手段の type（ここでは text 型）と，入力するデータの name（ここでは message，PHP ではこれがキーとなる）を指定しています．

```
9      メッセージの入力：<input type="text" name="message">
```

この後，送信ボタン（10 行目により表示）が押されるとデータが送信されます．

受け取り側の response.php を見てください．PHP のコードは 9 行目

```
9      <?php echo htmlspecialchars($_POST['message']); ?>
```

にあります．PHP を利用する場合，POST メソッドで送信されたデータは，$_POST[] という連想配列で受け取ります．[ ] の中に，送信データの name

属性（今回は message）をキーとして入れると，そのキーに対応するデータを取り出すことができます．配列なので，複数のデータを受け取ることもできます．そして，その受け取ったデータを「`htmlspecialchars( )`」という関数で変換しています．この関数は，文字列の中に HTML のタグなど特別な文字が含まれている場合に，これを HTML 文の中で表示できる形式に直します（セキュリティ対策の 1 つ）．そして，変換後の結果を「`echo …… ;`」により出力しています（出力した内容は HTML 文の一部になります．今回は「　」の中です）．“`echo`” は，続く内容を出力（表示）します．8-10 行目は`<h2>`〜`</h2>`という見出し（ヘッディング）タグで囲まれていますから，受け取ったメッセージの前後も合わせて，それなりに大きく表示されたわけです．

11.3.2 入力に応じた処理を行うアプリケーション

入力した値に応じて計算を行い，その結果を表示するアプリケーションの作成演習です．ここでも前項で紹介した，「フォーム文によるデータ入力とデータの受け渡し」を使います．本演習では，受け取った値 p に基づいて，1 から p までの和や階乗 $p!$ を計算するアプリケーションを作成します．`public_html` 下にディレクトリ work02 を作成し，その直下に次の 2 つの PHP スクリプトをそれぞれ `index.php` と `response.php` というファイル名で保存してください．

コード 11.3. 情報を入力するフォーム文のあるページ index.php

```
<!DOCTYPE html>
<html>
<head>
  <meta charset="UTF-8">
  <title>階乗と和を計算するページ</title>
</head>
<body>
  <h2>PHP を使って計算</h2>
  <p>自然数を入力してください. </p>
  <form action="response.php" method="POST">
    <input type="text" name="number">
    <input type="submit" value="OK">
  </form>
</body>
</html>
```

コード 11.4. 入力された情報を受け取るページ response.php

```
1  <!DOCTYPE html>
2  <html>
3  <head>
4    <meta charset="UTF-8">
5    <title>階乗と和を計算するページ</title>
6  </head>
7  <body>
8    <?php
9      $num       = $_POST['number'];
10     // 和の計算
11     $sum       = 0;
12     for( $i = 1 ; $i <= $num ; $i++ ){
13       $sum += $i;
14     }
15     // 階乗の計算
16     $factorial = 1;
17     for( $i = 1 ; $i <= $num ; $i++ ){
18       $factorial *= $i;
19     }
20   ?>
21   <h2>計算結果</h2>
22   <h2>入力値は <?=$num       ?> です. </h2>
23   <h2>     和は <?=$sum       ?> です. </h2>
24   <h2>  階乗は <?=$factorial?> です. </h2>
25 </body>
26 </html>
```

動かすには，ブラウザで（http://localhost/~user01/work02/）にアクセスしてください．index.php（図 11.3（上））が表示されますので，適当な数値を入力して「OK」ボタンを押してください．例えば,「5」と入力すれば，図 11.3（下）のように表示されます．「入力に応じた処理」が確認できると思います．

ここで，動作について解説します．入力フォームのある index.php は，入力する数値の name を “number” としている以外，前項 work01 の index.php と同じです．計算を行う response.php の 9 行目

```
9      $num       = $_POST['number'];
```

において，POST メソッドで送られてきた情報を連想配列$_POST['number'] から取り出して，変数$num に代入しています．PHP の変数は，$をつけて表し，

型を宣言することなく使えます．プログラミング言語 Java や C++ などの経験がある方は，違いがわかると思います．10 行目と 15 行目はコメント行です．22〜24 行目で結果を出力（HTML 文の一部になる）しています．ここでは，前項で示した「echo …… ;」の短縮形を使いました．<?=から?>の間に変数を書くと，変数の内容が出力されます．短縮形を使わない場合は，

```
22    <h2>入力値は <?php echo $num;        ?> です. </h2>
23    <h2>     和は <?php echo $sum;        ?> です. </h2>
24    <h2>   階乗は <?php echo $factorial; ?> です. </h2>
```

のように書くことになります．短縮形の方が読みやすいと思います．

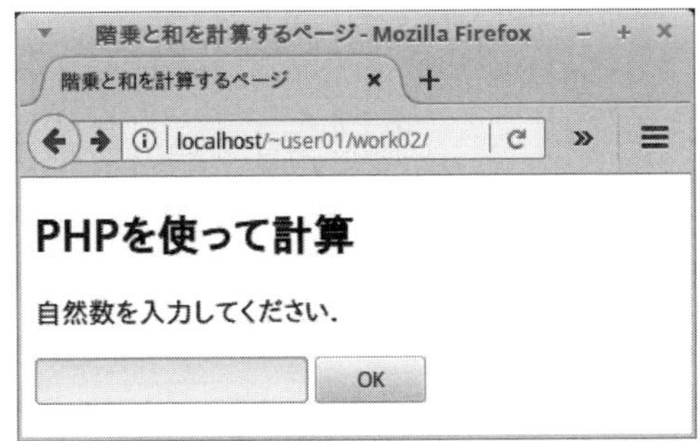

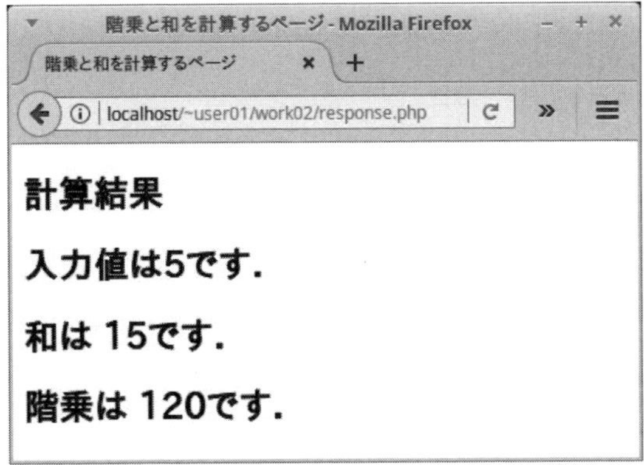

図 11.3. 入力に応じた処理を行うアプリケーション．数値を入力するページ（上）と，数値を使って計算を行って結果を表示するページ（下）

11.3.3　データベースへの接続 1

データベースに接続して，テーブルの中身を検索したり，書き込んだりするアプリケーションの作成演習です．何らかのリクエストに基づいて検索をするのが一般的なアプリケーションですが，ここでは純粋に読みだす部分を作成します．接続するデータベースとして，11.2.1 項で作ったデータベース books のテーブル author を使います．データベースを用意してから取り組んでください．

public_html 下に新しいディレクトリ work03 を作成し，その直下に次の PHP スクリプトを index.php というファイル名で保存してください．そして，ブラウザで（http://localhost/~user01/work03/）にアクセスし，表示を確認してください．テーブルを 11.2.1 項と同じように作成した場合は，図 11.4 のように表示されるはずです．

コード 11.5. データベースの中身を表示するページその 1 index.php

```
<?php
// データベース接続
$db = new PDO('mysql:host=localhost; dbname=books', 'admin', 'mysql');
// SQL 文の準備（プリペアードステートメント）と実行
$pstmt = $db->prepare('SELECT * FROM author');
$pstmt->execute();
// SQL 文を実行した結果（複数）から次の行を取得
$result = $pstmt->fetch();
?>
<!DOCTYPE html>
<html>
<head>
  <meta charset="UTF-8">
  <title>author の中身を表示するページその 1 </title>
</head>
<body>
  <?php
    echo $result['id'], ": ", $result['name'];
  ?>
</body>
</html>
```

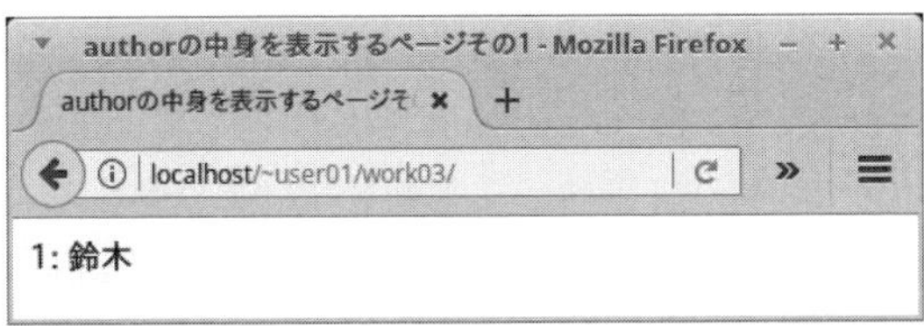

図 11.4. データベースのテーブルの中身を 1 行だけ表示するページ

動作について解説します．index.php の前半（1-9 行目）にある PHP のコードが，データベースへの接続と，検索，検索結果の取得を行っています．3 行目

```
3  $db = new PDO('mysql:host=localhost; dbname=books', 'admin', 'mysql');
```

では，PDO というライブラリを使って，データベースへの接続口$db を作成しています．host に URI（この開発環境では localhost)，データベース名 dbname に books，ユーザに admin，パスワードに mysql を設定しています．これで，データベース books 配下のテーブルへのアクセスが可能になります．続いて，5-6 行目で検索を行っています．

```
5  $pstmt = $db->prepare('SELECT * FROM author');
6  $pstmt->execute();
```

5 行目は，プリペアードステートメント（SQL 文の準備）です．6 行目で，実際に検索（SQL 文）を実行します．本書では，このように 2 ステップで SQL 文を実行する方法を使うことにします (SQL インジェクションという攻撃を防ぐ，セキュリティ対策のためです).

8 行目では, SQL 文の実行結果を 1 つ取得 (fetch) し, 結果を連想配列$result に代入しています.

```
8  $result = $pstmt->fetch();
```

この$result から値を取り出しているのが，18 行目

```
18     echo $result['id'], ": ", $result['name'];
```

です．`$result['id']` はカラム名が id の値を，`$result['name']` は name の値を取り出しています．これらを echo により出力しています．この例のように，echo は，カンマ区切りで複数の文字列を続けて出力することができます．ここでは行いませんが，もしもう一度 8 行目の fetch を実施すると，次の検索結果（レコード）が取得されます．大量に検索結果がある場合は，様子を見ながら 1 つずつ取り出す方法が使われます．

次は，この `index.php` を少しだけ修正して，検索結果を一度にすべて取得し，それらを表示する例を紹介します．次の PHP スクリプトを `index2.php` というファイル名で保存してください．そして，ブラウザで（`http://localhost/~user01/work03/index2.php`）にアクセスし，表示を確認してください．テーブルを 11.2.1 項と同じように作成した場合は，図 11.5 のように表示されるはずです．

コード 11.6. データベースの中身を表示するページその 2 index2.php

```
<?php
// データベース接続
$db = new PDO('mysql:host=localhost; dbname=books', 'admin', 'mysql');
// SQL 文の準備（プリペアードステートメント）と実行
$pstmt = $db->prepare('SELECT * FROM author');
$pstmt->execute();
// SQL 文を実行した結果（複数）のすべての行を取得
$result = $pstmt->fetchAll();
?>
<!DOCTYPE html>
<html>
<head>
  <meta charset="UTF-8">
  <title>author の中身を表示するページその 2</title>
</head>
<body>
  <?php
     for( $i = 0 ; $i < count($result) ; $i++ ){
       echo $result[$i]['id'], ": ", $result[$i]['name'], "<br>";
     }
  ?>
</body>
</html>
```

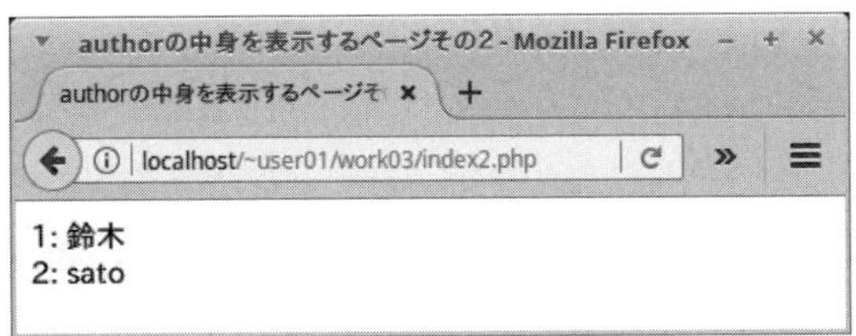

図 11.5. データベースのテーブルの中身をすべて表示するページ

解説します．違いは 8 行目です．今度は，SQL 文の実行結果をすべて取得（fetchAll）し，結果を連想配列`$result` に代入しています．

```
8  $result = $pstmt->fetchAll();
```

実際には，連想配列の配列です．for 文を使ってすべての結果を出力しています．

```
18       for( $i = 0 ; $i < count($result) ; $i++ ){
19         echo $result[$i]['id'], ": ", $result[$i]['name'], "<br>";
20       }
```

18 行目にある `count($result)` は，配列の大きさ（外側の配列）です．外側の配列の添字を`$i` を使って表し（0 から `count($result)` の手前まで，すべての検索結果に対応），`$result[$i]` は`$i` 番目の検索結果を表しています．また例からわかるように，配列の添字は "0" からです．続く `['id']` や `['name']` でカラムの値を取り出しています．最後の`"<br>"`は HTML 文としての改行です．

11.3.4 データベースへの接続 2

前項は，データベースの参照でした．今度はデータの挿入と削除の例を示します（同様な方法で更新もできます）．本演習は，接続するデータベースとして，11.2.1 項で作ったデータベース books のテーブル author を使います．

`public_html` 下に新しいディレクトリ work04 を作成し，その直下に次の 3 つの PHP スクリプトをそれぞれ `index.php`，`insert.php`，および `delete.php` というファイル名で保存してください．そして，ブラウザで（`http://localhost/~user01/work04/`）にアクセスすると，例えば図 11.6

のように表示されるはずです．著者名の欄に名前を入れて「追加」ボタンを押すと，レコードが 1 つ追加され（図 11.7），著者 ID の欄に番号を入れて「削除」ボタンを押すと，その番号に対応したレコードが削除されます（図 11.8）．なお，author テーブルの id は，自動加算（AUTO_INCREMENT）を指定していますが，この場合一度使った id 値は使いません．追加と削除を繰り返すと，そのことも確認できるでしょう．

コード 11.7. データベース接続のインタフェース index.php

```
<?php
// データベース接続
$db = new PDO('mysql:host=localhost; dbname=books', 'admin', 'mysql');
// SQL 文の準備（プリペアードステートメント）と実行
$pstmt = $db->prepare('SELECT * FROM author');
$pstmt->execute();
// SQL 文を実行した結果（複数）のすべての行を取得
$result = $pstmt->fetchAll();
?>
<!DOCTYPE html>
<html>
<head>
  <meta charset="UTF-8">
  <title>author の内容を操作するインタフェース</title>
</head>
<body>
  <?php
     for( $i = 0 ; $i < count($result) ; $i++ ){
       echo $result[$i]["id"], ": ", $result[$i]["name"], "<br>";
     }
  ?>
<form action="insert.php" method="POST">
  著者名：<input type="text" name="writer">
  <input type="submit" value="追加">
</form>
<form action="delete.php" method="POST">
  著者 ID：<input type="text" name="authorId">
  <input type="submit" value="削除">
</form>
</body>
</html>
```

コード 11.8. **レコードの挿入処理** insert.php

```
<?php
// データベース接続
$db = new PDO('mysql:host=localhost; dbname=books', 'admin', 'mysql');
// SQL 文の準備（プリペアードステートメント）と実行
$pstmt = $db->prepare('INSERT INTO author VALUES(0, ?)');
$pstmt->execute(array($_POST['writer']));
// インタフェースページへの遷移
header("Location: index.php"); exit;
?>
```

コード 11.9. **レコードの削除処理** delete.php

```
<?php
// データベース接続
$db = new PDO('mysql:host=localhost; dbname=books', 'admin', 'mysql');
// SQL 文の準備（プリペアードステートメント）と実行
$pstmt = $db->prepare('DELETE FROM author where id=?');
$pstmt->execute(array($_POST['authorId']));
// インタフェースページへの遷移
header("Location: index.php"); exit;
?>
```

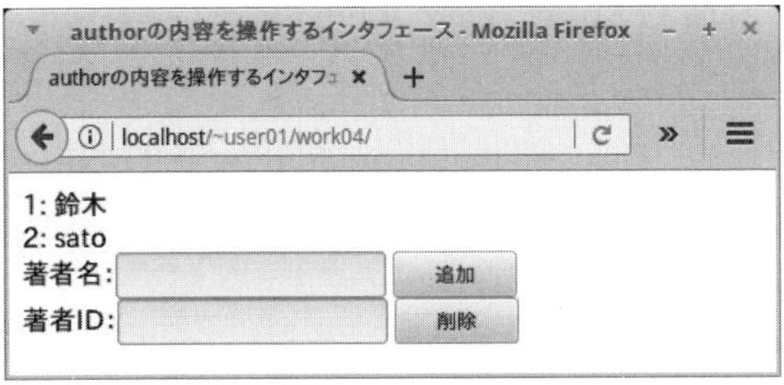

図 11.6. データベースへの接続インタフェースページ

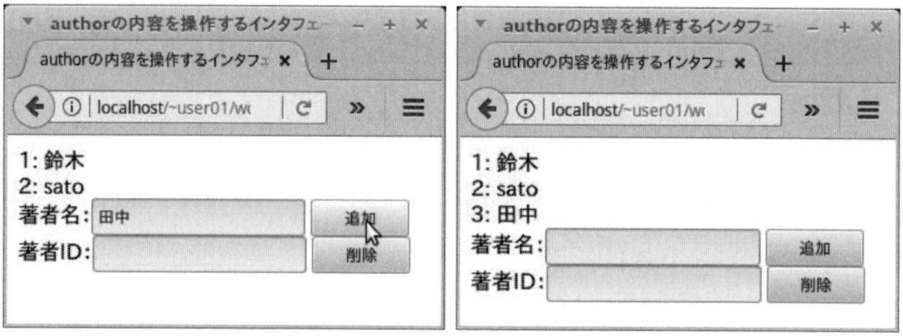

図 11.7. データベースへの挿入の実施例

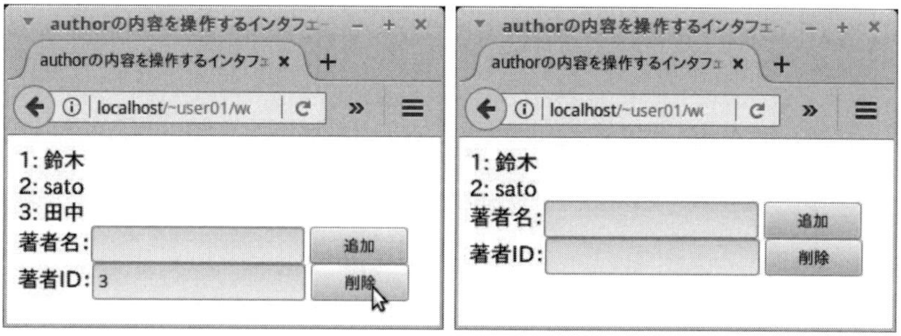

図 11.8. データベースからの削除の実施例

解説します．index.php の前半 21 行目までは，work03 における index2.php と実質的に同じです．データベース books へ接続し，author テーブルの中身をすべて取得し，表示します．22 行目からのフォーム文は，挿入処理 insert.php へ著者名 (name 属性は writer としました) を送るユーザ・インタフェースです．

```
22 <form action="insert.php" method="POST">
23   著者名：<input type="text" name="writer">
```

同様に，26 行目からのフォーム文は，削除処理 delete.php へ著者 ID（name 属性は authorId としました）を送るユーザ・インタフェースです．

```
26 <form action="delete.php" method="POST">
27   著者 ID：<input type="text" name="authorId">
```

挿入処理を行う insert.php について説明します．まず，データベース接続の部分はこれまでと同じです．続く 5-6 行目

```
5 $pstmt = $db->prepare('INSERT INTO author VALUES(0, ?)');
6 $pstmt->execute(array($_POST['writer']));
```

が実際に SQL 文による挿入処理を行っています．5 行目のプリペアードステートメントでは，VALUES(0, ?) というように SQL 文の一部を記号 ? で表しています．6 行目で実行するときに，この記号に相当する部分を配列 array($_POST['writer']) の形で渡します．$_POST['writer'] は，著者名が writer という name 属性で送られてきているので，それに対応して取り出しているわけです．配列で渡すのは，? 記号が複数のときもあるからです．ところで，SQL 文の中に変数の場所を示す記号（プレースホルダ，本例では「?」）を置いて，後からそこに，実際の値を割り当てる仕組みを使うのは，SQL インジェクションという攻撃を防ぐためです（変数を直接使って SQL 文を完成させようとすると，変数であるはずの文字列に SQL 文を混在させられて，思わぬ操作を実行される可能性があります）．

8 行目では，index.php へ遷移しています．続いて exit; とあるのは，遷移した後に，この PHP スクリプトを強制終了させるという意味です．今回は，遷移した後に何も処理がありませんが，遷移した後も残された側は，粛々と次の命令を実行しますので，遷移処理の後では，原則，変なことが起きないように終了させることをお勧めします．

```
8 header("Location: index.php"); exit;
```

削除処理を行う delete.php について説明します．まず，データベース接続の部分はこれまでと同じです．続く 5-6 行目で削除を行っています．

```
5 $pstmt = $db->prepare('DELETE FROM author where id=?');
6 $pstmt->execute(array($_POST['authorId']));
```

5 行目のプリペアードステートメントでは，id=?というように SQL 文の一部を記号?で表しています．6 行目で実行するときに，この記号に相当する部分を配列 array($_POST['authorId']) の形で渡します．$_POST['authorId'])

は，著者 ID が authorId という name 属性で送られてきているので，それに対応して取り出しているわけです．8 行目では，`index.php` へ遷移しています．ここは `insert.php` と同じです．

```
8 header("Location: index.php"); exit;
```

11.4 図書システムの作成

ここまでの演習で，PHP スクリプトを使い「フォーム文で入力された値の受け渡し」,「データベースへの接続」などの実装方法がわかったと思います．では，本書で作成した設計に基づいたシステムを構築してみましょう．

11.4.1 データモデルの作成

データモデル（概念モデル）から実装できる形（論理モデル，物理モデル）を作成し，実際に値を入れてみましょう．図 11.9（上）は，これまで演習で扱ってきた図書システムのデータモデル（概念モデル）です．下の方の図は，英語名にするなどの変更を加えただけですが，これを**論理モデル**とします．

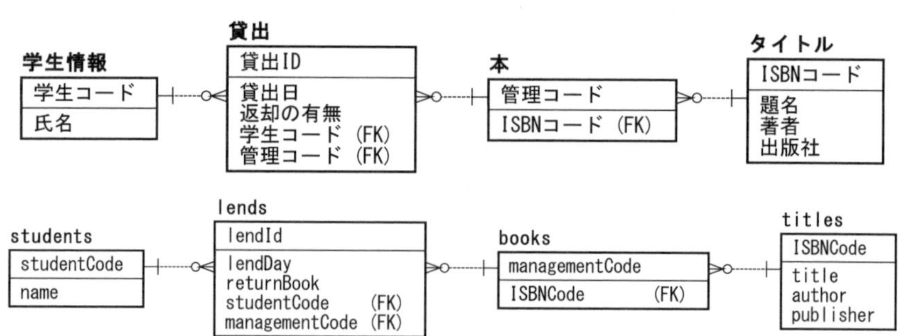

図 11.9. データモデル．概念モデル（上）と論理モデル（下）

データベースとテーブル（**物理モデル**）を作成します．データベース作成用の作業ディレクトリ（例えば，ホームディレクトリ/home/user01 直下の workDB）下に，上記のテーブルを作成し，レコードを挿入する SQL スクリプトを，ファイル名 students.sql，title.sql，books.sql，lends.sql として保存してください．ここで ENGINE=InnoDB を指定するのは，外部キー制約が使えるようにするためです．

コード 11.10. students.sql

```
DROP TABLE IF EXISTS students;
CREATE TABLE students (
  studentId INT NOT NULL,
  name VARCHAR(30),
  PRIMARY KEY(studentId)
) ENGINE=InnoDB;
INSERT INTO students VALUES (3012001, '山田太郎');
INSERT INTO students VALUES (3012002, '鈴木次郎');
```

コード 11.11. titles.sql

```
DROP TABLE IF EXISTS titles;
CREATE TABLE titles (
  ISBNcode   BIGINT NOT NULL,
  title      VARCHAR(80),
  author     VARCHAR(30),
  publisher  VARCHAR(30),
  PRIMARY KEY(ISBNcode)
) ENGINE=InnoDB;
INSERT INTO titles VALUES (4101010137,'こころ','夏目漱石','新潮文庫');
```

コード 11.12. books.sql

```
DROP TABLE IF EXISTS books;
CREATE TABLE books (
  managementCode INT NOT NULL AUTO_INCREMENT,
  ISBNcode BIGINT NOT NULL,
  PRIMARY KEY(managementCode),
  FOREIGN KEY(ISBNcode) REFERENCES titles(ISBNcode)
) ENGINE=InnoDB;
INSERT INTO books VALUES (160001, 4101010137);
INSERT INTO books VALUES (160002, 4101010137);
```

コード 11.13. lends.sql

```
DROP TABLE IF EXISTS lends;
CREATE TABLE lends (
  lendId INT NOT NULL AUTO_INCREMENT,
  lendDay    Date,
  returnBook boolean,
  studentId  INT,
  managementCode INT,
  PRIMARY KEY(lendId),
  FOREIGN KEY(studentId) REFERENCES students(studentId),
  FOREIGN KEY(managementCode) REFERENCES books(managementCode)
) ENGINE=InnoDB;
```

次に，データベースを作成するシェルスクリプト（実行したいコマンド群を書き込んだもの）を作ります．データベース作成用の下記シェルスクリプトを，`initLibrary.sh` として保存してください．「library」というデータベースが作成され，そのデータベース下にデータモデル（図 11.9）で示したテーブル群が作成されます．SQL 文の実行順は，制約「外部キーがあるテーブルは，元の主キーがあるテーブルを作成後に作成できる」があるので，例えば `initLibrary.sh` のようになるでしょう．

コード 11.14. initLibrary.sh

```
1 mysqladmin -uadmin -pmysql -f drop library
2 mysqladmin -uadmin -pmysql create library
3 mysql -uadmin -pmysql library < students.sql
4 mysql -uadmin -pmysql library < titles.sql
5 mysql -uadmin -pmysql library < books.sql
6 mysql -uadmin -pmysql library < lends.sql
```

実際にデータベースを作成するには，以下のようにして実行してください（最初に実行するときは，1 行目の「library というデータベースの削除」に失敗しますので，エラーメッセージが出ますが，データベース作成に支障はありません）．

```
sh initLibrary.sh [Enter]
```

11.4.2　画面遷移図

情報システムを作成する場合，ユーザに提示する画面（非表示も含む）が，どのように遷移していくかを表す「**画面遷移図**」を作ることが一般的で，また有用です．遷移図を作ってから実際の画面（ページ）を作成するのが良いでしょう．

図書システムの設計モデル（演習問題 10.4 162 ページ，解答例は 251 ページ参照）に基づいて遷移図を作ると，例えば図 11.10（上）のようになります．この遷移図に基づいてシステムを作ることも可能ですが，シーケンス図（252 ページ）からわかるように，「情報制御」から「情報確認 UI」に遷移するとき，表示に必要な情報一式を渡しています．今回は，セッション（一連の通信）が続く間，存在するセッションオブジェクトに必要な情報を保存して渡す方法を採用します．「貸出登録」と「返却処理」は 1 つの画面（`update.php`）の中で実現し，結果として図 11.10（下）のような画面遷移図により実装することにします．灰色のページには表示部分がなく，処理のみを行います．

実装方法は 1 つではありません．さまざまなものを考えてみてください．本演習を参考に，ビデオレンタルシステムを作成するのも理解を深めるうえで役立つと思います．

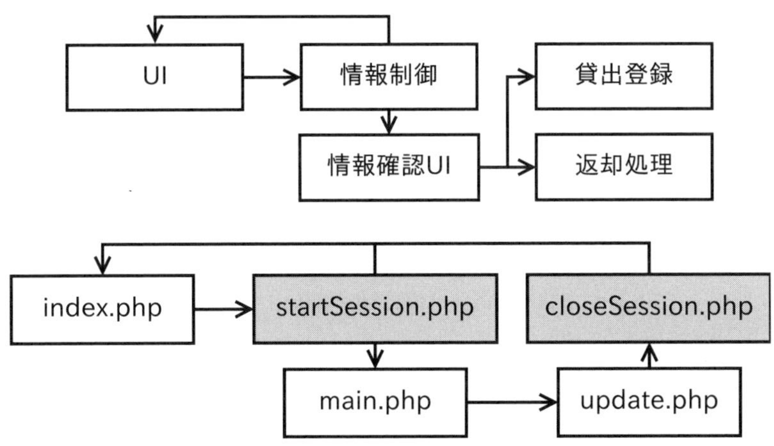

図 11.10. **画面遷移図．設計モデルに基づく案（上）と，別案（下）．**

11.4.3　ページ作成

データモデルの実装ができ，設計モデルと画面遷移図が準備できたところで，実際に Web ページを作成しましょう．ここに紹介する例を通して実装を理解し，設計をするときに，実装をイメージできることを目指してください．

public_html 下に新しいディレクトリ work05 を作成し，その直下に次の PHP スクリプトを index.php というファイル名で保存してください．そして，ブラウザで (http://localhost/~user01/work05/) にアクセスし，表示を確認してください．図 11.11 のように表示されるはずです．

コード 11.15. index.php

```
<!DOCTYPE html>
<html>
<head>
  <meta charset="UTF-8">
  <title>図書システム</title>
</head>
<body>
<p>図書システムの貸出／返却窓口です．</p>
<p>学生コードと本の管理コードを入力してください．</p>
<?php
   if($_GET['bad']==1){
     echo '<font color="red">学生コードが間違っています<br></font>';
   }elseif($_GET['bad']==2){
     echo '<font color="red">管理コードが間違っています<br></font>';
   }
?>
<form action="startSession.php" method="POST">
  学生コード：<input type="text" name="stCode"><br>
  管理コード：<input type="text" name="maCode"><br>
  <input type="submit" value="貸出情報の表示">
</form>
</body>
</html>
```

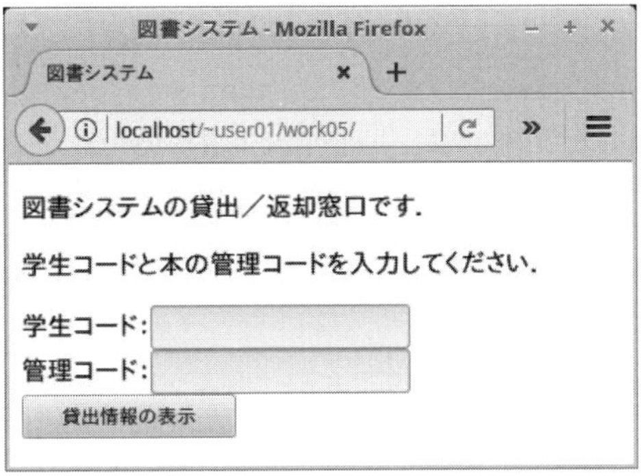

図 11.11. 図書システム index.php（貸出／返却窓口ページ）

index.php（10-16 行目）にある PHP コードは，startSession.php から何らかの不備のために戻されてきたときにメッセージを出力するためのものです．11 行目は，GET メソッドにより bad という変数の値が 1 であるかを判断しています．もし真であるならば，12 行目が出力されます（図 11.12(a) 参照）．12 行目では，出力する文字列の中にダブルクォーテーションがあるので，範囲指定の適切化のため，文字列全体はシングルクォーテーションで囲んでいます．

```
11    if($_GET['bad']==1){
12      echo '<font color="red">学生コードが間違っています<br></font>';
```

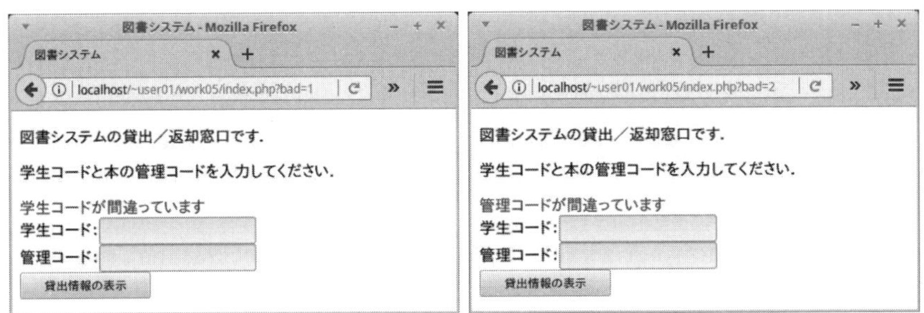

(a) 学生コードに不備がある場合　　(b) 管理コードに不備がある場合

図 11.12. 図書システム index.php（学生／管理コードに不備がある場合）

学生コードが間違っている場合の動作を確認するには，ブラウザで（http://localhost/~user01/work05/index.php?bad=1）にアクセスしてください．このように，GETメソッドではURLの中に変数と値の情報を書きます．index.php（13-14行目）は，同様な仕組みで「badという変数が値2である」ときに，14行目のメッセージを出力します（図11.12(b)参照）．

```
13    }elseif($_GET['bad']==2){
14      echo '<font color="red">管理コードが間違っています<br></font>';
```

管理コードが間違っている場合の動作を確認するには，ブラウザで（http://localhost/~user01/work05/index.php?bad=2）にアクセスしてください．ここで補足します．UP（統一プロセス）により設計する場合，これら入力ミスに対する処理については，要件定義段階で記述しておくべき内容だと思います．書くとすれば，ユースケース記述の「拡張」のところでしょう．ただし，複雑なものではなく，顧客と開発者の間でイメージが共有できる内容なので，何らかの文書に一言書いておけば十分だと思います．

フォーム文（17-21行目）については，これまで（work01〜work04）説明してきました．差分があるとすれば，複数の変数（name属性がstCodeの変数と，name属性がmaCodeの変数）の情報をstartSession.phpに送るという点でしょう．このように複数の情報を送ることができます．

次は，startSession.phpです．次ページのコードを，~/public_html/work05直下（index.phpと同様）にstartSession.phpというファイル名で保存してください．ここでは，index.phpから送られてきた学生コードと管理コードが登録された適切なものであるかを確認し，セッションを開始してそれらをセッションオブジェクト（配列）に保存して，main.phpへ遷移します．

3行目では，データベース（library）への接続口$dbを作成しています．

```
3    $db = new PDO('mysql:host=localhost;dbname=library;', 'admin', 'mysql');
```

続く，5-6行目で学生コードによる検索を行っています．

```
5    $pstmt1 = $db->prepare('SELECT name FROM students WHERE studentId=?');
6    $pstmt1->execute(array($_POST['stCode']));
```

コード 11.16. startSession.php

```
1  <?php
2  // データベース接続
3  $db = new PDO('mysql:host=localhost;dbname=library;', 'admin', 'mysql');
4  // 学生コードに対応する氏名を検索，なければ index ページに戻す（bad=1 設定）
5  $pstmt1 = $db->prepare('SELECT name FROM students WHERE studentId=?');
6  $pstmt1->execute(array($_POST['stCode']));
7  $result1 = $pstmt1->fetch();
8  if( !$result1 ){
9    header("Location: index.php?bad=1");  exit;
10 }
11 // 管理コードに対応するタイトルを検索，なければ index ページに戻す（bad=2 設定）
12 $pstmt2 = $db->prepare('SELECT title, author FROM titles, books
13           WHERE managementCode=?');
14 $pstmt2->execute(array($_POST['maCode']));
15 $result2 = $pstmt2->fetch();
16 if( !$result2 ){
17   header("Location: index.php?bad=2");  exit;
18 }
19 //-- 学生コードと管理コードは適切なので，セッションを開始し，これらを記憶
20 session_start();
21 $_SESSION['stCode'] = $_POST['stCode'];
22 $_SESSION['maCode'] = $_POST['maCode'];
23 header("Location: main.php"); exit;
24 ?>
```

5 行目のプリペアードステートメントでは，studentId=?というように，SQL 文の中に変数の場所を示す記号（プレースホルダ）?を置いて，次の 6 行目で実行するときに，この記号に相当する部分を配列 array($_POST['stCode']) の形で渡しています．$_POST['stCode'] は，学生コードが stCode という name 属性で送られてきているので，それに対応して取り出しています．

7 行目で検索結果を取得（fetch）し，変数$result1 に代入しています．

```
7  $result1 = $pstmt1->fetch();
8  if( !$result1 ){
9    header("Location: index.php?bad=1");  exit;
10 }
```

8-10 行目では，$result1 の値が空（検索結果がない→学生コードに対応するレコードがない）である場合，bad という変数に値 1 を設定して，index.php

に遷移させています（また exit; により，処理を終了させています）.

12,13 行目では，管理コードによる検索を行っています．今回も，managementCode=?のようにプレースホルダを使い，次の行でその値を指定しながら検索を実行しています.

```
12 $pstmt2 = $db->prepare('SELECT title, author FROM titles, books
13           WHERE managementCode=?');
14 $pstmt2->execute(array($_POST['maCode']));
```

検索後，検索結果を$result2 に代入し，その値が空であれば，bad という変数に値 2 を設定して，index.php に遷移させています（15-18 行目）.

今度は main.php について示します．以下のコードを，~/public_html/work05 直下に main.php というファイル名で保存してください.

コード 11.17. main.php

```
<?php
// セッション情報の取得
session_start();
if(!isset($_SESSION['stCode'])||!isset($_SESSION['maCode'])){//値未セット
  header("Location: index.php"); exit;
}
// データベース接続
$db = new PDO('mysql:host=localhost;dbname=library;', 'admin', 'mysql');
$pstmt1 = $db->prepare('SELECT name FROM students WHERE studentId=?');
$pstmt1->execute(array($_SESSION['stCode']));
$result1 = $pstmt1->fetch(); // 氏名取得
$pstmt2 = $db->prepare('SELECT title, author FROM titles, books
          WHERE managementCode=?');
$pstmt2->execute(array($_SESSION['maCode']));
$result2 = $pstmt2->fetch(); // タイトル取得
//-----
// 返却されていない貸出記録の有無をチェック（もしあれば，返却登録）
$pstmt3 = $db->prepare('SELECT lendId FROM lends
          WHERE managementCode=? and returnBook=false');
$pstmt3->execute(array($_SESSION['maCode']));
$result3 = $pstmt3->fetch();
?>
<!DOCTYPE html>
<html>
<head>
  <meta charset="UTF-8">
```

```
27   <title>図書システム</title>
28 </head>
29 <body>
30 <?php
31   echo "<p>学生コード=",$_SESSION['stCode'],":",$result1['name'],"</p>";
32   echo "<p>管理コード=",$_SESSION['maCode'],"，タイトル＝",
33        $result2['title'],"，著者名＝",$result2['author'],"</p>";
34 ?>
35 <p>貸出情報（氏名と本のタイトル）を確認し，貸出／返却登録をして下さい．</p>
36 <form action="update.php" method="POST">
37   <input type="hidden" name="stCode" value=<?=$_SESSION['stCode']?> >
38   <input type="hidden" name="maCode" value=<?=$_SESSION['maCode']?> >
39 <?php
40   if( !$result3 ){
41     echo '<input type="submit" name="lend" value="貸出登録">';
42   }
43   else{
44     echo '<input type="submit" name="return" value="返却登録">';
45   }
46 ?>
47   <input type="submit" name="cancel" value="キャンセル">
48 </form>
49 </body>
50 </html>
```

解説します．3 行目でセッション情報を取得しています（もしセッションが存在しなければ新たなセッションが開始されます）．

```
3 session_start();
4 if(!isset($_SESSION['stCode'])||!isset($_SESSION['maCode'])){//値未セット
5   header("Location: index.php"); exit;
6 }
```

startSession.php で学生コードと管理コードが適切と確認されていれば，セッション配列に stCode と maCode がセットされているはずです．もし，それらがセットされていない場合は index.php へ遷移させます．この処理があるので，直接 main.php を開こうとすると index.php へ飛ばされます．

8 行目はデータベースへの接続口$db の作成です．9 行目の SQL 文のプリペアードステートメントでは studentId=?とプレースホルダを置いて，10 行目で実行するときに，セッション配列から学生コード stCode を

$_SESSION['stCode'] により取り出して渡しています．11 行目で結果から氏名を取得しています．同様にして，12-14 行目でタイトルを取得しています．

```
9  $pstmt1 = $db->prepare('SELECT name FROM students WHERE studentId=?');
10 $pstmt1->execute(array($_SESSION['stCode']));
11 $result1 = $pstmt1->fetch(); // 氏名取得
```

18-21 行目では，「入力された管理コードをもち，本が返却されていない（= 貸出中．returnBook=false で表しています)」というレコードを検索し，その結果を$result3 に代入しています．$result3 が空であれば「本は書架」にあり，空でなければ「本は貸出中」と判断するためです．

```
18 $pstmt3 = $db->prepare('SELECT lendId FROM lends
19           WHERE managementCode=? and returnBook=false');
20 $pstmt3->execute(array($_SESSION['maCode']));
21 $result3 = $pstmt3->fetch();
```

23 行目からは，HTML 文として表示されます．

31-33 行目では，学生コードとそれに対応した氏名（$result1['name']），および管理コードとそれに対応したタイトル（$result2['title']）と著者名（$result2['author']）を表示しています．$result1 と$result2 は，前半の PHP コードで取得したものです．

```
31   echo "<p>学生コード=",$_SESSION['stCode'],":",$result1['name'],"</p>";
32   echo "<p>管理コード=",$_SESSION['maCode'],", タイトル=",
33        $result2['title'],", 著者名=",$result2['author'],"</p>";
```

36 行目から始まるフォーム文は，何らかの入力を求めるものではなく，確認ボタンを表示し，押してもらうためのものです．ボタンが押されたときの受け取り先は，update.php です．機能としては単純ですが，説明が必要なことが 2 つあります．1 つ目は，hidden 型を使った，データの伝送（引き継ぎ）です．

```
37   <input type="hidden" name="stCode" value=<?=$_SESSION['stCode']?> >
38   <input type="hidden" name="maCode" value=<?=$_SESSION['maCode']?> >
```

これを使うと，非表示（hidden）としながら，受け取り側に情報を送る（name と value 属性を設定します）ことができます．今回は，学生コードと管理コードを再送（引き継ぎ）しています（なお，hidden 型は，偽装ページからのアクセスを考えると，重要情報の伝送には不向きです）.

2 つ目は，40-45 行目です.

```
40   if( !$result3 ){
41     echo '<input type="submit" name="lend" value="貸出登録">';
```

ここでは，`$result3`（18-21 行目参照）が空のときは「本は書架」にあるので「貸出登録」というボタンを表示し，空でないときは「本は貸出中」なので「返却登録」というボタンを表示します.

次は，`update.php` です．次ページのコードを，`~/public_html/work05` 直下（index.php と同様）に `update.php` というファイル名で保存してください.

解説します．3 行目は，データベースへの接続です．4 行目では，キャンセルボタンが押されてこのページにきた場合に，`index.php` へ遷移させています.

```
4  if( isset($_POST['cancel']) ){
5    header("Location: index.php"); exit;
```

8-11 行目は，`main.php` の 18-21 行目と同じく，管理コードに対応する本が返却されているかどうかをチェックし，結果を`$result3` に代入しています.

21-24 行目では,「本が書架」にあり，かつ「貸出登録」ボタンが押されたときに，貸出情報の登録を行っています．日付の情報は，PHP の日付取得機能 date を用いています.

```
21   if( !$result3 && isset($_POST['lend']) ){
22     $pstmt4 = $db->prepare('INSERT INTO lends VALUES(0,?,false,?,?)');
23     $pstmt4->execute(array(date('Y-m-d'), $_POST['stCode'],
24                            $_POST['maCode']));
```

27-30 行目では,「本が貸出中」であり，かつ「返却登録」ボタンが押されたときに，返却登録（レコードの更新）を行っています.

コード 11.18. update.php

```
1  <?php
2  // データベース接続
3  $db = new PDO('mysql:host=localhost;dbname=library;', 'admin', 'mysql');
4  if( isset($_POST['cancel']) ){
5    header("Location: closeSession.php"); exit;
6  }
7  // 返却されていない貸出記録の有無をチェック（もしあれば，返却登録）
8  $pstmt3 = $db->prepare('SELECT lendId FROM lends
9            WHERE managementCode=? and returnBook=false');
10 $pstmt3->execute(array($_POST['maCode']));
11 $result3 = $pstmt3->fetch();
12 ?>
13 <!DOCTYPE html>
14 <html>
15 <head>
16   <meta charset="UTF-8">
17   <title>図書システム</title>
18 </head>
19 <body>
20 <?php
21   if( !$result3 && isset($_POST['lend']) ){
22     $pstmt4 = $db->prepare('INSERT INTO lends VALUES(0,?,false,?,?)');
23     $pstmt4->execute(array(date('Y-m-d'), $_POST['stCode'],
24                            $_POST['maCode']));
25     echo "<p>貸出登録しました. </p>";
26   }
27   elseif( $result3 && isset($_POST['return']) ) {
28     $pstmt5 = $db->prepare('UPDATE lends SET returnBook=true
29               WHERE lendId=?');
30     $pstmt5->execute(array($result3['lendId']));
31     echo "<p>返却登録しました. </p>";
32   }
33   else{
34     echo "<p>登録しませんでした. </p>";
35   }
36 ?>
37 <a href="closeSession.php">セッション終了</a>
38 </body>
39 </html>
```

最後に，update.php の 37 行目で呼ばれている closeSession.php（次ページ）を，~/public_html/work05 直下に，同ファイル名で保存してください．

4 行目でセッションを終了させ，5 行目で index.php へ遷移しています．

コード 11.19. closeSession.php

```
1 <?php
2   session_start();
3   $_SESSION = array();     // セッション配列を空にします
4   session_destroy();       // セッションを終了させます
5   header("Location: index.php"); exit;
6 ?>
```

設計の例で用いた「図書システム」が実際に動くところを確認しましょう．まず，index.php において，学生コードとして 3012001，管理コードとして 160001 を入力し，貸出情報の表示ボタンを押したときの動作を図 11.13 に示します．このときは，「貸出登録」ボタンが表示されています．これを押すと図 11.13（下）のように，「貸出登録しました．」と表示されます．

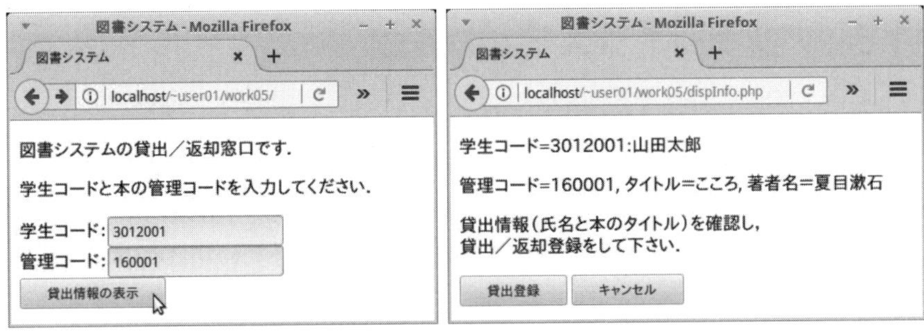

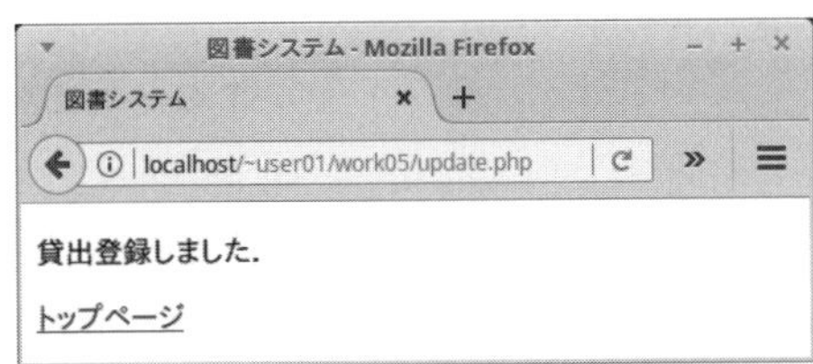

図 11.13. 図書システム（動作例その 1）

つづいて，返却をしてみましょう．先ほど同じく，学生コードとして 3012001，管理コードとして 160001 を入力し，貸出情報の表示ボタンを押すと，今度は，図 11.14 のように「返却登録」ボタンが表示され，押すと「返却登録しました．」

と表示されます．MySQL の操作 CUI を起動して，貸出テーブル（lends）に登録されているのを確認してください．

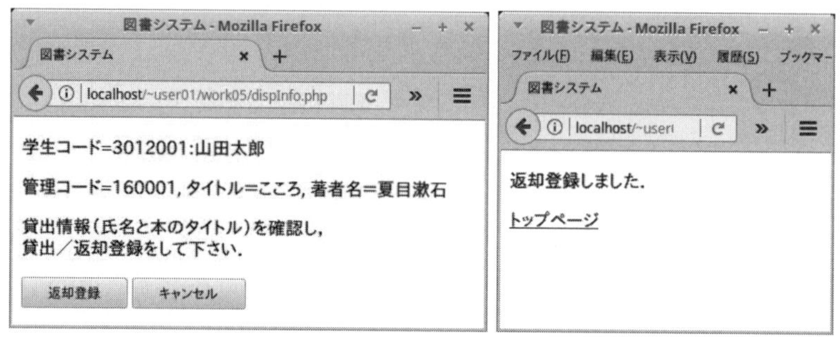

図 11.14. 図書システム（動作例その 2）

11.5 アンケートシステムの作成

本節も，データベースへの接続を伴う Web アプリケーションの作成演習です．今回新たに紹介するのは，ログイン機能（セッションの管理）です．これは，さまざまなアプリケーションに使える技術です．その一例として，アンケートシステムを構築してみましょう．演習は 2 段階に分け，最初はログイン機能（以下ログインサブシステムと呼ぶ）を作成します．**ここで注意があります．** パスワードを入力し伝送する場合，伝送を暗号化する必要があります．しかし，本節のシステムは対応していません．**ログインの仕組みを理解するための演習と考えてください．**

11.5.1 ログインサブシステム

ログインサブシステムの作成について説明します．このシステムの設計モデル（の概略）は，演習問題 10.1 と 10.2（158 ページと 161 ページ）になります．ログインサブシステムについての画面遷移図は図 11.15 です．図（上）は，設計モデル（図 10.7 参照）から作成したものです．これを実装用に変更したのが図（下）です．灰色のページには表示部分がなく，処理のみを行います．

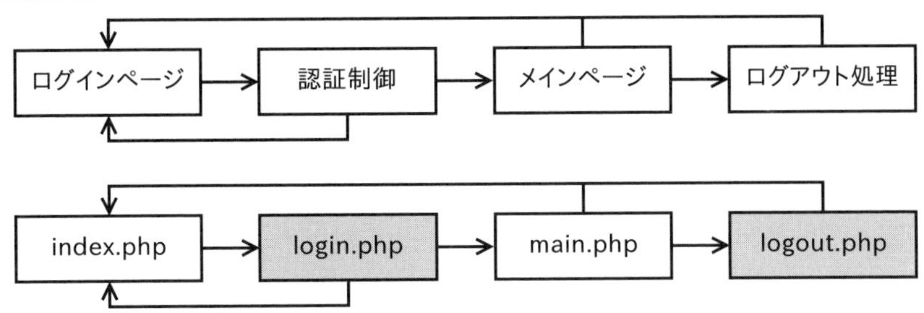

図 11.15. 画面遷移図．設計モデルからの図（上）と，実装用の図（下）

処理の流れを説明します．ユーザは index.php にアクセスし，ユーザ名（アカウント）とパスワードを入力しログインボタンを押します．そして login.php でユーザ名（アカウント）とパスワードがチェックされ，認証が通ると，セッションが開始され main.php が表示されます．main.php には logout.php へのリンクがあり，これをクリックするとセッションを終了させて index.php へ戻ります．login.php で認証が通らないときも index.php へ戻り，ユーザ名かパスワードに間違いがある旨警告を出します．ここで，セッションとはユーザとシステムの一連のやり取り，あるいはそのやり取りの間の通信のことをさします（9.4.2 項参照）．

まず，データベースの作成を行いますので，コード 11.20 を users.sql に保存してください．ここで ENGINE=InnoDB を指定するのは，外部キー制約が使えるようにするためです（演習後半のアンケートシステムにおいて必要です）．また，パスワードは，暗号学的ハッシュ関数 SHA2 でハッシュ化しています．

コード 11.20. ユーザ（アカウント）情報の宣言と登録を行う SQL 文 users.sql

```
DROP TABLE IF EXISTS users;
CREATE TABLE users (
  userId INT NOT NULL AUTO_INCREMENT,
  name TEXT,
  password TEXT,
  PRIMARY KEY(userId)
) ENGINE=InnoDB;
INSERT INTO users VALUES (0, 'no1', SHA2('no1',256));
INSERT INTO users VALUES (0, 'no2', SHA2('no2',256));
INSERT INTO users VALUES (0, 'no3', SHA2('no3',256));
```

次に，データベース作成用のシェルスクリプトを `initQandA.sh` として保存してください（パスワードがスクリプト内に書かれていると警告が出ますが，コマンドは実行されます）．1 行目で qanda というデータベースを削除します（初回はエラー）．2 行目で qanda というデータベースを作成し，3 行目で users テーブルを作成します．4 行目（エラーが表示されます）は後で使います．

```
1 mysqladmin -uadmin -pmysql -f drop qanda
2 mysqladmin -uadmin -pmysql create qanda
3 mysql -uadmin -pmysql qanda < users.sql
4 mysql -uadmin -pmysql qanda < answers.sql
```

シェルスクリプトを下記のように実行してください．

```
sh initQandA.sh [Enter]
```

`public_html` 下に新しいディレクトリ work06 を作成し，その直下に次の PHP スクリプトを `index.php` というファイル名で保存してください．

コード 11.21. アンケートシステム（ログインサブシステム）の index.php

```
<!DOCTYPE html>
<html>
<head>
  <meta charset="UTF-8">
  <title>アンケートシステム</title>
</head>
<body>
<p>アンケートシステムのログインページです．</p>
<?php
  if($_GET['bad']==1) {
    echo '<font color="red">ユーザ名またはパスワードが不正です<br></font>';
  }
?>
<form action="login.php" method="POST">
  ユーザ名　：<input type="text"     name="user"><br>
  パスワード：<input type="password" name="password"><br>
  <input type="submit" value="ログイン">
</form>
</body>
</html>
```

ブラウザで（http://localhost/~user01/work06/）にアクセスし，表示を確認してください．図 11.16 のように表示されるはずです．

図 11.16. アンケートシステム index.php

解説します．index.php（10-16 行目）にある PHP コードは，login.php から認証失敗のために戻されてきたとき，メッセージを出力するためのものです．

10 行目は，GET メソッドにより bad という変数の値が 1 で送られてきているかを判断しています．もし真であるならば，11 行目が出力されます（図 11.17 参照）．

```
10    if($_GET['bad']==1) {
11      echo '<font color="red">ユーザ名またはパスワードが不正です<br></font>';
```

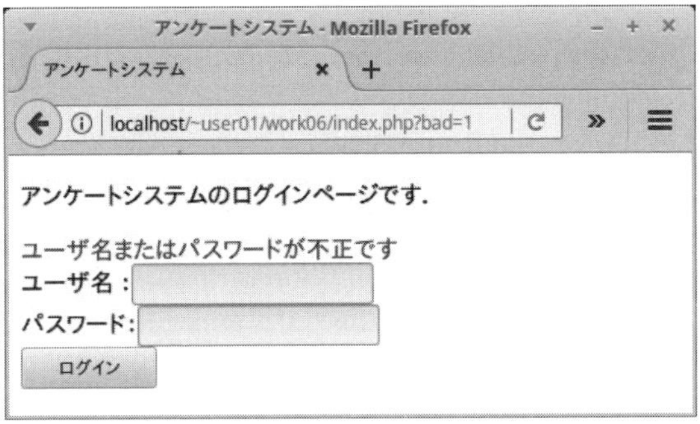

図 11.17. アンケートシステム index.php（認証に失敗した場合）

11行目では，出力する文字列の中にダブルクォーテーションがあるので，範囲指定が適切になるように，文字列全体はシングルクォーテーションで囲んでいます．

次に，以下のコードを~/public_html/work06直下（index.phpと同様）にlogin.phpというファイル名で保存してください．

コード 11.22. アンケートシステム（ログインサブシステム）の login.php

```
1  <?php
2  // データベース接続
3  $db = new PDO('mysql:host=localhost; dbname=qanda;', 'admin', 'mysql');
4  // ユーザ名とパスワードの組を検索
5  $pstmt1 = $db->prepare('SELECT userId FROM users
6                          WHERE name=? AND password=?');
7  $pstmt1->execute(array($_POST['user'],
8                         hash('sha256', $_POST['password'])));
9  $result1 = $pstmt1->fetch();
10 if( $result1 ){
11   session_start();
12   $_SESSION['userId'] = $result1['userId'];
13   header("Location: main.php"); exit;
14 }
15 else{
16   header("Location: index.php?bad=1"); exit;
17 }
18 ?>
```

解説します．3行目では，データベースへの接続口$dbを作成しています．

```
3  $db = new PDO('mysql:host=localhost; dbname=qanda;', 'admin', 'mysql');
```

接続しているデータベースは，qandaです．5-8行目でユーザ名とパスワードの組がusersテーブルにあるか問い合わせています．

```
5  $pstmt1 = $db->prepare('SELECT userId FROM users
6                          WHERE name=? AND password=?');
7  $pstmt1->execute(array($_POST['user'],
8                         hash('sha256', $_POST['password'])));
```

問い合わせのSQL文は5-6行目です．nameとpasswordが条件に合うuseridをusersテーブルから検索する，という意味です．5-6行目のプリペアードステートメントでは，2箇所にプレースホルダ?を置いています．1番目はユーザ名，2番目はパスワードです．パスワードは，暗号学的ハッシュ関数SHA2でハッシュ化して照合しています．これは，パスワードをハッシュ化してからデータベースに登録しているからです（コード11.20参照）．このようにしないと，秘密にすべきパスワードがデータベースに平文で登録されることになります．ハッキングされる可能性があるため，システムにパスワードそのものを登録すべきではありません．次の7-8行目で実行するときに，この記号に相当する部分を順番に配列 `array($_POST['user'],hash('sha256',$_POST['password']))` の形で渡しています．ユーザ名とパスワードが，それぞれuserとpasswordというname属性で送られてきているので，それに対応して取り出しています．9行目で検索結果を取得（fetch）し，変数`$result1`に代入しています．

10行目で，ユーザとパスワードの組がある（検索結果`$result1`があれば，ログイン認証が成功）かを判断しています．11-13行目は，ログイン認証が成功した場合の処理です．11行目でセッションを開始ししています．12行目で問い合わせた結果得られたuserIdをuserIdというキーでセッション配列`$_SESSION`にセットしています．この情報は，ページが遷移しても保持され，サーバからユーザを認識するときに利用します．13行目で`main.php`に遷移しています．なお，11行目のセッション開始の処理は，もしセッションが存在しているときは，存在しているセッションを取得するという意味になります．

```
10 if( $result1 ){
11   session_start();
12   $_SESSION['userId'] = $result1['userId'];
13   header("Location: main.php"); exit;
14 }
15 else{
16   header("Location: index.php?bad=1"); exit;
17 }
```

16行目は，ユーザ名とパスワードの組がない場合，すなわち認証失敗のときの処理です．変数badに値1をセットして`index.php`へ遷移しています．この変数の渡し方はGETメソッドであり，URLにその内容が表示されます．

そして，次のコードを，`~/public_html/work06`直下（`index.php`と同様）に`main.php`というファイル名で保存してください．

コード 11.23. main.php

```
1 <?php
2 // セッション情報の取得
3 session_start();
4 if(!isset($_SESSION['userId'])) { // $_SESSION['userId'] が未セット
5   header("Location: index.php"); exit;
6 }
7 // データベース接続
8 $db = new PDO('mysql:host=localhost; dbname=qanda', 'admin', 'mysql');
9 // $_SESSION['userId'] の userId 情報を使ってユーザ名 name 取得
10 $pstmt2 = $db->prepare('SELECT name FROM users WHERE userId=?');
11 $pstmt2->execute(array($_SESSION['userId']));
12 $result2 = $pstmt2->fetch();
13 ?>
14 <!DOCTYPE html>
15 <html>
16 <head>
17   <meta charset="UTF-8">
18   <title>アンケートシステム メインページ</title>
19 </head>
20 <body>
21 <h3>ようこそ，<?=$result2['name']?>さん</h3>
22 <a href="logout.php">ログアウト</a>
23 </body>
24 </html>
```

解説します．3行目でセッション情報を取得しています（もしセッションが存在しなければ新たなセッションが開始されます）．

```
3 session_start();
4 if(!isset($_SESSION['userId'])) { // $_SESSION['userId'] が未セット
5   header("Location: index.php"); exit;
6 }
```

login.php でログイン認証が通っていれば，セッション配列に userId がセットされているはずです．もし，userId がセットされていない（ログイン認証が通っていない）場合は index.php へ遷移させます．この処理があるので，直接 main.php を開こうとしても index.php へ飛ばされることになります．

8行目はデータベースへの接続口$db の作成です．10-12行目では，セッション配列にセットされている userId に対応するユーザ名を取り出しています．10

行目のプリペアードステートメントで userId=?とプレースホルダを置いて，

```
10 $pstmt2 = $db->prepare('SELECT name FROM users WHERE userId=?');
11 $pstmt2->execute(array($_SESSION['userId']));
12 $result2 = $pstmt2->fetch();
```

11 行目で実行するときに，セッション配列から userId を$_SESSION['userId'] により取り出して，渡しています．12 行目までの一連の処理は，セッションが確立されていることを前提とした処理（すなわち Web サービスそのもの）において共通的に用いられます．21 行目で取り出したユーザ名を使ってメッセージを表示しています（図 11.18）．22 行目は，logout.php へのリンクです．

```
21 <h3>ようこそ，<?=$result2['name']?>さん</h3>
```

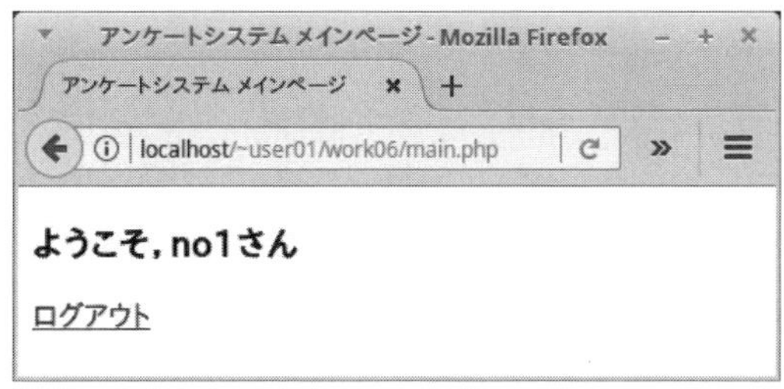

図 11.18. アンケートシステム main.php（認証に成功した場合）

次に，以下のコードを，~/public_html/work06 直下（index.php と同様）に logout.php というファイル名で保存してください．

コード 11.24. logout.php

```
1 <?php
2   session_start();
3   $_SESSION = array();     // セッション配列を空にします
4   session_destroy();       // セッションを終了させます
5   header("Location: index.php"); exit;
6 ?>
```

4 行目でセッションを終了させ，5 行目で index.php へ遷移しています．

11.5.2 アンケートシステム

ログインサブシステムを拡張し，アンケートシステムを作成します．本アンケートシステムは，データベースへの書き込みも含めた実装例を学習してもらうために作成したシステムです．しかし，いくつもの質問セットに分けて質問を行うなど，多少複雑になっています．実装されたコードの必要性の説明も兼ね，アンケートシステムの背景や概要を説明します．

アンケートシステムの概要

本アンケートシステムは，アンケートによる評価を目的としています．評価へ影響を与える因子が複数ある場合に対応するため，被験者（アンケートの回答者）ごとに異なる質問を行うことを想定しており，質問を質問セットに分けて出題できるようになっています．また，アンケート結果は被験者を特定できる形で保存し，一度だけ回答してもらうことや，回答漏れを防止することも必須要件としています．以降の項で示すシステムには，被験者ごとに異なる質問セットを実施させる機能がありません．また，回答漏れがあったときに全部回答し直させるなど，不親切な実装になっています．実用的には，漏れがある部分のみ再回答させるべきです．これらは問題を簡素化するために外しました．もし参考にして実際の評価実験などを行うときは，不足部分を自分で作成してください[*2]．

アンケートシステムの画面遷移図およびシーケンス図

アンケートシステムについての画面遷移図は図 11.19 です．ログインサブシステムの図 11.15 と比較すれば，`main.php` の先にアンケートページ（`question1.php`，`question2.php`）と，アンケート結果のデータベース登録（`update.php`）が加わっているのがわかります．`index.php`，`login.php`，`logout.php` の 3 つのページは変更不要です．

アンケートシステムにおいて，データベースとのやり取りに関する動的振る舞いは，シーケンス図 11.20 で確認することができます．アンケート `question1.php` ページでは，session オブジェクトから取り出した userId を用

[*2] 本書は，本書記載のいかなるプログラムも動作保証をしません．

い，users テーブルに問い合わせを行い，ユーザ名を取り出しています．

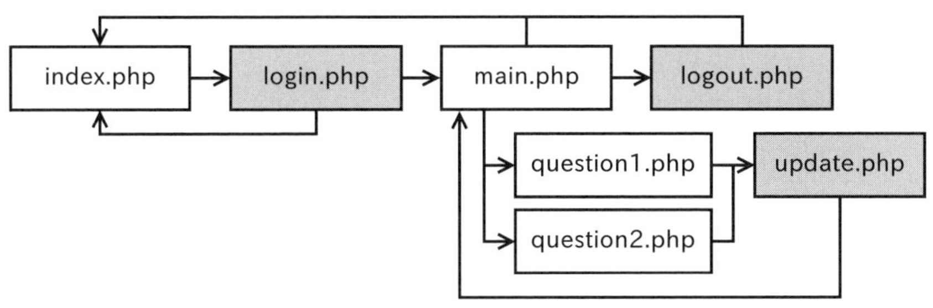

図 11.19. **画面遷移図（アンケート機能追加後）**

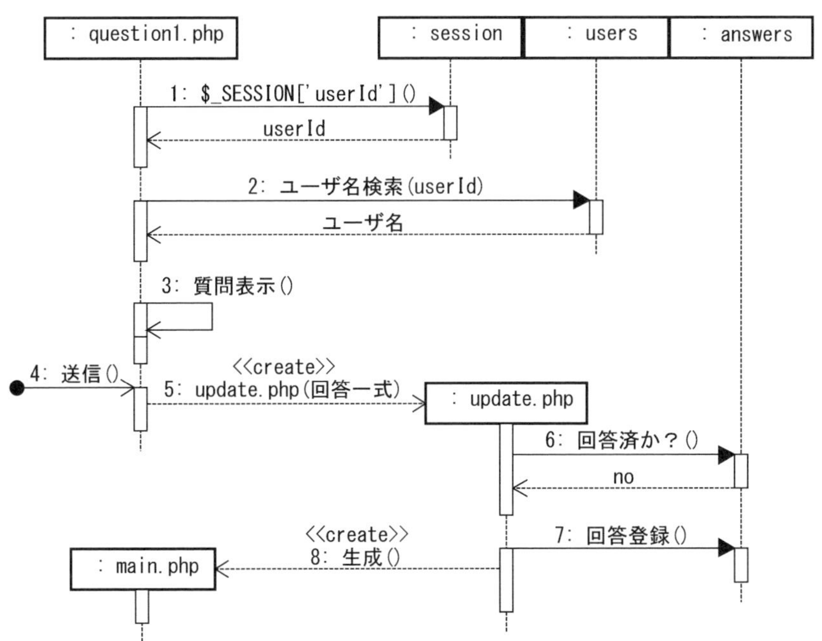

図 11.20. **アンケートシステム（シーケンス図）**

次に，回答が `update.php` に送信されると，`update.php` では answers テーブルに問い合わせを行い，回答済みであるかをチェック後，実際にデータを登録し，アンケートのメニューページである main.php へ遷移しています．

アンケートシステムの実装

まず，テーブルの追加作成を行いますので，コード 11.25 を answers.sql として保存してください．users テーブルの userId が外部キーになっています．アンケートシステムの ER 図を図 11.21 に示します．initQandA.sh（先ほどと同じ）を実行すると，4 行目で answers テーブルが作成されます．

コード 11.25. アンケートの回答を保存するテーブルの宣言 answers.sql

```
DROP TABLE IF EXISTS answers;
CREATE TABLE answers (
  answerId    INT NOT NULL AUTO_INCREMENT,
  userId      INT,
  questionNum INT,
  answer      VARCHAR(80),
  PRIMARY KEY(answerId),
  FOREIGN KEY(userId) REFERENCES users(userId)
) ENGINE=InnoDB;
```

```
1 mysqladmin -uadmin -pmysql -f drop qanda
2 mysqladmin -uadmin -pmysql create qanda
3 mysql -uadmin -pmysql qanda < users.sql
4 mysql -uadmin -pmysql qanda < answers.sql
```

```
sh initQandA.sh [Enter]
```

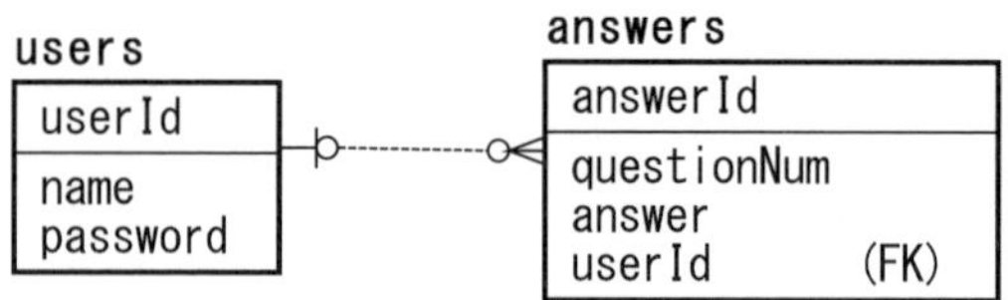

図 11.21. アンケートシステム（ER 図）

以下，メインページ main.php を修正し，question1.php，question2.php，update.php を追加します．まず，**セッションが確立されていることを前提とし**

た処理において共通的に用いるのを，共通の PHP スクリプト `common.php` として作成し，必要とするページは，これを読み込むことにします．以下のコードを `common.php` というファイル名で`~/public_html/work06` 直下に保存してください（修正前のコード 11.23 `main.php` における 13 行目までと全く同じ内容）．

コード 11.26. common.php

```
<?php
// セッション情報の取得
session_start();
if(!isset($_SESSION['userId'])) { // $_SESSION['userId'] が未セット
  header("Location: index.php"); exit;
}
// データベース接続
$db = new PDO('mysql:host=localhost; dbname=qanda', 'admin', 'mysql');
// $_SESSION['userId'] の userId 情報を使ってユーザ名 name 取得
$pstmt2 = $db->prepare('SELECT name FROM users WHERE userId=?');
$pstmt2->execute(array($_SESSION['userId']));
$result2 = $pstmt2->fetch();
?>
```

ここでの処理は，セッション配列に userId がセットされているか（ログイン済みか）を確認し，データベースに接続して，ユーザ名を取得することです．

`main.php` を次ページに示しますので，`main.php` を修正してください．2 行目の `require(`**ファイル名**`)` により，`common.php` を読み込んでいます．

```
1  <?php
2    require('common.php');
3  ?>
```

16 行目から，質問セットの一覧を作成しています．質問セット questionNum に対するユーザの回答を検索するプリペアードステートメントを用意し，19-20 行目で質問セット番号 qnum を指定して実行し，結果を取得しています．

```
16  $pstmt3 = $db->prepare('SELECT answerId FROM answers
17            WHERE userId=? AND questionNum=?'); // 回答済み質問セットの検索
18  for($qnum = 1 ; $qnum <= 2 ; $qnum++){ // qnum は質問セット番号．今回は 1〜2
19    $pstmt3->execute(array($_SESSION['userId'], $qnum)); // 質問セットの検索
20    $result3 = $pstmt3->fetch();
```

コード 11.27. main.php

```
1  <?php
2    require('common.php');
3  ?>
4  <!DOCTYPE html>
5  <html>
6  <head>
7    <meta charset="UTF-8">
8    <title>アンケートシステム メインページ</title>
9  </head>
10 <body>
11 <h3>ようこそ，<?=$result2['name']?>さん</h3>
12 <?php
13 if($_GET['bad']==1){
14   echo '<font color="red">回答済の質問セットに対する回答は無効．<br></font>';
15 }
16 $pstmt3 = $db->prepare('SELECT answerId FROM answers
17             WHERE userId=? AND questionNum=?'); // 回答済み質問セットの検索
18 for($qnum = 1 ; $qnum <= 2 ; $qnum++){ // qnum は質問セット番号．今回は 1〜2
19   $pstmt3->execute(array($_SESSION['userId'], $qnum)); // 質問セットの検索
20   $result3 = $pstmt3->fetch();
21   if( !$result3 ){//結果がない→ユーザが質問セット番号 qnum に対して未回答
22     $path = "question".$qnum.".php";// 質問セットへのリンク URL$path を準備
23     echo "<a href=", $path, ">質問セット", $qnum, "</a><br>";
24   }
25   else{                  // 結果がある→ユーザが質問セット番号 qnum に対して回答済み
26     echo "質問セット", $qnum, "（回答済）<br>"; // 質問セットへのリンクはなし
27   }
28 }
29 ?>
30 <a href="logout.php">ログアウト</a>
31 </body>
32 </html>
```

20 行目で「ユーザの質問セット番号 qnum に対する回答」の検索結果を取得し，21 行目で「検索結果がない」かを判断しています．「ない」場合は質問セットへのリンクも含めて表示し（図 11.22(a)），「ある」場合は「回答済」であるとして表示（例えば，図 11.22(b) の質問セット 1）します．

```
20   $result3 = $pstmt3->fetch();
21   if( !$result3 ){//結果がない→ユーザが質問セット番号 qnum に対して未回答
```

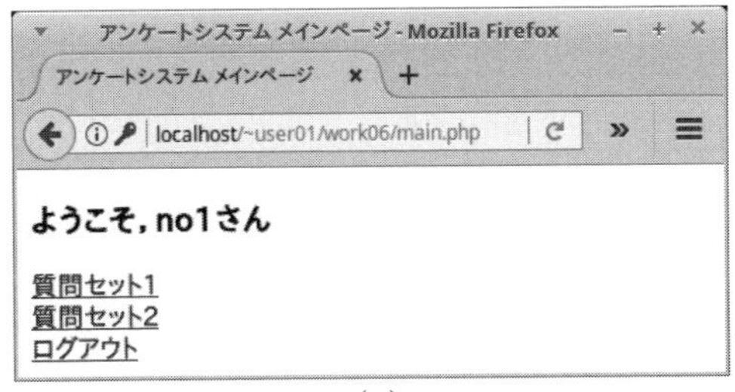

(a)

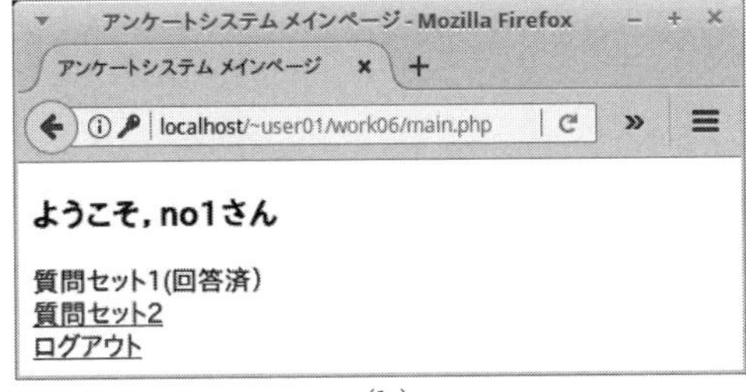

(b)

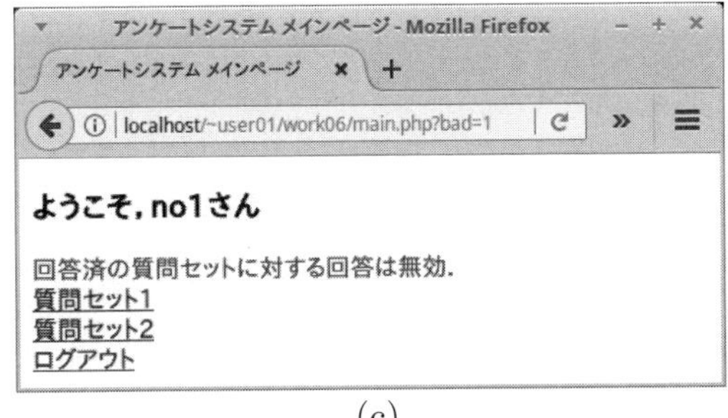

(c)

図 11.22. アンケートシステム main.php. (a) 初回, (b) 回答あり, (c) 警告

少し前の 13 行目では，update.php から送られてくる情報をチェックしています．update.php では，すでに回答済みの質問セットについて再度回答が送られてくると，bad という変数に値 1 をセットして main.php へ遷移させます．ここでは，該当していれば図 11.22(c) のような警告を出力します．

```
13 if($_GET['bad']==1){
14   echo '<font color="red">回答済の質問セットに対する回答は無効. <br></font>';
```

コード 11.28. question1.php

```
1  <?php
2    require('common.php');
3    $qnum = 1;
4    $numq = 2;
5  ?>
6  <!DOCTYPE html>
7  <html>
8  <head>
9    <meta charset="UTF-8">
10   <title>質問セット<?=$qnum?> </title>
11 </head>
12 <body>
13 <?php
14   if($_GET['bad']==1) {
15     echo '<font color="red">未回答の質問があります．要再回答．<br></font>';
16   }
17 ?>
18 <?=$result2['name']?>さん，下記の質問に回答してください．<p>
19 <form action="update.php" method="POST">
20   <h3>質問１：コーヒーは好きですか？</h3>
21     <input type="radio" name="radio1" VALUE = "1">大変好き
22     <input type="radio" name="radio1" VALUE = "2">好き
23     <input type="radio" name="radio1" VALUE = "3">普通
24     <input type="radio" name="radio1" VALUE = "4">嫌い
25     <input type="radio" name="radio1" VALUE = "5">大嫌い<p><hr>
26   <h3>質問２：紅茶は好きですか？</h3>
27     <input type="radio" name="radio2" VALUE = "1">大変好き
28     <input type="radio" name="radio2" VALUE = "2">好き
29     <input type="radio" name="radio2" VALUE = "3">普通
30     <input type="radio" name="radio2" VALUE = "4">嫌い
31     <input type="radio" name="radio2" VALUE = "5">大嫌い<p><hr>
32   <input type="hidden" name="qnum" value=<?=$qnum?> >
33   <input type="hidden" name="numq" value=<?=$numq?> >
34   <input type="submit" value="回答">
35   <input type="reset" value="リセット">
36 </form>
37 </body>
38 </html>
```

質問セットのページ question1.php と question2.php を作成してください．ブラウザで表示すると，図 11.23(a)，図 11.23(b) のようになります．いずれも 14-15 行目では update.php から送られてくる情報をチェックしています．

```
  if($_GET[’bad’]==1) {
    echo ’<font color="red">未回答の質問があります．要再回答．<br></font>’;
```

update.php では，未回答が含まれるアンケート回答が送られてくると，bad という変数に値 1 をセットして質問セットのページへ遷移させます．質問セットのページでは，この情報をチェックして，もし該当していれば，図 11.23(c) のような警告を出力し，再回答をうながします．

コード 11.29. question2.php

```
<?php
  require(’common.php’);
  $qnum = 2;
  $numq = 1;
?>
<!DOCTYPE html>
<html>
<head>
  <meta charset="UTF-8">
  <title>質問セット<?=$qnum?> </title>
</head>
<body>
<?php
  if($_GET[’bad’]==1) {
    echo ’<font color="red">未回答の質問があります．要再回答．<br></font>’;
  }
?>
<?=$result2[’name’]?>さん，下記の質問に回答してください．<p>
<form action="update.php" method="POST">
  <h3>質問 1：ケーキは好きですか？</h3>
    <input type="radio" name="radio1" VALUE = "1">大変好き
    <input type="radio" name="radio1" VALUE = "2">好き
    <input type="radio" name="radio1" VALUE = "3">普通
    <input type="radio" name="radio1" VALUE = "4">嫌い
    <input type="radio" name="radio1" VALUE = "5">大嫌い<p><hr>
  <input type="hidden" name="qnum" value=<?=$qnum?> >
  <input type="hidden" name="numq" value=<?=$numq?> >
  <input type="submit" value="回答">
  <input type="reset" value="リセット">
</form>
</body>
</html>
```

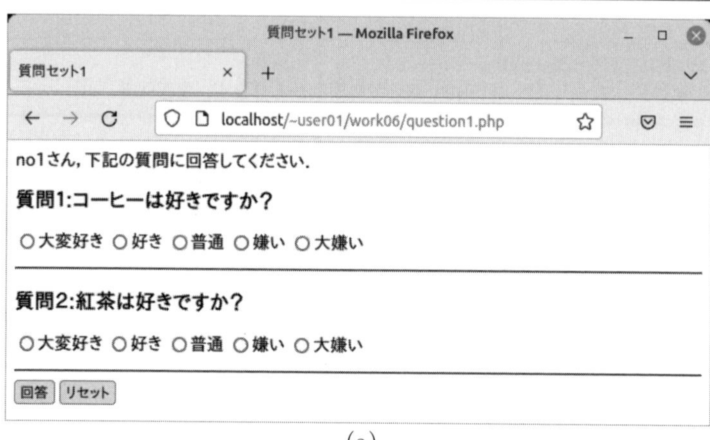

(a)

質問セット2 — Mozilla Firefox
質問セット2
localhost/~user01/work06/question2.php
no1さん, 下記の質問に回答してください.
質問1:ケーキは好きですか？
大変好き 好き 普通 嫌い 大嫌い
回答 リセット

(b)

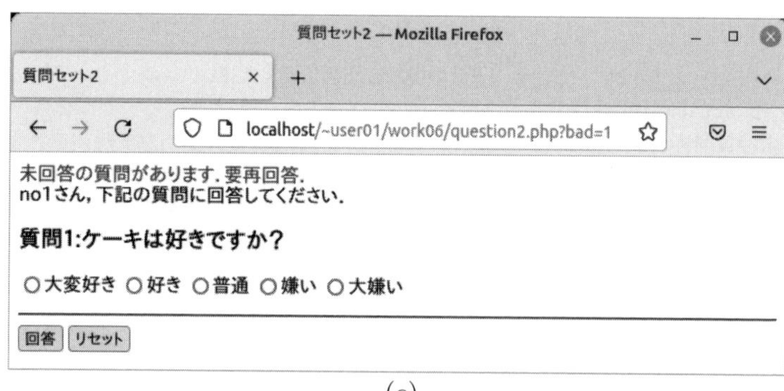

(c)

図 11.23. アンケートシステム（question1,2.php）. (a)question1.php 質問セット 1, (b)question2.php 質問セット 2, (c) 未回答があるときの警告画面

いずれの質問セットにおいても，19 行目以下，フォーム文を使って質問への回答を `update.php` に送るようにしています．そして，`question1.php` では 32-33 行目，`question2.php` では 26-27 行目では，ユーザに見せないようにしながら（hidden 型指定），質問セット番号 qnum と質問数 numq をセットし，これも合わせて `update.php` に送信しています．

```
<input type="hidden" name="qnum" value=<?=$qnum?> >
<input type="hidden" name="numq" value=<?=$numq?> >
```

ところで，送信した質問セット番号 qnum と質問数 numq は，あらかじめ 3-4 行目で設定し，上記ではこれらの値を参照しています．このようにしたのは，質問ページをなるべく共通化し，変更箇所を局所化する（保守性向上）ためです．

```
3    $qnum = 1;
4    $numq = 2;
```

最後に，次ページの `update.php` を作成してください．まず，6 行目までは，他のページと同じく，セッション情報の確認をしています．この確認があるので，ログインせずにこのページにきても，`index.php` に飛ばされます．つづく 7,8 行目では，hidden 型で送られてきた質問番号 qnum と質問数 numq を取り出しています．

```
7  $qnum=$_POST['qnum'];
8  $numq=$_POST['numq'];
```

10-17 行目では，データベースに接続し，送られてきた回答が回答済みであるかをチェックし，もし回答済みであれば，bad 変数に値 1 をセットして `main.php` へ遷移させます．16 行目の `exit;` は必須です．もしこれがないと，遷移させた後も以降のコードが実行され，不適切な処理が行われてしまいます．

19-26 行目で登録する回答情報を作成しています．回答はカンマ区切りとし，先頭に文字 a をつけています．その途中で回答漏れを発見した場合は，bad 変数に値 1 をセットして送信元の質問セットページへ遷移させます（ここも `exit;` が必須）．27 行目以降で，回答情報を，しかるべきユーザのしかるべき質問番号の回答として answers テーブルへ登録し，`main.php` へ遷移させています．

コード 11.30. update.php

```
<?php
// セッション情報の取得
session_start();
if(!isset($_SESSION['userId'])) { // $_SESSION['userId'] が未セット
  header("Location: index.php"); exit;
}
$qnum=$_POST['qnum'];
$numq=$_POST['numq'];
// データベース接続
$db = new PDO('mysql:host=localhost; dbname=qanda', 'admin', 'mysql');
$pstmt4 = $db->prepare('SELECT answerId FROM answers
           WHERE userId=? AND questionNum=?');
$pstmt4->execute(array($_SESSION['userId'], $qnum));
$result4 = $pstmt4->fetch();
if( $result4 ){ // すでに回答済み（回答が存在）ならメインページへ遷移
  header("Location: main.php?bad=1"); exit;
}
// 登録する回答$answer の作成（頭に"a"という文字を使い，回答をカンマ区切りで表現)
$answer = "a";
for( $i = 1 ; $i <= $numq ; $i++ ){
  $val = $_POST['radio'.(string)$i];
  if($val==""){//回答洩れ
    header("Location: "."question".$qnum.".php?bad=1"); exit;
  }
  $answer .= ",".$val;     // 回答の作成. 文字列はピリオド「.」でつなげられます
}
$pstmt5 = $db->prepare('INSERT INTO answers VALUES(0, ?, ?, ?)');
$pstmt5->execute(array($_SESSION['userId'], $qnum, $answer));
header("Location: main.php"); exit; // ここの exit は省略も可.
?>
```

実際に回答を行った後，MySQL の操作 CUI により answers テーブルを見てください．下記のようにデータが登録されているのが確認できるはずです．

```
mysql> select * from answers;
+----------+--------+-------------+--------+
| answerId | userId | questionNum | answer |
+----------+--------+-------------+--------+
|        1 |      1 |           1 | a,2,2  |
|        2 |      1 |           2 | a,1    |
+----------+--------+-------------+--------+
2 rows in set (0.00 sec)
```

11.6 WebAPIの作成

WebAPIとは，Webサービスが使っているHTTPプロトコル（9.4.1項参照）により呼び出せるAPI（Application Programming Interface）のことで，プログラムの一種と考えれば良いでしょう．HTTPプロトコルがOSI参照モデルの最上位層（利用者に近い）にあることから，個々のWebAPIは利用者から見て有用な機能を提供する役割を担います．そして，マイクロサービス（7.2節参照）におけるサービスの連携に使われているように，互いに**疎結合**という良い性質を備えた部品になり得ます．

現在広く使われているWebAPIは，REST（Representational State Transfer）という考え方に基づく「REST API」です．本節では，この考え方を参考（RESTとまでは言えません）にした実装例を紹介します．

作成するのは，クイズの得点を検索したり集計したりするAPIとそれを呼び出すアプリケーションです．最初にデータベースとテーブルを作成します．下記SQLスクリプトをデータベース作成用の作業ディレクトリ（例えば，workDB）下に`scores.sql`という名前で保存してください．

```
DROP TABLE IF EXISTS scores;
CREATE TABLE scores (
  stuId INT NOT NULL,
  name VARCHAR(30),
  score INT,
  PRIMARY KEY(stuId)
) ENGINE=InnoDB;
INSERT INTO scores VALUES (3012011, '山田太郎', 100);
INSERT INTO scores VALUES (3012012, '鈴木次郎', 67);
INSERT INTO scores VALUES (3012013, '山本一郎', 73);
INSERT INTO scores VALUES (3012014, '田中二郎', 90);
INSERT INTO scores VALUES (3012015, '後藤五郎', 45);
```

つづいて，下記コードを`initQuiz.sh`という名前で保存し，

```
mysqladmin -uadmin -pmysql -f drop quiz
mysqladmin -uadmin -pmysql  create quiz
mysql -uadmin -pmysql quiz < scores.sql
```

実行（下記）して，データベース quiz とテーブル scores を作成してください．

```
sh initQuiz.sh Enter
```

public_html（/home/user01/public_html）下にディレクトリ api を作り，その下に下記コードを serach.php というファイル名で保存してください．

コード 11.31. search.php

```
<?php
header('Content-Type: application/json; charset=UTF-8'); //文字コード設定
// データベース接続
$db = new PDO('mysql:host=localhost; dbname=quiz', 'admin', 'mysql');
if(isset($_GET['stuId']) && !preg_match('/[^0-9]/', $_GET['stuId'])) {
  // stuId が存在し数字のみで構成されていれば，stuId に基づき SQL で検索
  $pstmt1 = $db->prepare('SELECT * FROM scores WHERE stuId=?');
  $pstmt1->execute(array($_GET['stuId']));
  $result1 = $pstmt1->fetch();
  if( $result1 ){
    $arr['status']="yes";
    $arr['stuId']=$result1['stuId'];
    $arr['name']=$result1['name'];
    $arr['score']=$result1['score'];
  } else {
    $arr['status']="no";
  }
} elseif(!isset($_GET['stuId'])) { // stuId が無いなら集計結果取得
  $pstmt2 = $db->prepare('SELECT Count(*), Avg(score) from scores');
  $pstmt2->execute();
  $result2 = $pstmt2->fetch();
  if( $result2 ){
    $arr['status']="yes";
    $arr['Count']=$result2['Count(*)'];
    $arr['Avg']=$result2['Avg(score)'];
  } else {
    $arr['status']="no";
  }
} else { // stuId が存在するが数字以外が設定されていれば無回答
  $arr['status']="no";
}
print json_encode($arr, JSON_PRETTY_PRINT);
?>
```

つづいて，public_html 下にディレクトリ work07 を作成し，その下に下記コードを index.php というファイル名で保存してください．前述の WebAPI である search.php を呼ぶアプリケーションです．

コード 11.32. index.php

```
1 <?php
2 if(isset($_GET['subject'])){// subject がセットされていれば api を呼ぶ
3   $subj = $_GET['subject']; // $subj に代入
4   if($subj=="aggregation"){ // $subj が aggregation の場合は引数なしで集計
5     $url = "http://localhost/~user01/api/search.php";
6   } else {
7     $url = "http://localhost/~user01/api/search.php?stuId=${subj}";
8   }
9   $data = json_decode(file_get_contents($url));
10 }
11 ?>
12 <!DOCTYPE html>
13 <html>
14 <head>
15   <meta charset="UTF-8">
16   <title>クイズの得点を WebAPI により検索するアプリケーション</title>
17 </head>
18 <body>
19 <?php
20   if(isset($data)){
21     echo "<p>";
22     if($data->status=="no"){
23       echo "回答はありませんでした";
24     } elseif(isset($data->stuId)) {
25       echo "学生番号：".$data->stuId.", ".$data->name.", ".$data->score;
26     } else {
27       echo "集計結果　学生数：".$data->Count.", "."平均点：".$data->Avg;
28     }
29   }
30 ?>
31 <form action="" method="GET">
32   学生番号 or「aggregation」(集計)：<input type="text" name="subject">
33   <input type="submit" value="クイズの得点検索">
34 </form>
35 </body>
36 </html>
```

注意しなくてはならないのは，5,7 行目で WebAPI である search.php を URL

により呼び出している点です．開発環境が異なる場合は search.php の URL を環境に合わせて変更してください．9 行目で，search.php から送られてきた JSON 形式のデータを連想配列に変換して$data に格納しています．

```
4   if($subj=="aggregation"){ // $subj が aggregation の場合は引数なしで集計
5     $url = "http://localhost/~user01/api/search.php";
6   } else {
7     $url = "http://localhost/~user01/api/search.php?stuId=${subj}";
8   }
9   $data = json_decode(file_get_contents($url));
```

アプリケーション index.php についての説明を続けます．12 行目からは HTML 文です．学生番号 stuId を指定して serach.php を呼んだ場合は学生の得点を表示し，指定しない場合は集計結果（学生数と平均点）を表示します．

```
24    } elseif(isset($data->stuId)) {
25      echo "学生番号：".$data->stuId.", ".$data->name.", ".$data->score;
26    } else {
27      echo "集計結果　学生数：".$data->Count.", "."平均点：".$data->Avg;
28    }
```

つづくフォーム文では，action=""とすることで，送り先を自分自身（すなわち index.php）にしています．そして，対象（subject）として学生番号あるいは “aggregation”（集計）を入力させています．

```
24  <form action="" method="GET">
25    学生番号 or「aggregation」（集計）：<input type="text" name="subject">
26    <input type="submit" value="クイズの得点検索">
27  </form>
```

動作の様子を示します．ブラウザで(http://localhost/~user01/work07/) にアクセスすると，図 11.24(a) のように表示されます．フォームに入力するのは，学生番号あるいは “aggregation” というキーワードです．図の (b) では，「aggregation」（集計）を指定して実行させているところです．図の (c) では，集計結果（学生数と平均点）が表示され，続いて学生番号を指定して実行させるところです．図の (d) でその結果が示されています．

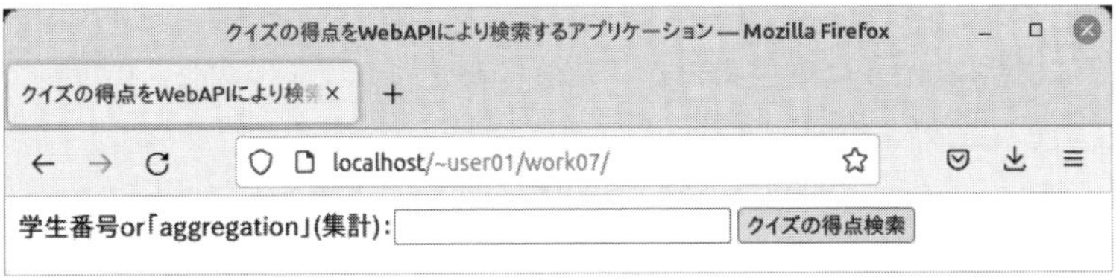

(a) 最初の表示

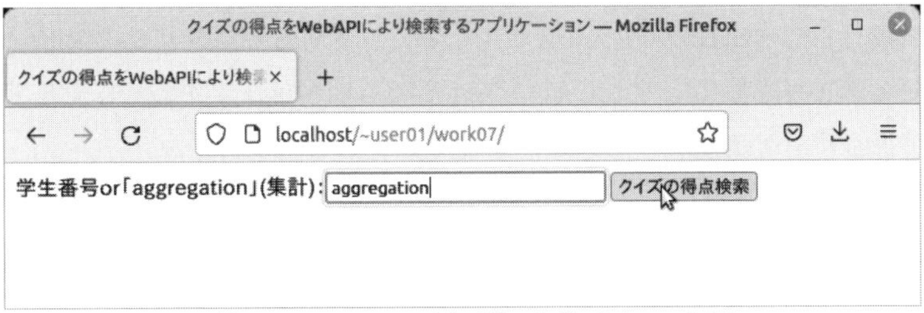

(b)「aggregation」（集計）を指定して実行へ

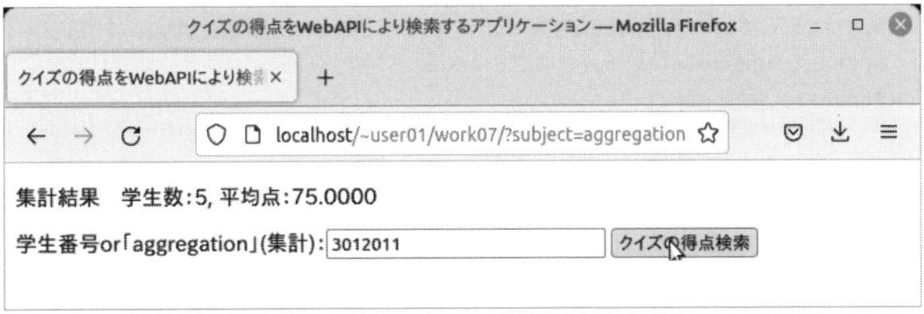

(c) 集計結果（平均点）の表示．学生番号を指定して実行へ

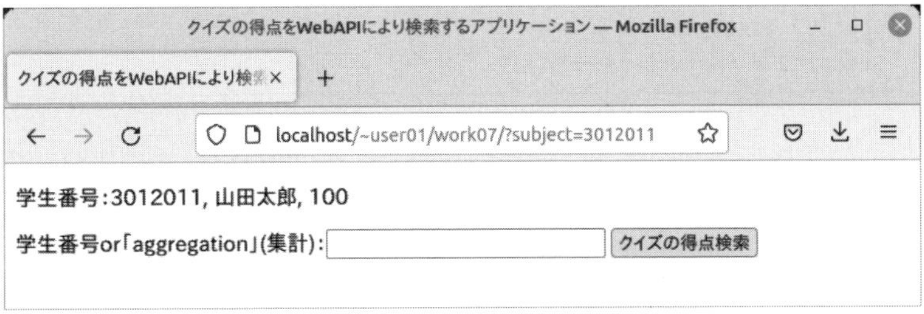

(d) 学生についての得点を表示

図 11.24. クイズの得点を WebAPI により検索するアプリケーション

ここで，index.php から serach.php(webAPI) を呼んでいるところについて説明します．5 行目では引数なしで search.php を呼ぶ URL（$url）を，7 行目では引数 stuId に学生番号を指定して呼ぶ URL を作成し，9 行目で実際に呼び出して結果を得ています．

search.php（コード 11.31）について説明します．2 行目では HTTP ヘッダーを設定しており，JSON 形式（文字コードは UTF-8）で送信するという意味です．4 行目ではデータベースへの接続口$db を作成しています．5 行目では，引数として stuId がセットされているか，その値は数字のみで構成されているかをチェックしており，これが Yes である場合は，学生番号に対応する学生と学生の得点を送信用データとして準備します（9-11 行目）．

```
4  header('Content-Type: application/json; charset=UTF-8'); //文字コード設定
5  // データベース接続
6  $db = new PDO('mysql:host=localhost; dbname=quiz', 'admin', 'mysql');
7  if(isset($_GET['stuId']) && !preg_match('/[^0-9]/', $_GET['stuId'])) {
8    // stuId が存在し数字のみで構成されていれば，stuId に基づき SQL で検索
9    $pstmt1 = $db->prepare('SELECT * FROM scores WHERE stuId=?');
10   $pstmt1->execute(array($_GET['stuId']));
11   $result1 = $pstmt1->fetch();
```

18 行目以降では，引数 stuId がセットされていない場合，学生数と得点の平均を SQL 文により取得して（19-21 行目），送信データを準備します．

```
18 } elseif(!isset($_GET['stuId'])) { // stuId が無いなら集計結果取得
19   $pstmt2 = $db->prepare('SELECT Count(*), Avg(score) from scores');
20   $pstmt2->execute();
21   $result2 = $pstmt2->fetch();
```

32 行目では，送信用のデータ（連想配列$arr）を JSON 形式に変更して出力（送信）しています．

```
32 print json_encode($arr, JSON_PRETTY_PRINT);
```

WebAPI とそれを呼び出すアプリケーションの例を示しました．次は，「郵便番号データ配信サービス」（http://zipcloud.ibsnet.co.jp/doc/api）など実際に使われている WebAPI について調べてみてはどうでしょうか．

第 12 章

パターン

本章は，設計の手本となる**パターン**について解説します．パターンには，先人の知恵が詰まっています．代表的な中からいくつかを紹介しますので，その存在理由や考え方を勉強してください．本章は技術紹介を主目的としており，その説明だけで使えるレベルまで理解するのは困難です．実際の設計場面において，技術の存在を思い出し，そのときに理解を深めてください．

12.1 パターンの文献

有名なパターンとして，

1. E. ガンマ氏らが著した「デザインパターン」(1994) [3]
2. M. ファウラー氏の「アナリシスパターン」(1996)[21]

があります．デザインパターンは 23 あり，アナリシスパターンにも本章で説明した以外に多数のパターンがあります．

アナリシスパターンの方がより抽象的な問題を扱っている傾向があり，問題領域モデルで適用できる場合が多いといえます．デザインパターンは実装との関連が深く，設計モデルで使える傾向があります．設計モデルを意識して問題領域モデルを作成するときには，問題領域モデルでも使われます．

12.2　アナリシスパターンより

12.2.1　責任関係パターン

設計をしていると，似たような構造がいくつも出現することがあります．例えば，住所や電話番号が何度も出現する構造 [21] を見ると，冗長であるうえに，構造や属性を修正するときに不整合が起こる危険性があります．なるべく修正箇所を限定するような設計が良い設計といえます．ここでは，「UML モデリングの本質」[8] にある会社の組織の例（簡略化しました）を使って説明します．

単純に考えて作ったモデルが図 12.1(a) です．このモデルの場合，例えば属性として「事業計画」を追加するとき，すべての階層で追加しなくてはならず，属性の変更に対して弱いモデルです．図 12.1(b) のように，再帰構造（「組織」クラスは，自分自身との関連（親と子）をもっています．これによりツリー上の階層構造を表します）を使うと，属性の重複が解消され，属性変更に強いモデルになります．しかし，制約が多数必要となります．そのため，今度は制約の変更に対して弱くなります．

そこで，制約を一箇所にまとめたモデルが図 12.1(c) です．制約の変更，属性の変更，それぞれについて変更箇所が局所化されており，変更に強いモデルになっています．図は組織構造について書かれていますが，他の問題にも応用可能です．図 12.1(c) の考え方を抽象化したものが**「責任関係パターン」**と呼ばれるものです [21].

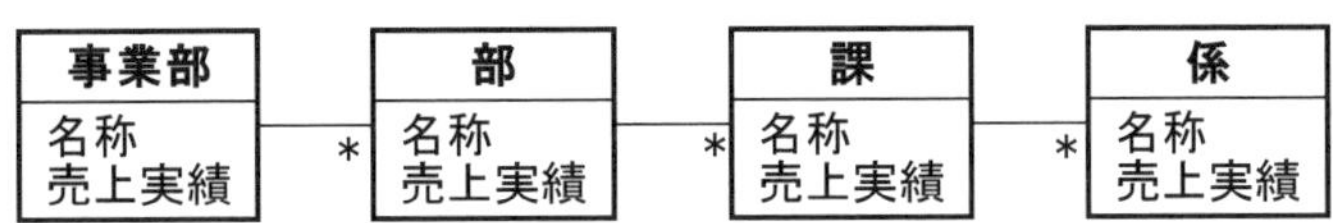

(a) 属性が重複しているモデル

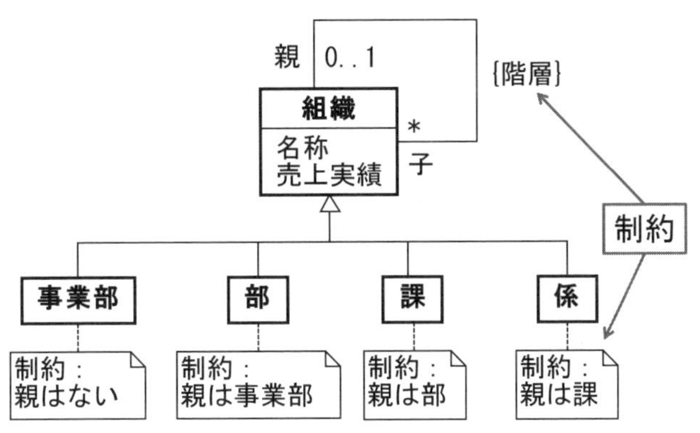

(b) 再帰構造を用いたモデル

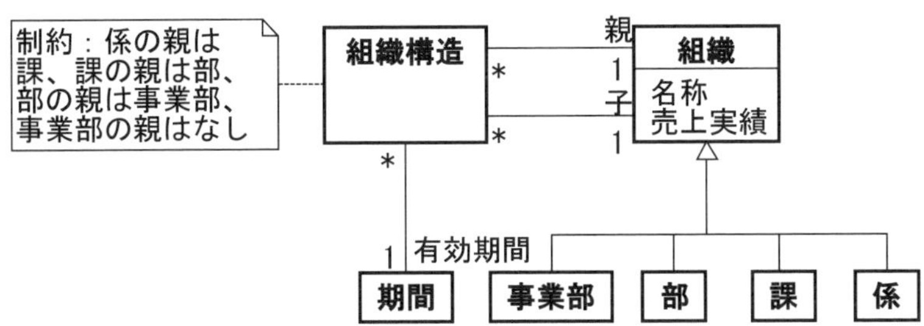

(c) 制約を一箇所にまとめたモデル

図 12.1. 会社の組織を表すモデルにおける情報の重複とその解消（「UML モデリングの本質」[8] を参考にして簡略化）

12.2.2　観測パターン

観測パターン [21] は，さまざまな観測（例：身体検査）について有用なパターンです．計測において考慮すべき点が，いくつかあります．まずは，計測値に cm や kg などの単位がついている点です．単位が不明だと計測値の意味がわかりません．そして，いつどこで計測した結果であるか，という情報が付帯する点です．身体検査であれば，毎年行うでしょう．観測パターン（図 12.2）は，これらのことを考慮したモデルになっています．例えば，観測対象が「人」，観測項目が「身長」，量の数値と単位がそれぞれ「170」と「cm」というように考えることができます．単位の問題は，量に数値と単位を別々にもたせることで解決しています．また，観測項目として，身長以外にも，体重や血糖値などさまざまなものを扱えます．そして，観測対象は「人」以外にも「車」などいろいろと考えられ，これらを「観測対象型」として一般化しています．さらに，「観測値」は観測日時などの付帯情報ごとに，多数存在し得ることを表しています．以上，簡単に説明しましたが，観測におけるさまざまな問題に対処可能なモデルであることがわかります．

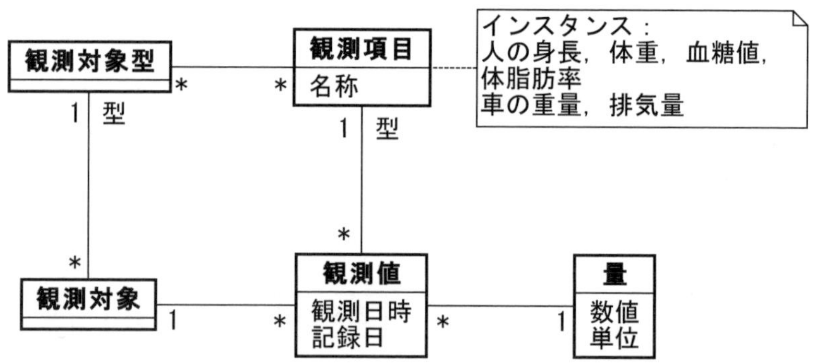

図 12.2. 観測パターン（『UML モデリングの本質』[8] より引用）

12.3 デザインパターンより

12.3.1 Composite パターン

Composite パターン [3] は，情報システムによく出現するツリー状の階層構造を表す場合に使われます．ツリー構造自体は，前述の再帰により表すことが可能ですが，このパターンはもう少し複雑な問題を扱います．階層構造における問題として，

1. 最終（枝葉：Leaf）ノードと，まだ子がいる（混合：Composite）ノードが混在する．
2. ある操作を全ノードに対して行いたいとき，最終ノードと混合ノードを区別するのは煩雑．

があげられます．Composite パターンの役割は，1 つの抽象クラスで上記両方のノード（Leaf ノードと Composite ノード）に対応することです．階層構造に見られるこれらノードの例を図 12.3 に示します．OS のファイルシステム（図 12.3(b)）においては，ファイルが Leaf ノード，ディレクトリが Composite ノードに対応します．これ以外にも，ある組織に人と下位組織が属するというように，Leaf と Composite に相当するノードからなる階層構造はいろいろな場面で見られます．

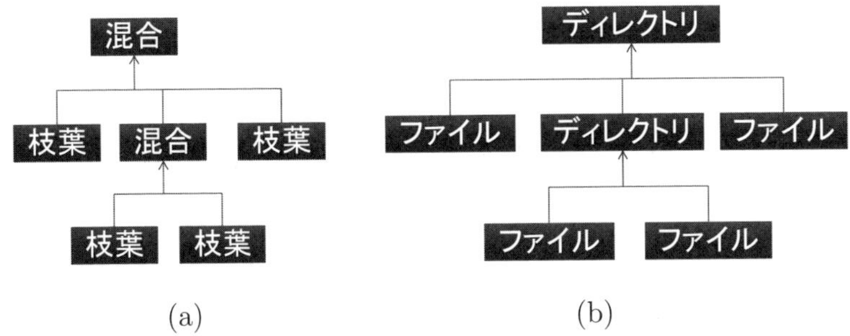

図 12.3. 階層構造に見られる Leaf ノードと Composite ノード

図 12.4 に Composite パターンを示します．この図は，Composite の下に，いくつかの Component（Leaf あるいは Composite）がつながっているという再帰的な構造を表しています．しかし，それだけではなく，Component が抽象クラスになっていて，Leaf と Composite を区別なく扱えるようになっています．ここが重要です．利用者（Client）は，以下のような仕組みにより，抽象クラスの「Component」だけを見て，すべてのノードに対して操作を行わせることができます（高凝集性の実現）．

- もし操作メッセージを受信したのが Composite であれば，その子ノード全部にメッセージが伝達される．
- もし操作メッセージを受信したのが Leaf であれば，その操作が実行される．

また，新しいノードの追加も可能で，新しく追加した Composite や Leaf にも，同じ性質を自動的に受け継がせるというモデルになっています．

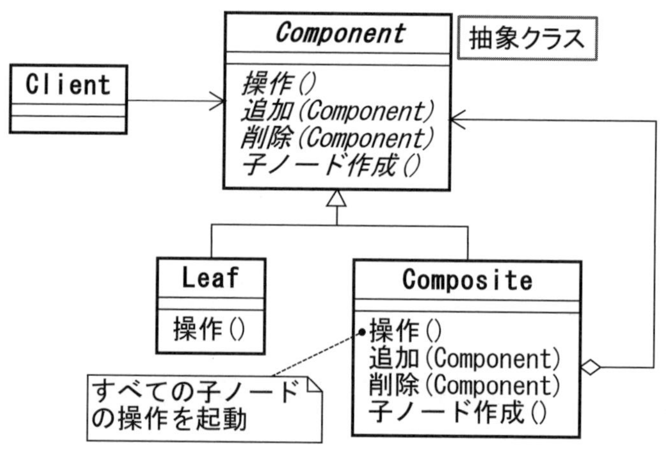

図 12.4. Composite パターン（文献 [3] を参考）

12.3.2 Observer パターン

何かイベントが起きたら教えてほしい（例えば，最新のモバイル機器が入荷したら知らせてほしい），ということがあります．**Observer（観察者）パターン** [3] は，あらかじめお願いしておくと，イベントが起きたときに知らせてくれるというパターンです．かなり古くから存在する考え方で，例えば，データと図の連携（図 12.5）で使われています．具体的には，データが更新されたら，すぐにそれを図（グラフ）に反映させ，図（グラフ）に変更があれば，すぐにそれをデータへ反映させます．

図 12.5. データと図（グラフ）の連携

Observer パターンが必要となる背景をテレビ中継の視聴を例にして説明します．

- 例えば，テレビ中継で試合を見ていて，点が入った瞬間やその前後を確実に知りたいときは，中継をずっと見ていれば良い．
- 上記は，あるテレビ中継に「常時接続」状態になることを意味します．
- 常時接続は結合性が高く（密結合），良い設計の面から見て，望ましい状況ではありません．例えば，接続を維持するための仕組みを必要とし，不具合が伝搬する危険もあります．

これは，密結合という問題です．この問題を解決するには，**「結合性を下げつつ，肝心なところは見逃さない」**ことが必要です．Observer パターンの役割は，疎結合でありながら，イベントの発生を確実に伝えることです．

疎結合でありながら，イベントを伝える手順は次のような 2 ステップからなります．これをシーケンス図で表したのが図 12.6 です．多少内容が重複していますが補足します．「題目」が知っているのは，何かあったら「取付」をした Observer に「変化があったよ」と伝えることです．題目は，Observer が何を監視しているかは知りません．Observer はそれを知っていますので，変化があったと聞いてから，監視している実際のイベントを「題目」に問い合わせます（注目の「イベント」は起こっていないかもしれません）．

1. 監視したいイベントが起こる「題目：Subject」に，「何かが起こったら＝更新があったら」そのことを伝えてほしいと依頼する（これを「取付：Attach」と呼ぶ）．
   - このとき，「何か」までは伝えません．題目に負担を掛けない，つまり疎結合のためです．
2. 「題目：Subject」の状態が変わり，それを題目が自身に通知することをトリガーとして，上記依頼があった「観察者：Observer」全員に「更新」を伝えます（「何」が起こったかは伝えません）．
   - 各「観察者：Observer」は，それぞれが知りたいことを「題目：Subject」に問い合わせ，イベントを確認します．

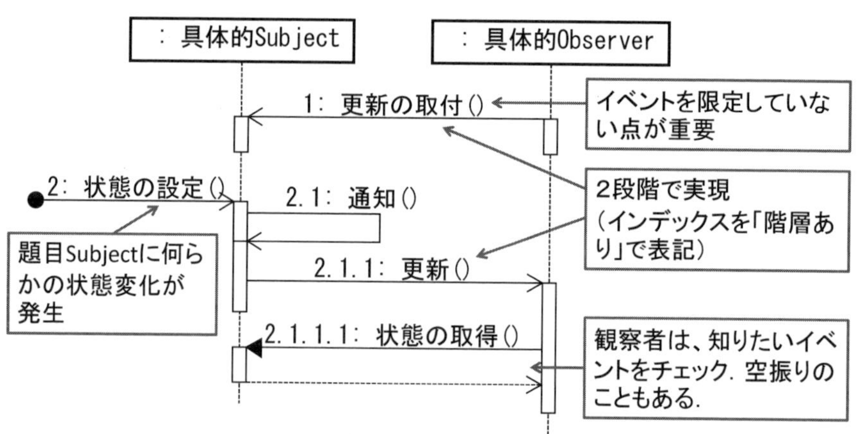

図 12.6. Observer パターンの仕組み（シーケンス図）

Observer パターンのモデル（クラス図）は図 12.7 のようになります．上半分が抽象レベル（抽象クラスになっている）と，下半分の具象レベルの 2 層構造になっています．利用者から見える抽象レベルで見たとき，題目から観察者への一方向参照（「更新の通知」）になっています．双方向ではないという意味で，疎結合性が実現できています．シーケンス図からもわかるように，常時接続状態でないことは明らかです．このような巧妙な仕組みにより，疎結合でありながら，イベントを確実に捉えています．

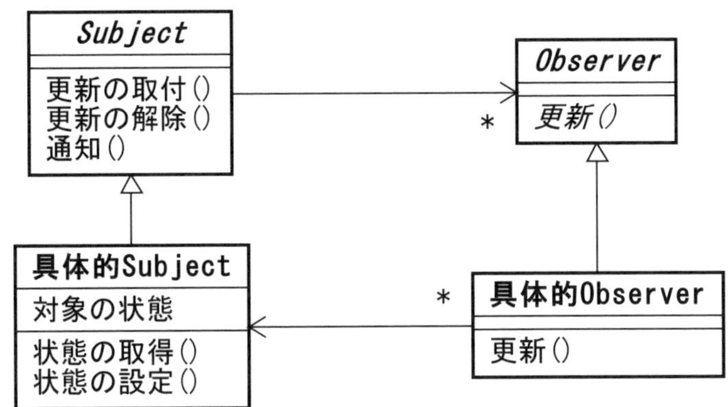

図 12.7. Observer パターン（文献 [3] を参考）

Observer パターンの技術的説明は以上ですが，Smalltalk におけるウィンドウプログラム開発のための設計指針として考えられた **MVC**（Model View Controller）**モデル**との関係について補足します．MVC モデルは Observer パターンの一形態です．歴史的には，MVC モデルの方が古くなります．ただし，ここで注意が必要です．MVC モデルというと，Web アプリケーションのフレームワークとしての MVC モデル（オリジナルと異なるので **MVC2** とも呼ばれていた）が有名です．MVC2 はモデル／ビューの分離が主目的ですので，「イベントが起きたら通知する」という Observer としての機能はなくても良いことになっています．実際 Web サービスで，「試合で点が動いたら通知してくれる」ことは私が知る限りありません（1 分ごとに最新情報を教えてくれるサービスはあります[*1]）．

[*1] 一定時間ごとに最新情報を取りに行くことを「ポーリング」と呼びます．Observer パターンとは関係ありません．

12.3.3　ステートパターン

これまで示したパターンは，階層構造など何らか特殊な状況における問題に対して有用でした．一方，ここで紹介する**ステートパターン** [3] は，状態（State）に変化がある場合に広く利用可能なパターンです．従って，使用頻度が多いと思われるので，演習問題 4.3（69 ページ）において，実際のコードを用いて説明しました．図 12.8 にも示しましたが，会員制のサービスで，メンバーのステータスが変わるなど，普通のオブジェクト指向言語では実装できない動的分類を実現します．ステート（State）というクラスを挿入するところが工夫点です．

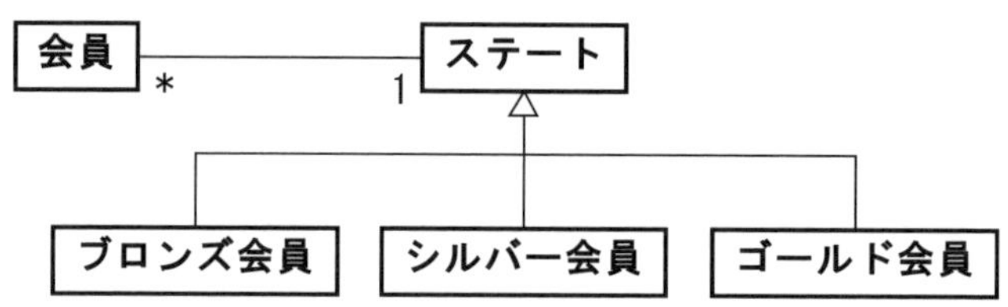

図 12.8. ステートパターンの例（演習問題 7.7 より）

12.4　本章のまとめ

パターンは，デザインパターンやアナリシスパターン以外にも提案されています．何か難しい設計に直面したとき，これまで提案されているパターンからヒントを探すことができるでしょう．

そして，パターンには名前がついています．例えば「ここはステートパターンの利用を想定しています」といえば，その意図を伝えることができます．

本書の内容は以上です．ここまで技術の紹介や解説を行い，演習問題をいろいろと用意しました．是非，演習を通じて理解を深めてください．

付録 A
演習問題解答例

演習問題 2.1：長方形，会員，販売クラス

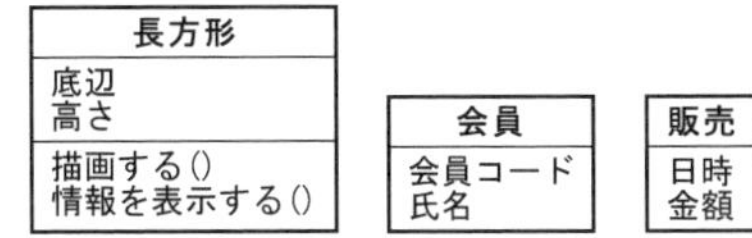

演習問題 2.2：長方形，会員，販売クラス

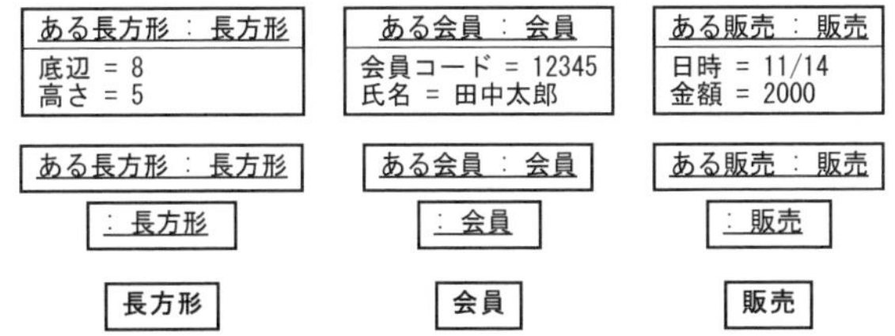

解説：スロット区画がないインスタンスと，属性区画と操作区画がないクラスを確実に見分ける方法は，下線の有無を見ることです（下線を忘れずに）.

演習問題 2.3：長方形と正方形クラス，会員と特別会員クラス

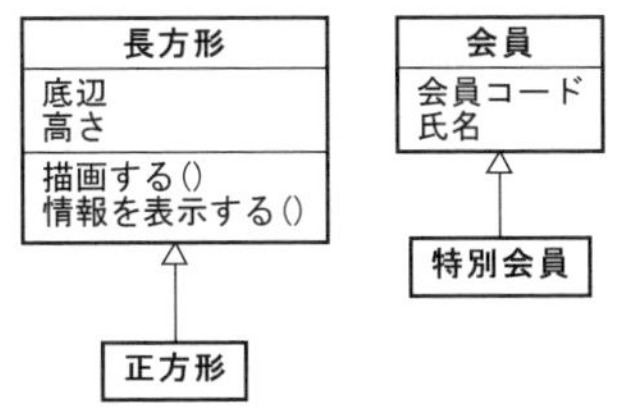

問の答え：正方形クラスは長方形クラスを継承しているので，長方形がもつ底辺，高さなどの属性，「描画する」や「情報を表示する」などの操作をすべてもっています．同様に，特別会員は会員を継承しているので，会員コードや氏名という属性をもっています．

補足：一般にはスーパークラスを上側に書いた方が図として理解しやすいと思います．しかし，状況によってはスーパークラスが下側にくる場合もあります．そのときは，当然ながら**汎化の矢印**の向きが下向きになります．

演習問題 2.4：説明文で示されたことを論理記号と包含記号で示し，続いてベン図と汎化関係を用いて表します．

「正方形ならば長方形である」は，「正方形 ⇒ 長方形」，「正方形 ⊂ 長方形」．

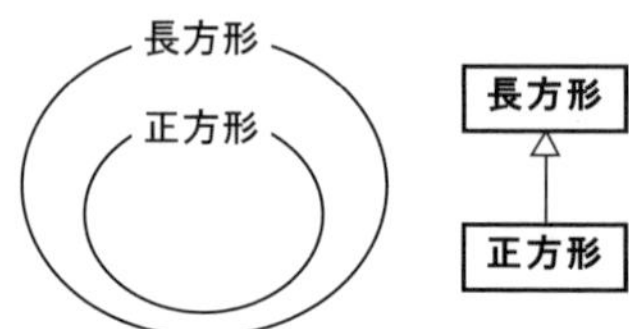

「円は楕円を継承する」は，「円 ⇒ 楕円」，「円 ⊂ 楕円」．

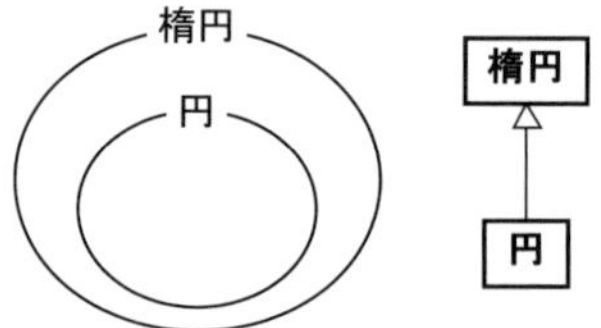

「ホテル支配人ならばホテル受付係」と考えれば，「ホテル支配人 ⇒ ホテル受付係」，「ホテル支配人 ⊂ ホテル受付係」と書けます．この場合，おそらくシステムで取り扱うデータではなく，システムを使うユーザの役割の整理を意図しています．その場合は，下図中央のクラスを用いた表現より，一番右のスティックマン（人の形をした図形でユースケース図において用いる）を使い，これがシステムのユーザ（アクターと呼ぶ）であることを示すのが適当です（アクターについての説明がまだの段階での演習ですので，ここでは参考情報と考えてください）．

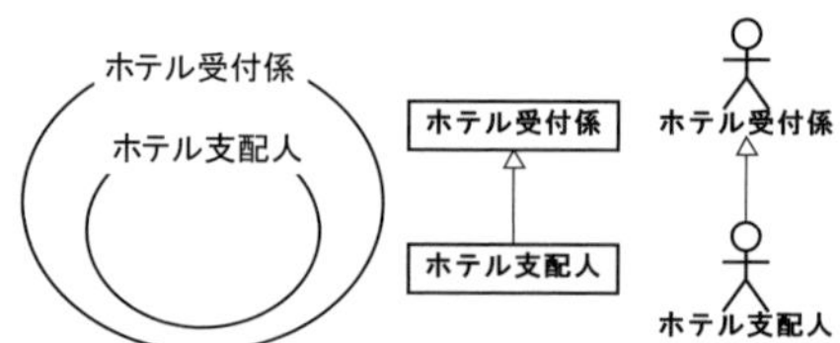

演習問題 2.9：説明文にあるクラス図を示します．

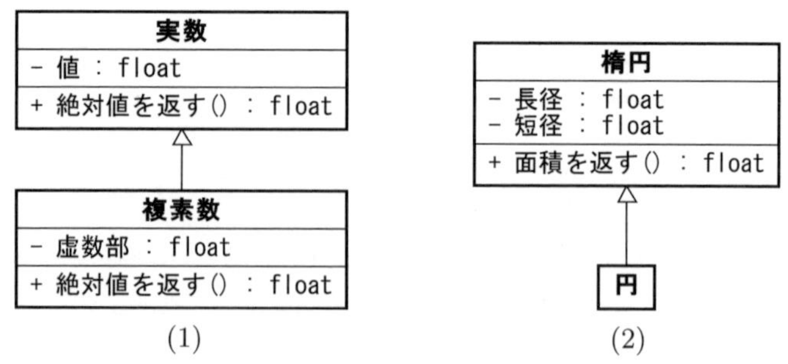

問に対する答え：複素数クラスは，実数クラスを継承しているので，「値」という属性をもちます．円クラスは，楕円クラスを継承し，さらにオーバライドをしていないので，楕円クラスと同じ「面積を返す」という操作をもちます．

演習問題 2.10：**説明文にあるクラス図を示します**

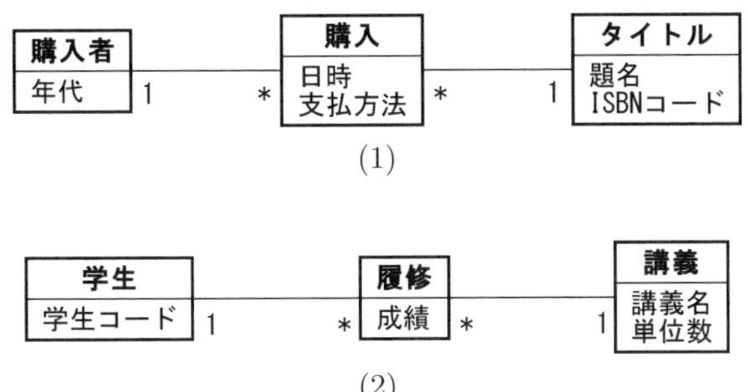

(1)

(2)

演習問題 2.11：**説明文にあるクラス図を示します．**

解説：「たすき掛けの関係」を思い出しましょう．インスタンスを考えると，

- ある生徒から見て，受講する最大の講義科目数は 10（最低は 0）
- ある講義科目からみて，受講する最大の生徒数は 20（最低は 0）
- ある受講から生徒や講義科目を見ると，それぞれ 1 つ対応

演習問題 2.12：**説明文にあるクラス図を示します．**

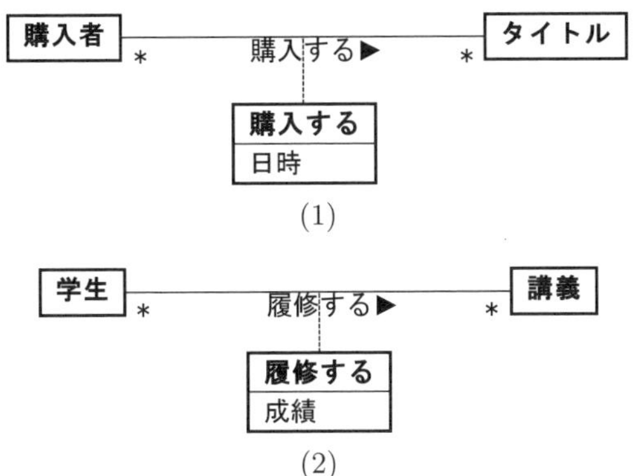

(1)

(2)

演習問題 2.13：説明文にあるオブジェクト図を示します．

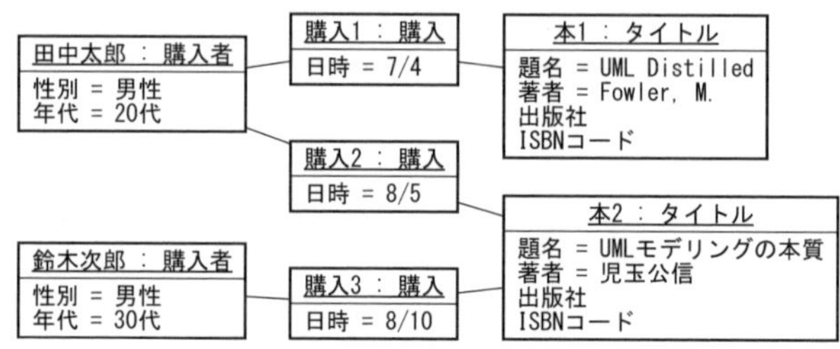

演習問題 2.14：説明文にあるクラス図を示します．

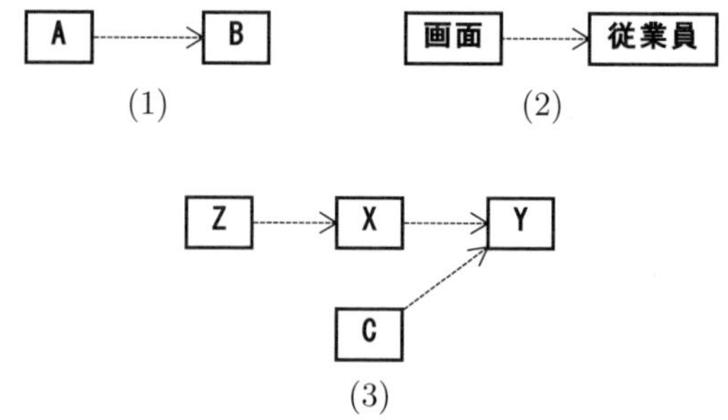

演習問題 2.15：説明文にあるクラス図を示します．

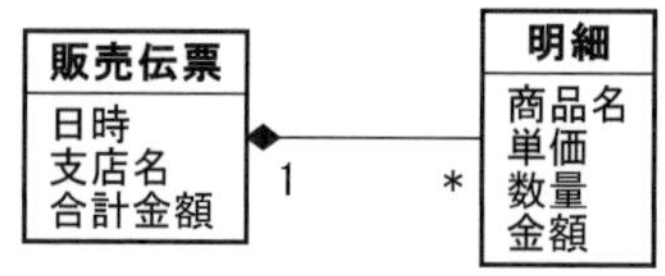

演習問題 2.16：説明文にあるクラス図を示します．

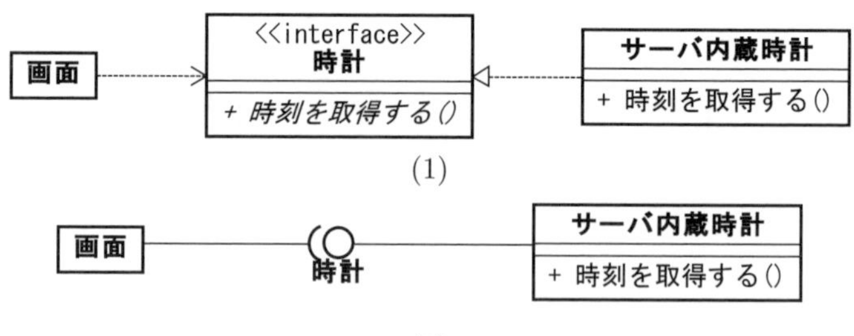

解説：時計インタフェースを変えなければ,「画面」,「サーバ内蔵時計」を変更しても，互いに影響を与えません（疎結合性）．また，画面（使う側）は，時計インタフェースのみを知っていれば設計できます（知ることの限定は「高凝集性」を高めます）．

演習問題 3.1：パッケージ図を示します．

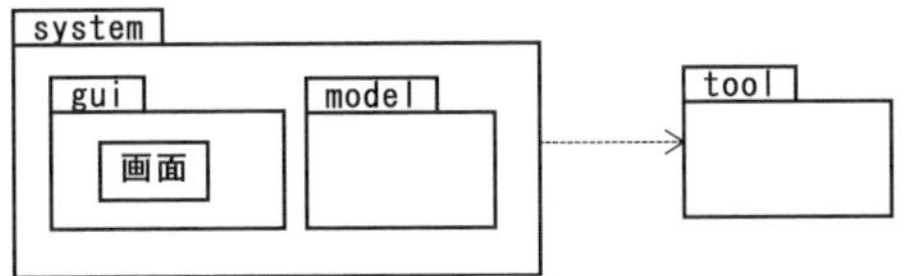

演習問題 3.3：自動車のステートマシン図を示します．

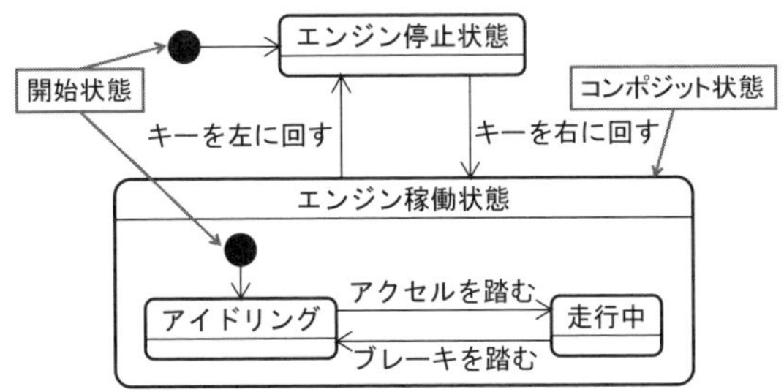

演習問題 3.4：DVD プレーヤーのステートマシン図を示します．

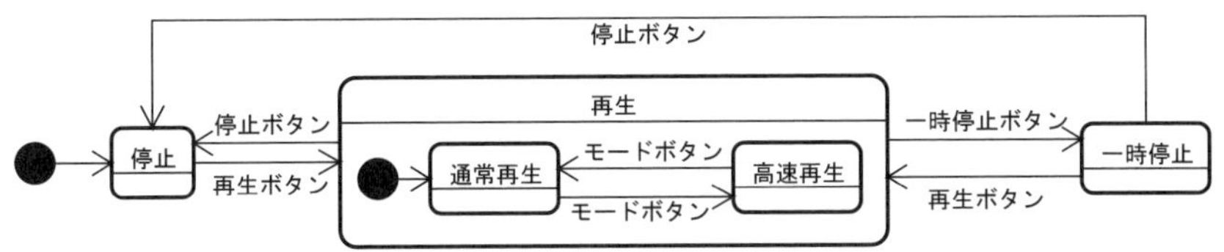

演習問題 3.6：部屋を予約する際のフロー（流れ図）をアクティビティ図で示します．

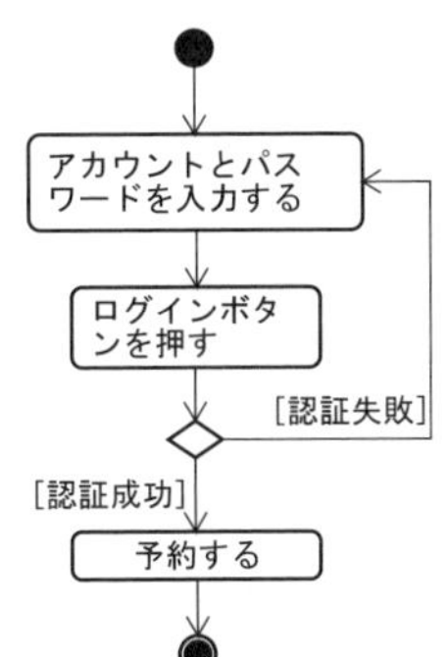

補足：アクションを行う人が利用者のみなので，アクティビティパーティションは使わなくてよいでしょう．この例のように，条件分岐をまとめるとき（合流させるとき），マージノードを使わず，アクションでまとめることもできます．

演習問題 4.6：抽象クラスと継承を用いた演習（発展課題）の実行結果とリバースエンジニアリングの結果（解答例）を示します． 発展課題 1,2 の実行結果例は下記です．

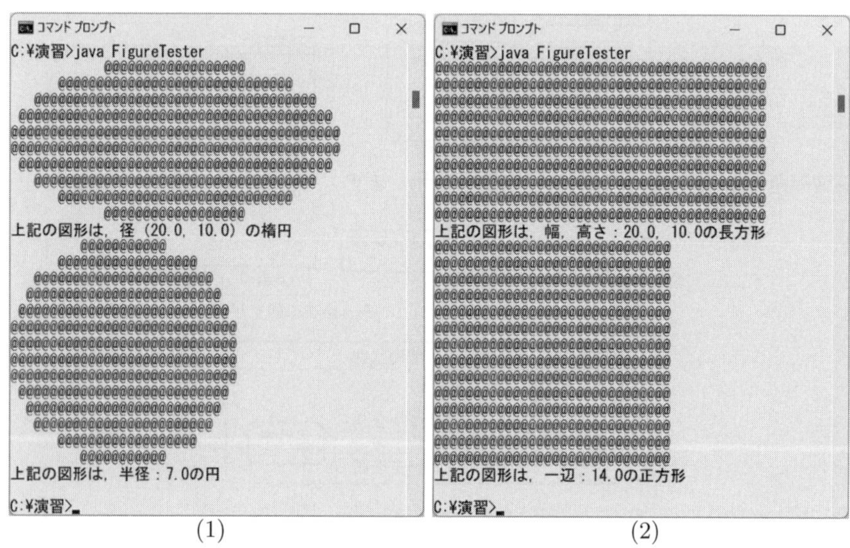

(1)　(2)

必要となるソースコードの修正例を示します．`Figure.java` では，3 行目を追加し，画素を表す文字の宣言を行い（文字は “@” を指定，コード A.1），`Ellipse.java` では，Figure クラスで宣言した文字 Pixel を使うように，14 行目を修正します．

コード A.1. 修正後の Figure クラス（上）と Ellipse クラスの修正箇所（下）

```
1  abstract class Figure{
2    final double PAratio = 0.48; // 画素のアスペクト比
3    final String Pixel = "@";
4    abstract void draw();
5    abstract String getNote();
6    void draw_w_Note(){
7      draw();              // ←描画を文章出力の前に変更
8      System.out.println("上記の図形は，"+getNote());
9    }
10 }
```

```
14   if( distance2 <= 1 )  System.out.print(Pixel);
```

長方形（Rectangle），正方形（Square）クラスの例を示します．ドライバ FigureTester.java もテストするクラスに合わせ修正が必要になる点に注意してください．

コード A.2. 長方形クラス（上）と正方形クラス（下）

```
class Rectangle extends Figure{
  double width;  // 長方形の幅
  double height; // 長方形の高さ
  Rectangle( double width, double height ){
    this.width  = width;
    this.height = height;
  }
  void draw() {
    for( double i = 0 ; i < height ; i++ ){
      for( double j = 0 ; j < width/PAratio ; j++ ){ // ←アスペクト比調整
        System.out.print(Pixel);
      }
      System.out.println();
    }
  }
  String getNote(){ return "幅，高さ："+width+", "+height+"の長方形"; }
}
```

```
class Square extends Rectangle{
  Square( double r ){          super( r, r );  }
  String getNote(){ return "一辺：" + this.width + "の正方形"; }
}
```

発展課題 3 の直角三角形（RightTriangle），二等辺三角形（IsoscelesTriangle）クラスの追加と，リバースエンジニアリングの結果（下図）について示します．

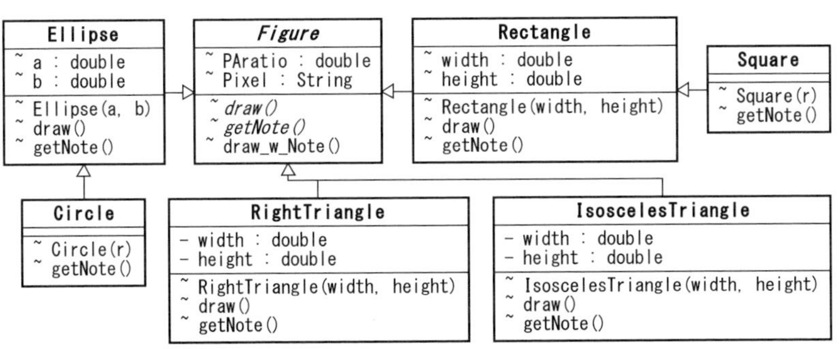

直角三角形（RightTriangle），二等辺三角形（IsoscelesTriangle）クラスの例です．

コード A.3. 直角三角形クラス RightTriangle.java

```
class RightTriangle extends Figure{
  private double width;  // 直角三角形の幅
  private double height; // 直角三角形の高さ
  RightTriangle( double width, double height ){
    this.width  = width;
    this.height = height;
  }
  void draw() {
    for( double i = 0 ; i < height ; i++ ){
      for( double j = 0 ; j < width/PAratio ; j++ ){ // ←アスペクト比調整
        double x =  (j + 0.5) * PAratio;
        double y =  height - 0.5 - i;
        double equation = y + height/width * x - height;
        if( equation <= 0  )  System.out.print(Pixel);
        else                              System.out.print(' ');
      }
      System.out.println();
    }
  }
  String getNote(){
    return "底辺，高さ："+width+", "+height+"の直角三角形";
  }
}
```

コード A.4. 二等辺三角形クラス IsoscelesTriangle.java

```
class IsoscelesTriangle extends Figure{
  private double width;  // 二等辺三角形の幅
  private double height; // 二等辺三角形の高さ
  IsoscelesTriangle( double width, double height ){
    this.width  = width;
    this.height = height;
  }
  void draw() {
    for( double i = 0 ; i < height ; i++ ){
      for( double j = 0 ; j < width/PAratio ; j++ ){ // ←アスペクト比調整
        double x =  (j + 0.5) * PAratio;
        double y =  height - 0.5 - i;
        double equation1 = y + 2.0*height/width * x - 2.0*height;
        double equation2 = y - 2.0*height/width * x;
        if( equation1 <= 0 && equation2 <= 0 )  System.out.print(Pixel);
        else                                    System.out.print(' ');
      }
    System.out.println();
    }
  }
  String getNote(){
    return "底辺，高さ："+width+", "+height+"の二等辺三角形";
  }
}
```

実行結果例は下記です．

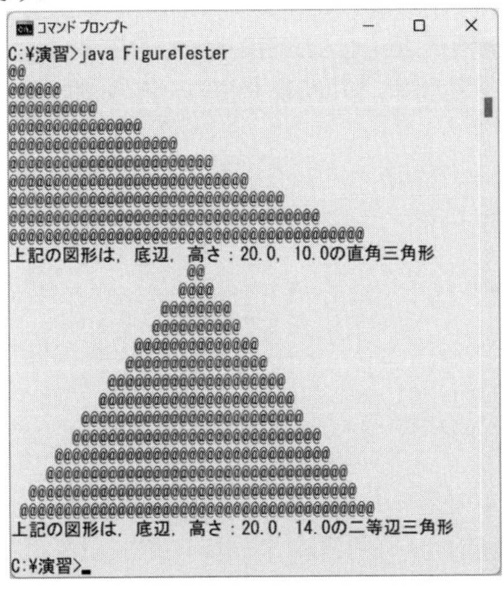

演習問題 6.1：図書システムのユースケース図とユースケース記述

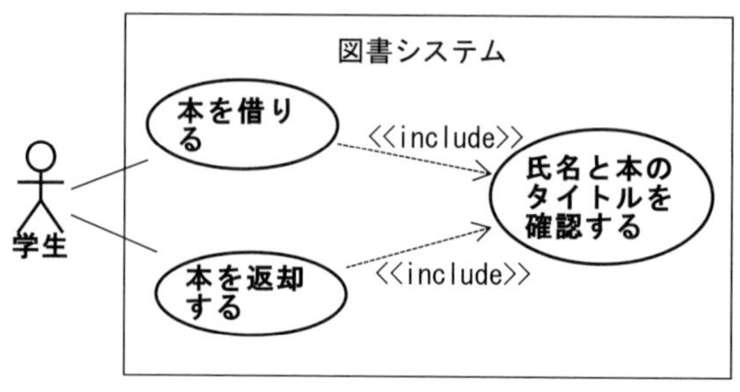

項目	内容
ユースケース名	本を借りる
スコープ	図書システム
レベル	ユーザ目的レベル
主アクター	学生
利害関係者と利益	大学：貸出情報の最低限の管理，入力ミス防止. 学生：自分の操作で本を借りたり返したりができること.
事前条件	学生が借りる本をもち，システムは学生が情報を入力できる状態にある
成功時保証	貸出情報（学生コード，管理コード，貸出日）が登録される
主成功シナリオ	1. 学生が，学生コードと本の管理コードを入力し，本を借りる旨をシステムに伝える. 2. システムが，上記コードに対応する氏名や本のタイトル（題名，著者，出版社，ISBN コード）などの貸出情報を表示する. 3. 学生が，氏名と本のタイトルを確認し，その旨をシステムに伝える. 4. システムが，貸出情報（学生コード，管理コード，貸出日）を登録する.

演習問題 6.2：購買傾向分析システムのユースケース図とユースケース記述

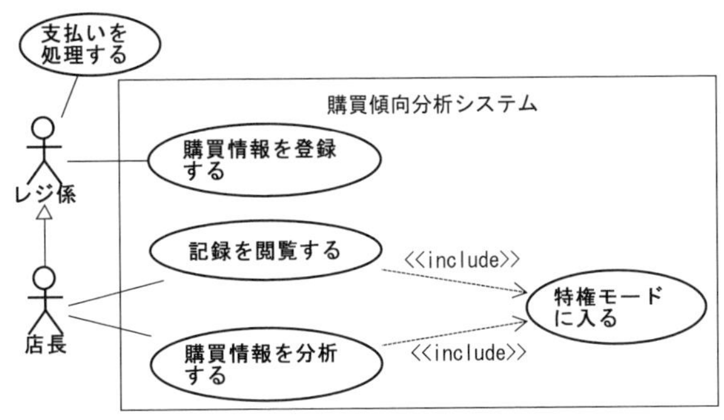

項目	内容
ユースケース名	購買情報を登録する
スコープ	購買傾向分析システム
レベル	ユーザ目的レベル
主アクター	レジ係
利害関係者と利益	店長：客層ごとの本の購買傾向を分析すること
事前条件	購買者が本をもち，システムはレジ係が情報を入力できる状態にある
成功時保証	購買情報（日時，本のタイトル，客層情報（性別と年代））が登録される
主成功シナリオ	1. レジ係が，本の ISBN コードと購買者の客層（性別と年代）を入力する． 2. システムが，本のタイトル（題名，著者，出版社，ISBN コード）と客層情報を表示する． 3. レジ係が，上記情報を確認し，システムに登録を依頼する． 4. システムが，購買情報（日時，本のタイトル，客層情報）を登録する．

演習問題 6.3：ビデオレンタルシステムのユースケース図とユースケース記述

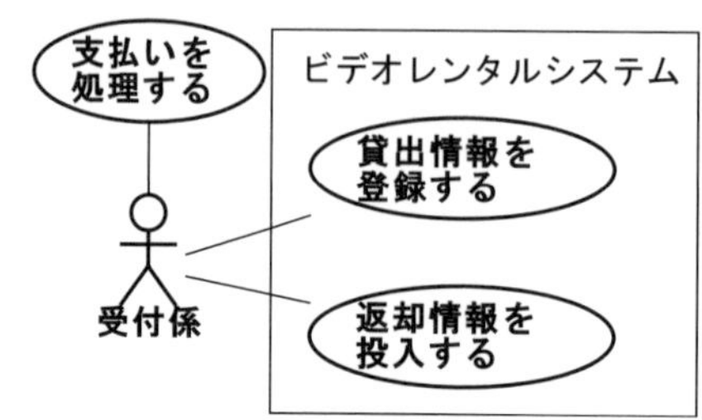

※図書システムのように，「タイトルと氏名を確認する」を下位機能として表しても良いでしょう．

項目	内容
ユースケース名	貸出し情報を登録する
スコープ	ビデオレンタルシステム
レベル	ユーザ目的レベル
主アクター	受付係
利害関係者と利益	ビデオレンタル店：貸出情報を管理できること
事前条件	会員が借りるビデオの空き箱をもち，受付係が情報を入力できる状態にある
成功時保証	貸出情報（管理コード，会員コード，貸出日）が登録される
主成功シナリオ	1. 受付係が，該当するビデオを棚から取り出す． 2. 受付係が，管理コードと会員コードを入力する． 3. システムが，上記コードに対応するビデオのタイトル（題名，言語，販売元，EAN コード）や会員氏名などの貸出情報を表示する． 4. 受付係が，タイトルと会員氏名を確認し，その旨をシステムに伝える． 5. システムが貸出情報（管理コード，会員コード，貸出日）を登録する．

※主成功シナリオ「1.」の「受付係が，該当するビデオを棚から取り出す」というのは，**アクターとシステムとのやり取りではありません．**ユースケース記述には，この例のように**情報システム**以外の手続きや動作を含むことがあります．「仕組み」という意味でのシステムを考えれば，この手続きもシステムに含まれますので，記述すべき内容です．主語については，アクターやシステム以外の場合もあり得ます．

演習問題 6.4 における主成功シナリオ「2.」の「…入力済み商品を分ける」，「6.」の「レジ係が，残金を会員に請求して受け取り，…」なども，同様に**アクターとシステムとのやり取りではありません．**

演習問題 6.4：スーパーのレジシステムのユースケース図とユースケース記述

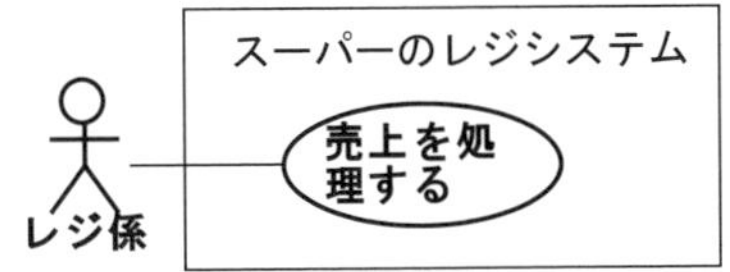

※ユースケースを細かく分解して示すこともできますが，ここではユースケース記述のステップとして表す方が良いと考えました．

項目	内容
ユースケース名	売上を処理する
スコープ	スーパーのレジシステム
レベル	ユーザ目的レベル
主アクター	レジ係
利害関係者と利益	スーパー：売上を処理すること
事前条件	会員が商品をもってレジにきて，システムはレジ係が情報を入力できる状態にある
成功時保証	売上情報（会員情報，日時，支払金額，利用ポイント）とその明細（商品，単価，数量）が登録され，会員のポイント情報が更新される
主成功シナリオ	1. レジ係が，会員コードをシステムに入力する． 2. レジ係が，商品と数量をシステムに入力し，入力済み商品を分ける． 3. レジ係が，商品がなくなるまで「2.」を繰り返す． 4. システムが，支払金額を算出し利用可能ポイントを示す． 5. レジ係が，会員から利用ポイント数を聞きだし，システムへ入力する． 6. レジ係が，残金を会員に請求して受け取り，レジへ入れる． 7. レジ係が，終了処理をシステムに依頼する． 8. システムが，売上情報と明細の記録，ポイントの更新を行う． システムが（支払金額－利用ポイント）に応じてポイントを付与する． 9. システムが，レシートを印刷する．

演習問題 6.5：ホテル予約システムのユースケース図とユースケース記述

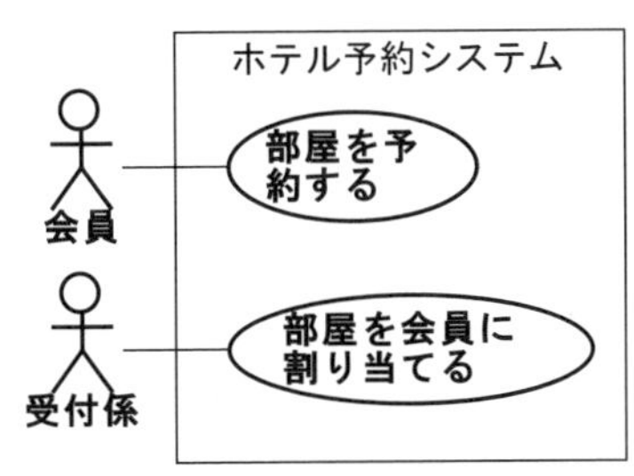

ホテル予約システムのユースケース図

ホテル予約システムのユースケース記述

項目	内容
ユースケース名	部屋を予約する
スコープ	ホテル予約システム
レベル	ユーザ目的レベル
主アクター	会員
利害関係者と利益	会員：ホテルの部屋を予約すること
事前条件	システムは，会員が部屋タイプや予約情報を入力できる状態にある
成功時保証	予約情報（会員コード，チェックイン日，滞在日数，合計料金）と 各宿泊情報（宿泊日，料金，部屋タイプ）が登録される．
主成功シナリオ	1. 会員が，部屋タイプ（デラックスかスタンダード）と予約情報（チェックイン日，滞在日数）を指定して，予約状況と料金を問い合わせる． 2. システムが，予約可能かどうかと料金を示す． 3. 会員が，部屋タイプと予約情報を指定し，予約を依頼する． 4. システムが，予約可能かを確かめ，可能なら予約情報（会員コード，チェックイン日，滞在日数，合計料金）と各宿泊情報（宿泊日，料金，部屋タイプ）が登録される．

演習問題 7.1：図書システムの問題領域モデル

解説：「学生情報–貸出–本」が「モノ–コト–モノ」の基本パターンになり，そこに「タイトル」という概念が付加されています．

本やビデオの貸し出しではあるタイトルに複数の実体が存在します．本とタイトルを別に扱いましょう．「学生」という概念をアクターで使っているので，重ならないように「学生情報」としました．逆に「貸出情報」は「貸出」と簡潔に書きました．ルールの書き方はいろいろとあります．「貸出状況から判断する」とあるので，貸出につけています．

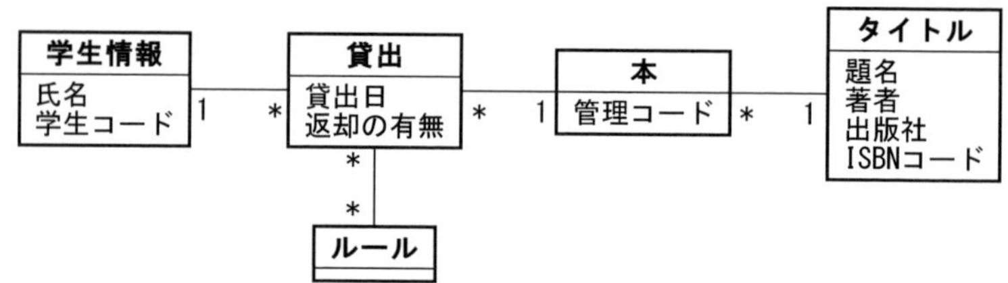

図書システムの問題領域モデルその1

下図は『UML モデリングの本質』[8] が扱っている図書システムを参考にした別解です．貸出に「貸出中」と「返却済」の 2 状態（ステート）あるとしています．

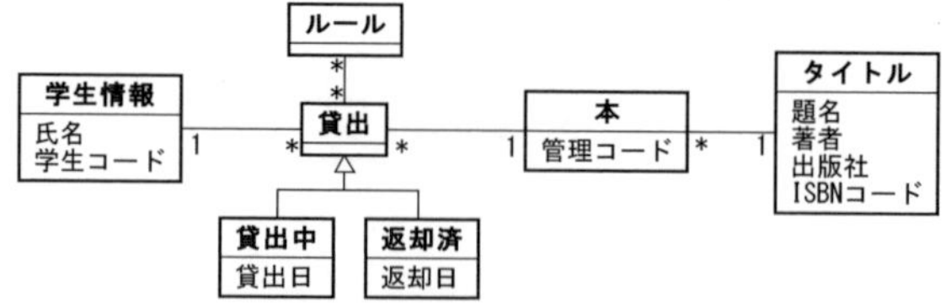

図書システムの問題領域モデルその2

演習問題 7.2：購買傾向分析システムの問題領域モデル

解説：「購入者–購入–タイトル」が「モノ–コト–モノ」の基本パターンです．今度は，貸し出しではないので，個々の本を別々に管理することはしません（購入でも，製品をシリアル番号で管理する場合は個別管理が必要となります）．

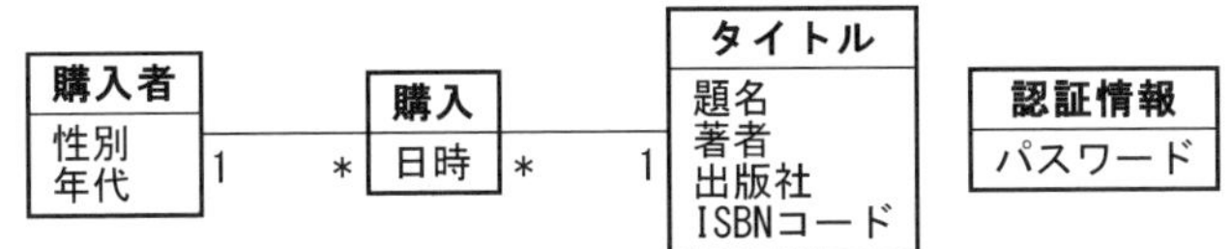

演習問題 7.3：ビデオレンタルシステムの問題領域モデル

解説：「会員–貸出–ビデオ」が「モノ–コト–モノ」の基本パターンになり，そこに「タイトル」という概念が付加されています．ユースケースモデルでは，「貸出情報」としていましたが，ここでは「貸出」と簡潔に書きました．

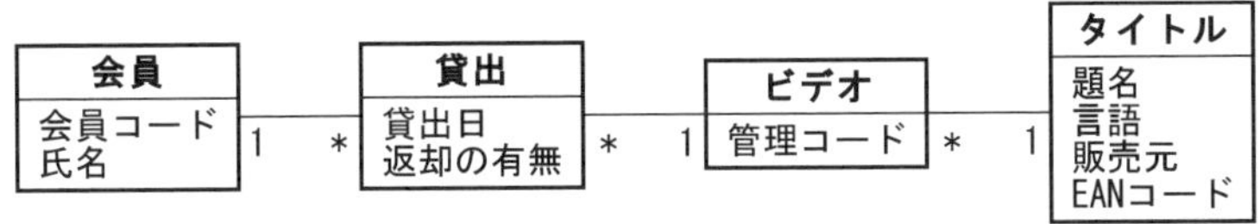

演習問題 7.4：スーパーのレジシステムの問題領域モデル

解説：売上と売上明細を「売上情報」とまとめてみれば，「会員–売上情報–商品」は「モノ–コト–モノ」の基本パターンになり，「売上情報」を分解したものが売上とその明細になると考えることができます．明細は，本体がないと存在しませんからコンポジションを使っています．明細の多重度は「＊」でも間違いではないと思いますが，1 つはあるとして丁寧に「1.. ＊」としました．売上の多重度の「1」は，排他的所有権を表すコンポジションですので，普通は「1」になります．省略しても構いません．売上のところに「/ 支払金額」とあります．この「/」は，派生属性と呼ばれ，他の属性から計算できることを表します（明細の単価 × 数量を合計した値です）．売上明細と商品には，同じ「単価」があります．これは，説明文「単価は日々変動する」に対応し，売上があったときの単価を区別してもつためです．

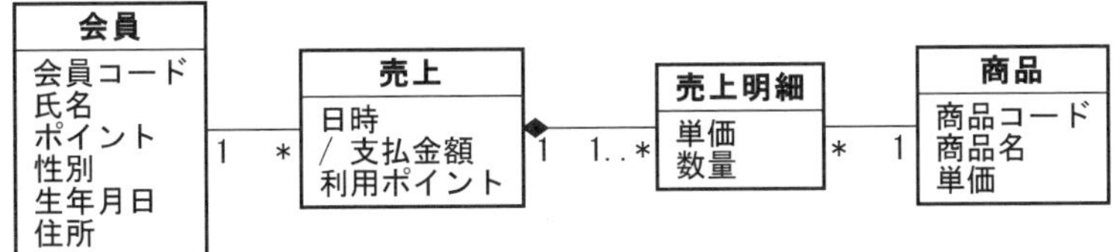

演習問題 7.5：ホテル予約システムの問題領域モデル

解説：予約と宿泊を「予約情報」とまとめてみれば，「会員–予約情報–部屋タイプ」は「モノ–コト–モノ」の基本パターンになり，「予約情報」を分解したものが予約と宿泊になると考えることができます．宿泊は，本体がないと存在しませんからコンポジションを使っています．「会員」はアクターなので「会員情報」を使っています．宿泊と部屋タイプに「料金」がありますが，これは料金が変動することから，予約時の料金を別途保存するためです．部屋タイプに「デラックス」と「スタンダード」の 2 状態（ステート）あることを表しています．部屋のタイプや数は，追加や変更があり得ると考え，このようなモデルにしました．もっと簡素なモデルもあり得ます．また，部屋と宿泊をいずれも「0..1」の多重度にして関連づけています．予約時はいずれの多重度も 0 とし，実際のチェックイン時に 1 として両者を結びつけます．この巧妙な仕組みは，文献 [8] で「予定– 実績」の構造として紹介されているものです．

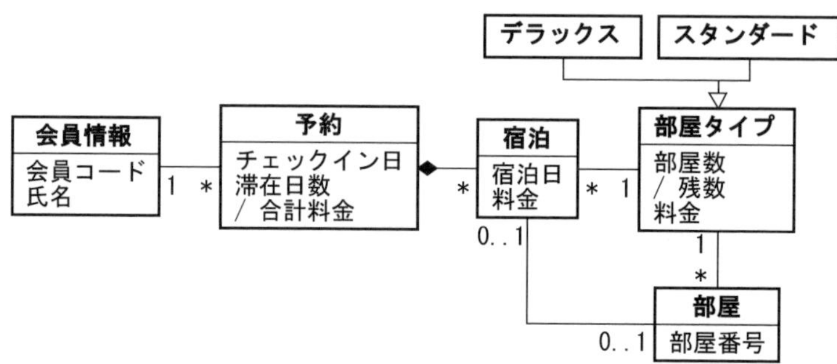

演習問題 7.6：履修管理システムの問題領域モデル

問題領域モデルの解答例を示します．

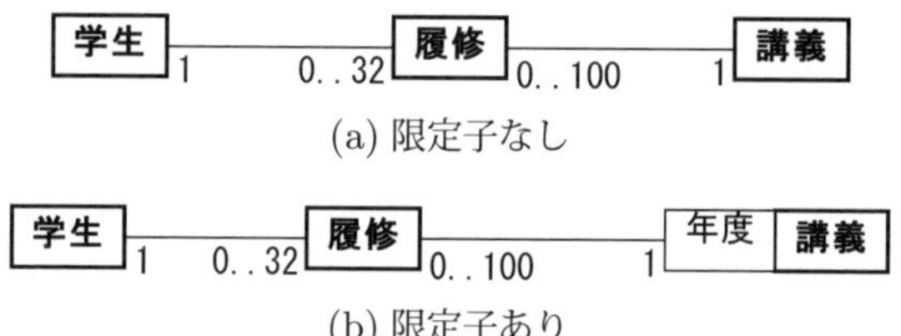

(a) 限定子なし

(b) 限定子あり

解説：関連における多重度について確認します（限定子を除いて考えます）．まず，「学生」と「講義」は上限が決まっている多対多の関係になります（下図の (a)）．コト（履修）を挿入し「モノ–コト–モノ」にすると，多重度はたすき掛けの関係で入れ替わります（下図の (b)）．多重度は**関連先に結びつくインスタンスの数**を表します（2.5.1 項参照）．

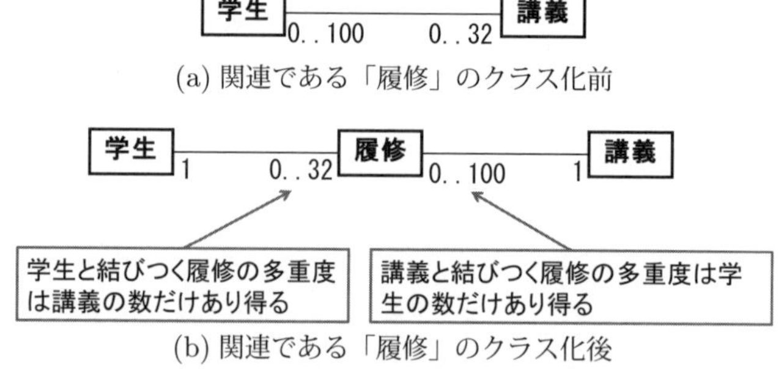

(a) 関連である「履修」のクラス化前

(b) 関連である「履修」のクラス化後

演習問題 7.7：ステートパターンを考慮した問題領域モデル

解説：4.2.2 項が参考になります．これは，設計（実装を考慮したモデルの作成）を意識して問題領域モデルを作成することに相当します．モデルの抽象度は落ちますので，無理に変換する必要はありません．このような図が読めるようにしてください．

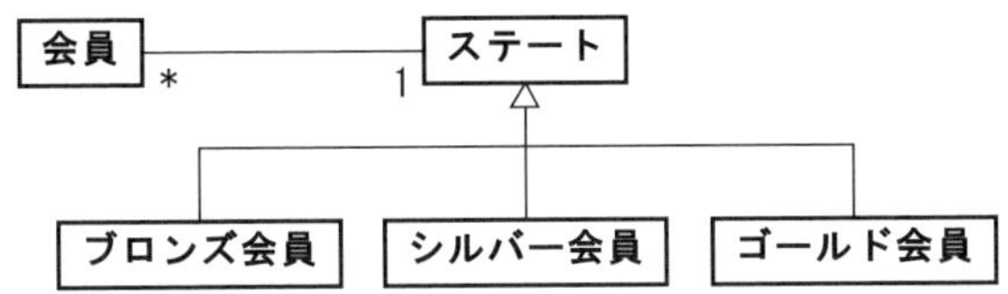

演習問題 8.1：図書システムのデータモデル（ER 図）

解説：「貸出」に，主キー「貸出 ID」を追加しています．「貸出」に，学生コードや管理コードが外部キーとして入りました．貸出を保存すれば，成功時保証が満たせることがわかります．問題領域モデルの貸出クラスには，これらが入っていません．このあたりが問題領域モデルとデータモデル（ER 図）の大きな違いです．学生情報，本（貸出側），タイトルのカーディナリティは 1 になります．非依存リレーションシップにおいて親エンティティのカーディナリティを「ちょうど 1」に変更したい場合は，リレーションシップを選択した状態で，プロパティビューにて，「親は必須」というチェック欄をチェックしてください．他の演習問題でも同様です．

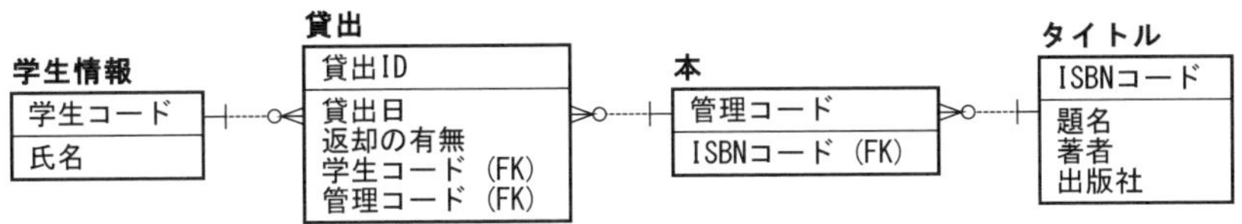

演習問題 8.2：購買傾向分析システムのデータモデル（ER 図）

解説：購入者，購入，認証情報に主キーを追加しています．「購入」に，客層コードや ISBN コードが外部キーとして入りました．購入を保存すれば，成功時保証が満たせることがわかります．購入者，タイトルのカーディナリティは 1 になります．

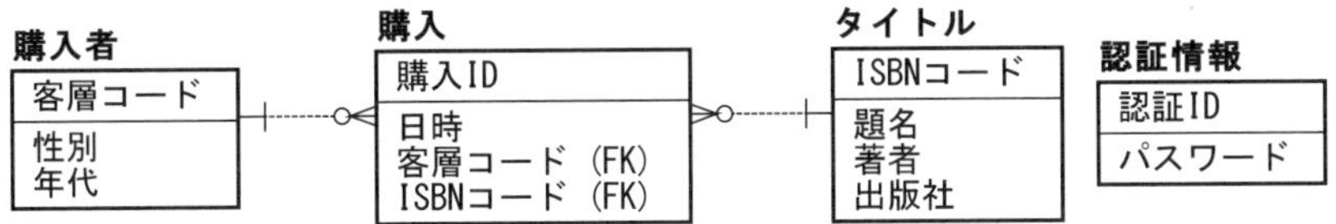

演習問題 8.3：ビデオレンタルシステムのデータモデル（ER 図）

解説：「貸出」に主キー「貸出コード」を追加しています．「貸出」に，会員コードや管理コードが外部キーとして入りました．貸出を保存すれば，成功時保証が満たせることがわかります．会員，ビデオ（貸出側），タイトルのカーディナリティは 1 になります．

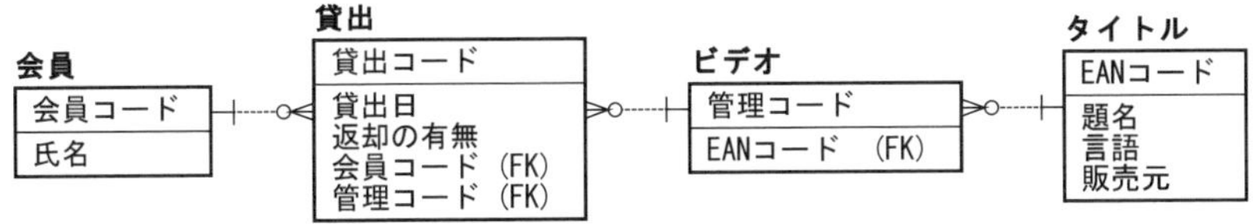

演習問題 8.4：スーパーのレジシステムのデータモデル（ER 図）

解説：「売上」に主キー「売上コード」を追加しています．「貸出」に，会員コードが外部キーとして入りました．会員のカーディナリティは 1 になります．このモデルでは，「売上明細」は，「売上」と「商品」の両方に依存していますが，いくつか別解が考えられますので，ここで整理します．売上明細の主キーについては，以下の 3 通りが考えられます．

- 解答例のように，2 つの外部キーを複合キーとして主キーにする方法．この方法は，商品コードで売り上げた商品のリストがソートされていることが前提になります（例えば，最初にカウントしたタマネギと後で追加したタマネギを一緒にしてタマネギ 2 つとして管理するという意味です．レシートを見ると，たいていはこれが満たされているように思います）．
- 新たに「売上明細コード」を導入し，これのみを主キーとする方法．「売上明細」が独立エンティティになります．
- 「売上コード」と「売上明細コード」を複合キーとする方法．この場合，「売上明細コード」は，同一売り上げの中だけでユニークであれば良くなります．

システムに求められる要件や制約などを吟味して決めることになります．

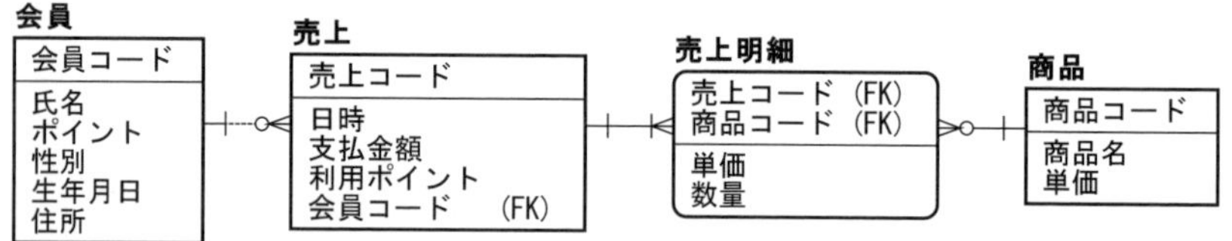

演習問題 8.5：ホテル予約システムのデータモデル（ER 図）

解説：元々の「部屋タイプ」の部分は，「部屋情報」と名前を変更しています．この「部屋情報」と「部屋」は，宿泊日ごとで考えるべきですので，宿泊日を主キーとしてもたせる必要があります．重複を避けるため，「宿泊可能日」を設け，そこから「宿泊日」を取っています．「宿泊－部屋」は「1 対 1」の関係ですが，宿泊日を重複させないために，宿泊を親にしました．

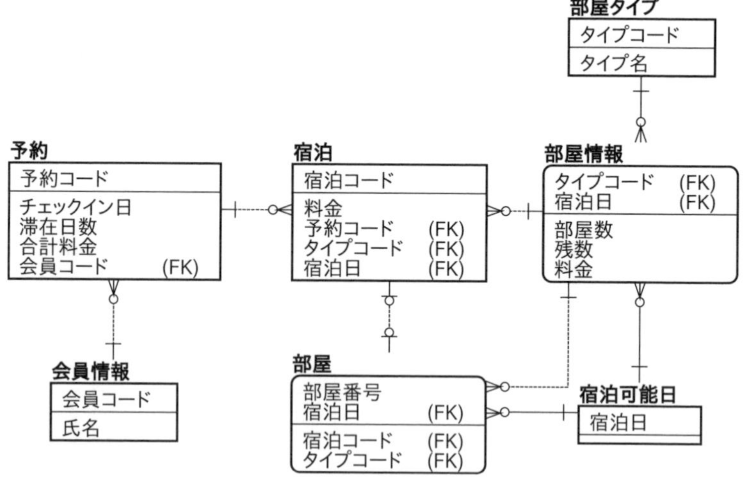

演習問題 8.6：発注書のデータモデル（ER 図）

解説：エンティティ名は，いろいろと考えられます．発注先や店舗のカーディナリティは 1 になります．発注明細の主キーは，演習問題 8.4 と同様，複数の決め方があります．

発注先
発注先コード
発注先名
発注書ヘッダ
発注番号
合計金額
発注日
発注先コード (FK)
店舗コード (FK)
発注明細
発注番号 (FK)
商品コード (FK)
数量
金額
商品
商品コード
商品名
単価
店舗
店舗コード
店舗名
住所
電話番号

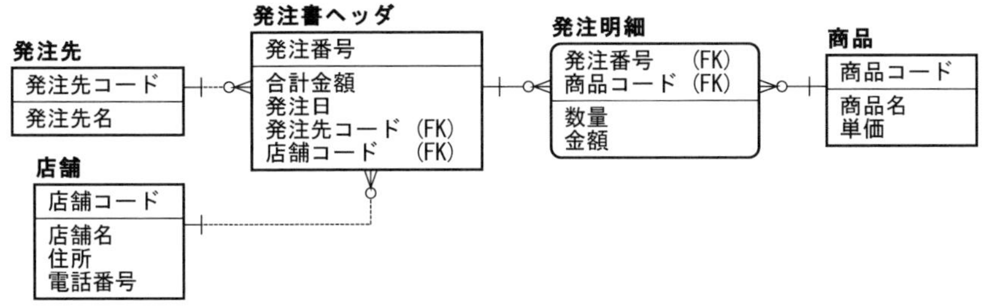

演習問題 10.4：図書システムの設計モデル

まず，ロバストネス図（解答として必須ではない）とクラス図を示します．

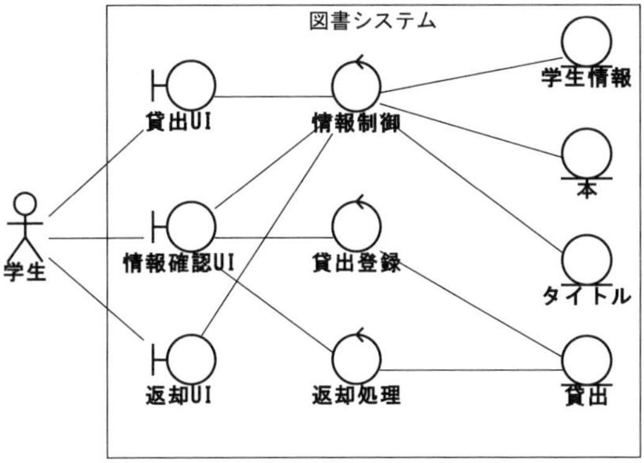

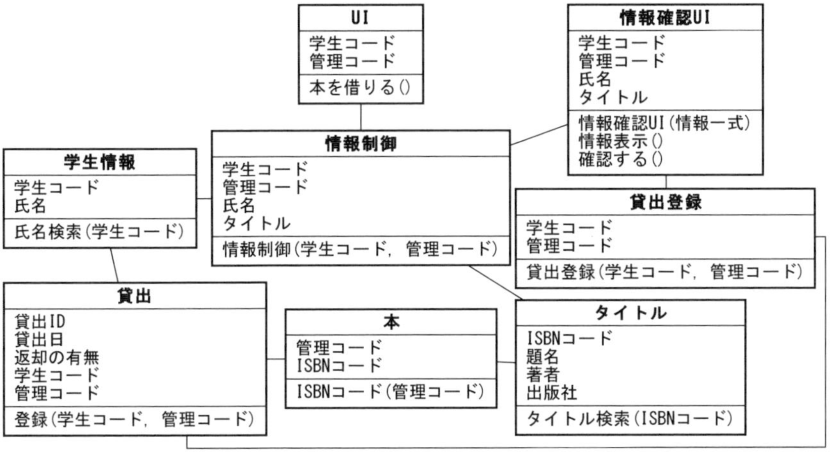

図書システム
学生
貸出UI
情報確認UI
返却UI
情報制御
貸出登録
返却処理
学生情報
本
タイトル
貸出

UI
学生コード
管理コード
本を借りる()
情報確認UI
学生コード
管理コード
氏名
タイトル
情報確認UI(情報一式)
情報表示()
確認する()
情報制御
学生コード
管理コード
氏名
タイトル
情報制御(学生コード，管理コード)
学生情報
学生コード
氏名
氏名検索(学生コード)
貸出登録
学生コード
管理コード
貸出登録(学生コード，管理コード)
貸出
貸出ID
貸出日
返却の有無
学生コード
管理コード
登録(学生コード，管理コード)
本
管理コード
ISBNコード
ISBNコード(管理コード)
タイトル
ISBNコード
題名
著者
出版社
タイトル検索(ISBNコード)

補足：ロバストネス図でエンティティとして表されているクラスは，ER 図のエンティティを参考にしてモデリングしています．

シーケンス図を示します．

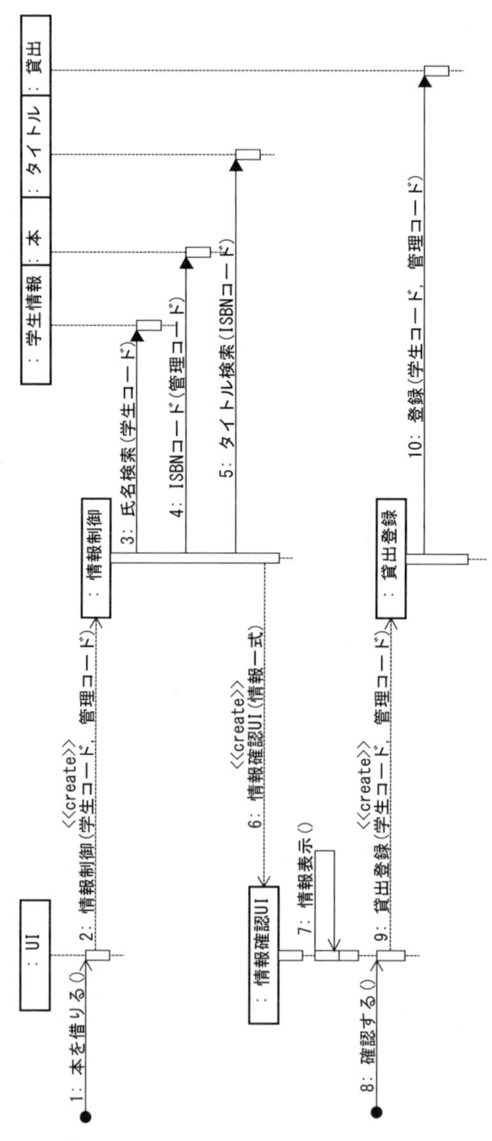

図書システムのシーケンス図

補足：コントロールの「情報制御」や「貸出登録」の生成は，必要な情報の取得も伴うので，生成用の操作（＝コンストラクタ）を用いています．以下の説明は，設計モデルの備考として記載すべき内容です．

- 登録時，「貸出日」の情報はシステムがもつ時計から取得するので，パラメタで渡すことはしない．
- 「情報一式」とは，学生コード，管理コード，氏名，タイトル（ISBN コード，題名，著者，出版社）をさす（長くなるので，まとめました）．

演習問題 10.5：購買傾向分析システムの設計モデル

まず，ロバストネス図（解答として必須ではない）とクラス図を示します．ロバストネス図において，情報確認 UI は説明文にはありませんので，なくても構いません（他のモデルに近づけるために入れました）．また，エンティティとして表されているクラスは，ER 図のエンティティを参考にしてモデリングしています．

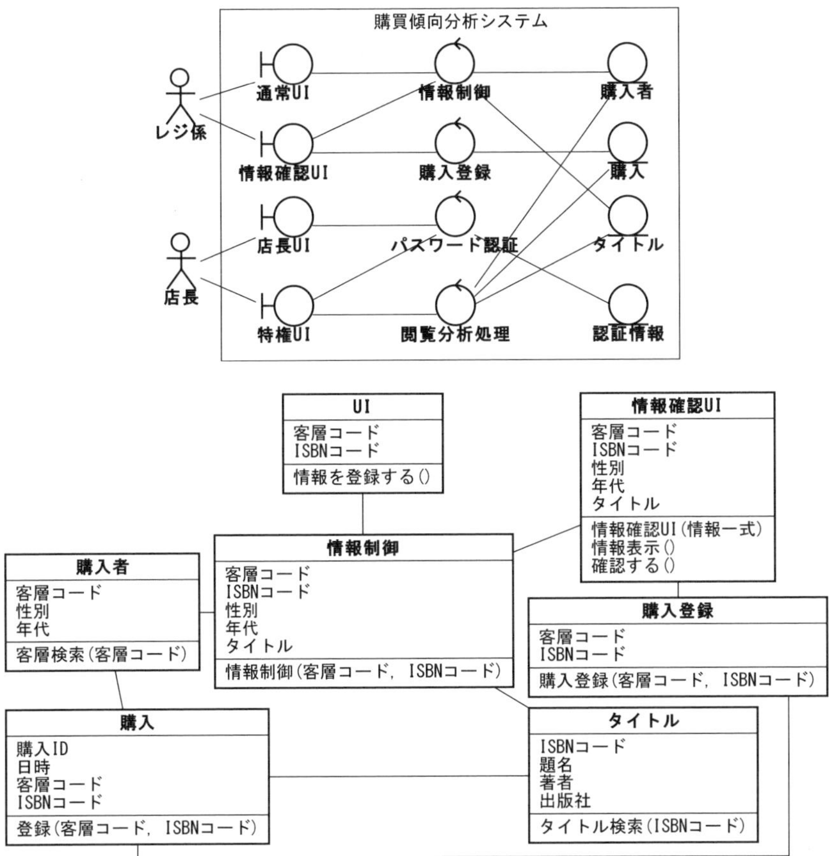

次にシーケンス図を示します．コントロールの「情報制御」や「購入登録」の生成は，必要な情報の取得も伴うので，生成用の操作（＝コンストラクタ）を用いています．次の

説明は，設計モデルの備考として記載すべき内容です．

- 登録時，「日時」の情報はシステムがもつ時計から取得するので，パラメタで渡すことはしない．
- 「情報一式」とは，客層コード，性別，年代，タイトル（ISBN コード，題名，著者，出版社）をさす．

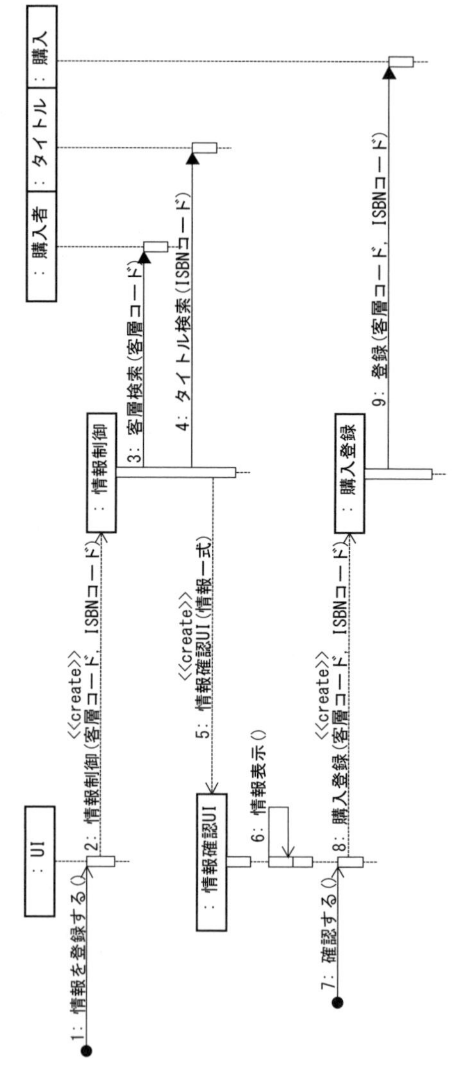

購買傾向分析システムのシーケンス図

演習問題 10.6：ビデオレンタルシステムの設計モデル
まず，ロバストネス図（解答として必須ではない）とクラス図を示します．ロバストネス図でエンティティとして表されているクラスは，ER 図のエンティティを参考にしてモデリングしています．

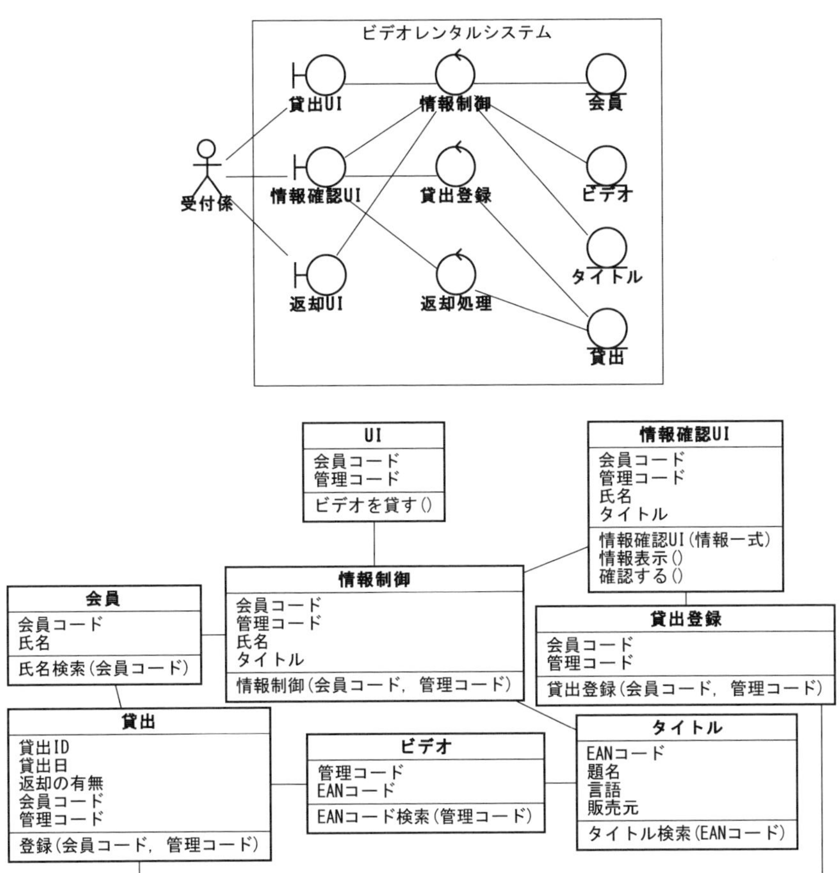

次にシーケンス図を示します．コントロールの「情報制御」や「購入登録」の生成は，必要な情報の取得も伴うので，生成用の操作（＝コンストラクタ）を用いています．以下の説明は，設計モデルの備考として記載すべき内容です．

- 登録時，「貸出日」の情報はシステムがもつ時計から取得するので，パラメタで渡すことはしない．
- 「情報一式」とは，会員コード，管理コード，氏名，タイトル（EAN コード，題名，言語，販売元）をさす．

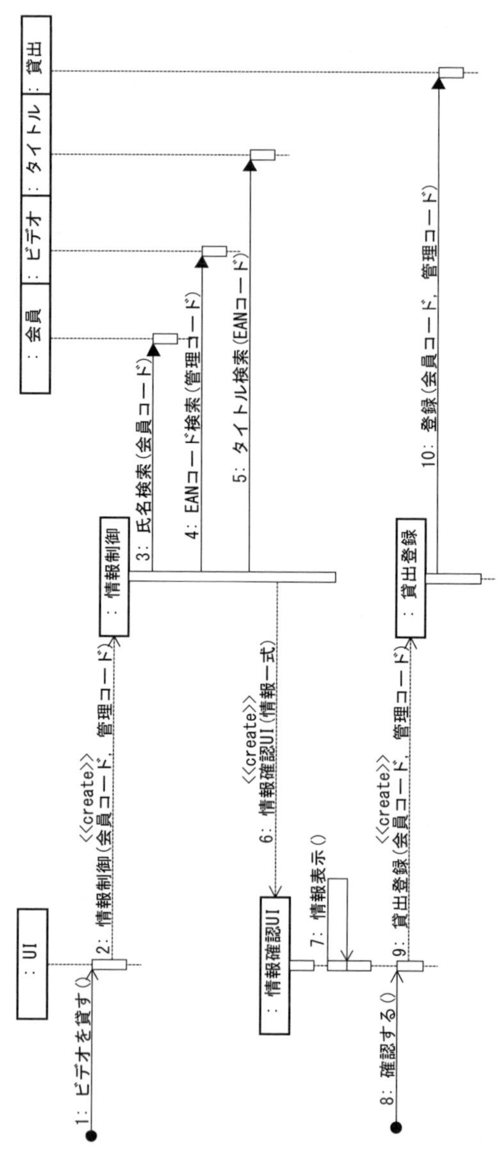

ビデオレンタルシステムのシーケンス図

演習問題 10.7：スーパーのレジシステムの設計モデル

クラス図とシーケンス図を示します．「情報処理」がコントロールです．ページ遷移を伴わずに内容が更新される，対話型アプリケーションです．

UI
会員コード
会員コード読込() 商品情報入力(商品コード，数量) 商品売上リスト表示(情報一式) ポイント利用依頼(ポイント) 残金表示(残金額) 終了処理依頼() 利用可能ポイント表示(ポイント)

売上
売上コード 日時 支払金額 利用ポイント 会員コード
登録(支払金額，利用ポイント，会員コード)

情報処理
会員コード 利用可能ポイント 支払額 利用ポイント 商品売上リスト 売上コード
情報処理(会員コード) 商品情報の追加(商品コード，数量) リスト更新() 利用ポイント設定(ポイント) 支払額更新() 終了処理受付() 印刷()

売上明細
売上コード 商品コード 単価 数量
登録(売上コード，商品コード，単価，数量)

会員
会員コード 氏名 ポイント 性別 生年月日 住所
ポイント取得(会員コード) ポイント更新(会員コード，ポイント)

商品
商品コード 商品名 単価
商品情報検索(商品コード)

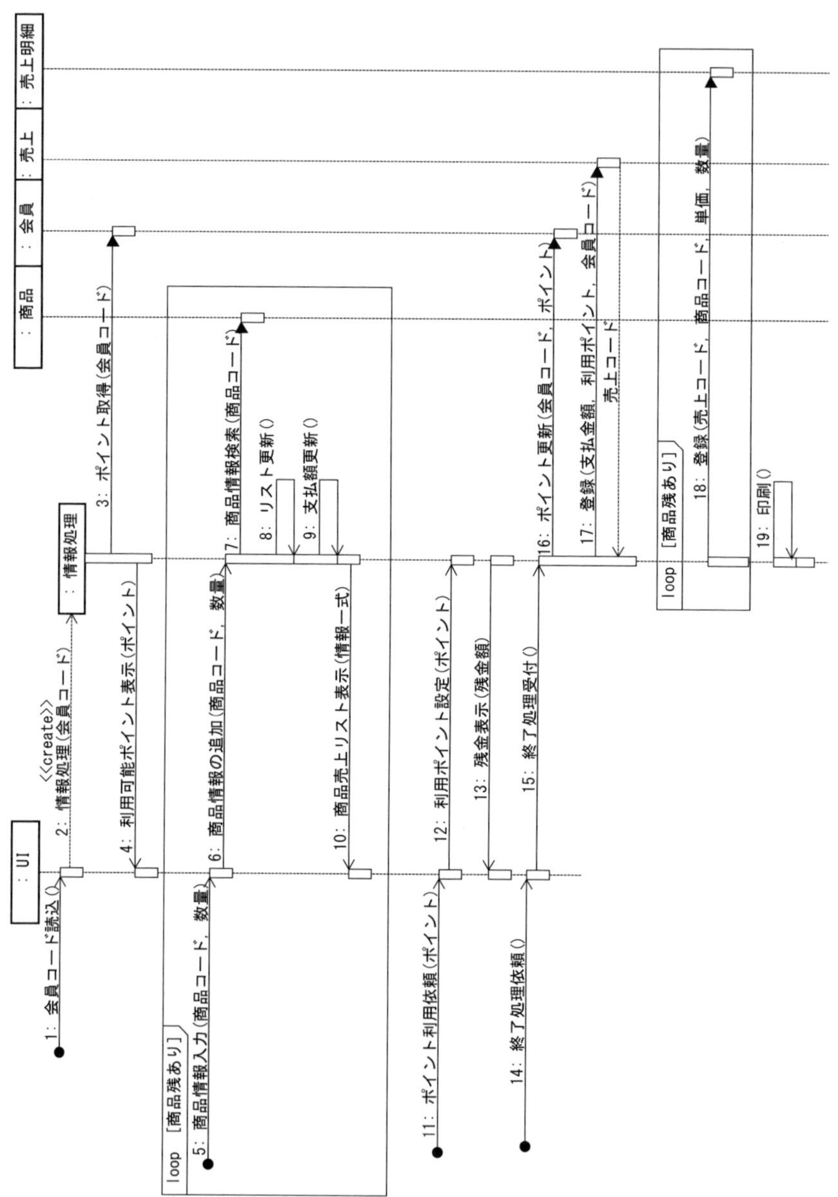

スーパーのレジシステムのシーケンス図

演習問題 10.8：ホテル予約システムの設計モデル

クラス図とシーケンス図を示します．「予約処理」がコントロールです．

UI
タイプコード チェックイン日 滞在日数
予約依頼() 予約完了表示(予約可能フラグ, 合計料金)

セッション
セッションID 会員コード
会員コード取得()

部屋タイプ
タイプコード 部屋数 残数 料金 宿泊日
残数取得(タイプコード, 宿泊日) 残数更新(タイプコード, 宿泊日) 料金取得(タイプコード, 宿泊日)

予約処理
会員コード タイプコード チェックイン日 滞在日数 予約可能フラグ 予約コード 合計料金 宿泊リスト
予約処理(タイプコード, チェックイン日, 滞在日数) リスト更新() 合計料金更新() 予約可能フラグ更新()

宿泊
宿泊コード 宿泊日 料金 予約コード タイプコード
登録(予約コード, 宿泊日, 料金, タイプコード)

予約
予約コード チェックイン日 滞在日数 合計料金 会員コード
登録(会員コード, チェックイン日, 滞在日数, 合計料金)

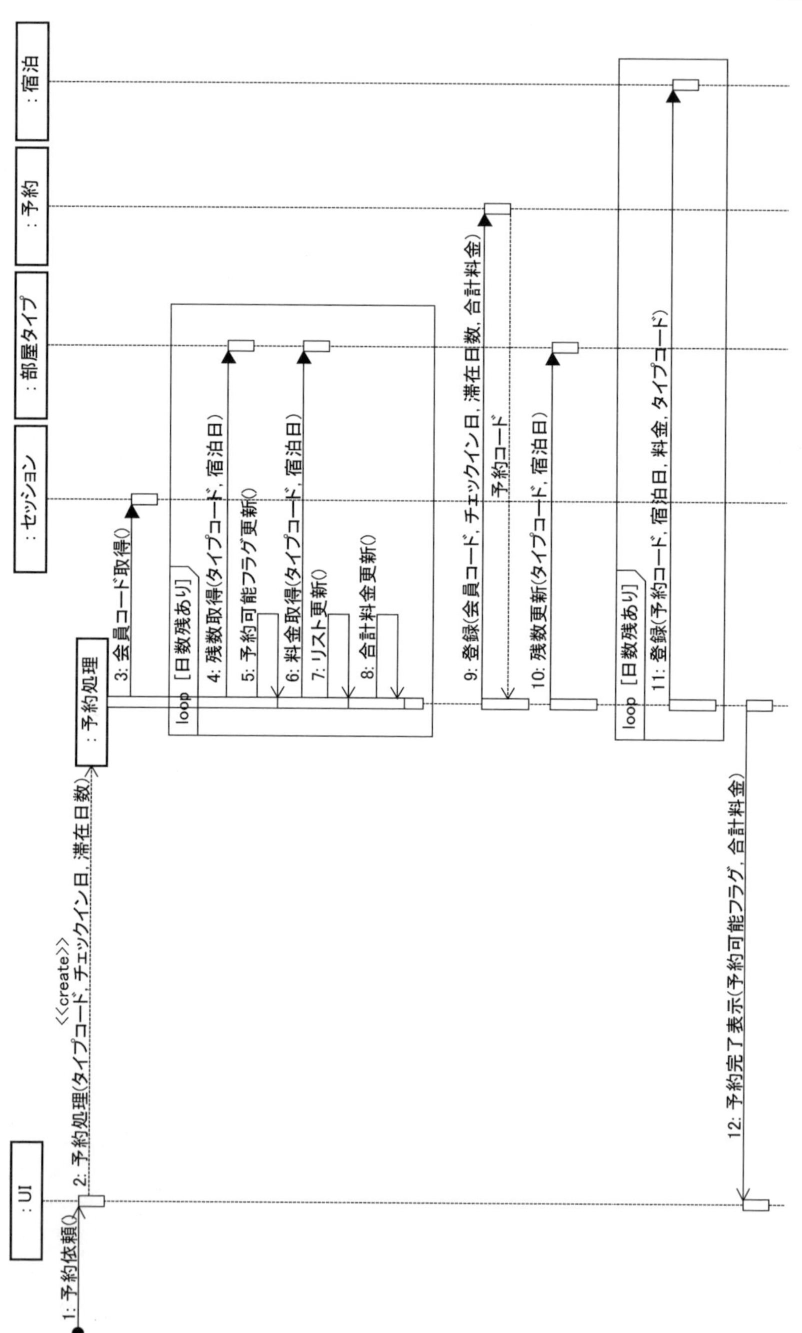

ホテル予約システムのシーケンス図

参考文献

[1] David J. Anderson. *Kanban: Successful Evolutionary Change for Your Technology Business.* Blue Hole Press, 2010.

[2] Martin Fowler. *UML Distilled Third Edition: A Brief Guide to the Standard Object Modeling Language.* Peason Education, 2004.

[3] E. Gamma, R. Helm, R. Johnson, and J. Vlissides. *Design Patterns: Elements of Reusable Object Oriented Software.* Addison-Wesley Professional, 1994.

[4] Robert B. Grady. *Practical Software Metrics for Project Management and Process Improvement.* Prentice Hall, 1992.

[5] 平澤章. オブジェクト指向でなぜつくるのか 第 3 版. 日経 BP 社, 2021.

[6] Project Management Institute. プロジェクトマネジメント知識体系ガイド第 7 版（PMBOK ガイド）. PMI 日本支部, 2021.

[7] Capers Jones. *Applied Software Measurement.* McGraw Hill, 1997.

[8] 児玉公信. UML モデリングの本質 第 2 版. 日経 BP 社, 2011.

[9] Phelippe Kruchten. The 4+1 view model of software architecture. *IEEE Software*, 1999.

[10] Phelippe Kruchten. Is agility a new passing fad? 「アジャイルは単に廃れつつある流行語なのか？」セミナー, 2009.

[11] 中川誠士, 経営学史学会 (監修). テイラー (経営学史叢書). 文真堂, 2012.

[12] Sam Newman, 島田浩二 (翻訳). モノリスからマイクロサービスへ. オライリージャパン, 2020.

[13] 西村直人, 永瀬美穂, 吉羽龍太郎. *SCRUM BOOT CAMP THE BOOK.* 翔泳社, 2020.

[14] Winston W. Royce. Managing the development of large software systems. *Proceedings of IEEE Wescon*, pp. 1–9, 1970.

[15] 柴田望洋. 明解 Java 入門編. ソフトバンククリエイティブ株式会社, 2007.

[16] Perdita Stevens with Rob Pooley. オブジェクト指向とコンポーネントによるソフトウェア工学–UML を使って（児玉公信監訳）. ピアソン・エデュケーション, 2000.

[17] クレーグ・ラーマン. はじめてのアジャイル開発（ウルシステムズ，児高慎治郎監訳，越智典子訳）. 日経 BP 社, 2004.

[18] クレーグ・ラーマン. 実践 UML 第 3 版: オブジェクト指向分析設計と反復型開発入門（今野睦，依田智夫監訳，依田光江訳）. ピアソン・エデュケーション, 2007.

[19] ジーン・キム, ジェズ・ハンブル, パトリック・ボア, ジョン・ウィリス, 榊原彰 (監修), 長尾高弘 (翻訳). The DevOps ハンドブック 理論・原則・実践のすべて. 日経 BP, 2017.

[20] マーチン・ファウラー. UML モデリングのエッセンス 第 3 版: 標準オブジェクトモデリング言語入門（羽生田栄一監訳）. ピアソン・エデュケーション, 2005.

[21] マーチン・ファウラー. アナリシスパターン（児玉公信監訳）. ピアソン・エデュケーション, 2006.

[22] 独立行政法人情報処理推進機構（IPA）. 非ウォーターフォール型開発の普及要因と適用領域の拡大に関する調査（国内の中規模及び大規模開発プロジェクトへの運用事例調査）. IPA, 2012.

[23] 独立行政法人情報処理推進機構（IPA）. 非ウォーターフォール型開発の普及要因と適用領域の拡大に関する調査（非ウォーターフォール型開発の普及要因の調査）. IPA, 2012.

[24] 独立行政法人情報処理推進機構（IPA）. IT 人材白書 2017. IPA, 2017.

[25] 独立行政法人情報処理推進機構（IPA）. IT 人材白書 2020. IPA, 2020.

[26] 独立行政法人情報処理推進機構（IPA）. DX 白書 2021. IPA, 2021.

索引

著者略歴

内山 俊郎（うちやま としお）

1987 年　東京工業大学電気電子工学科卒業

1989 年　同大学大学院修士課程修了

同　年　株式会社 NTT データ入社

1991 年 ～ 1993 年　南カリフォルニア大客員研究員. 神経回路網とその画像応用の研究に従事.

1999 年 ～ 2005 年　通信・放送機構（現 NICT）研究員. 分光色再現の研究に従事.

2006 年 ～ 2012 年　日本電信電話株式会社サービス エボリューション研究所. 文書データ解析，レコメンドの研究・実用化に従事.

2013 年 ～ 北海道情報大学経営情報学部教授.「情報システムの設計」および「データ解析入門」の講義などを担当. 博士（工学）.

2014 年　3 月 28 日	初　版　第 1 刷発行
2017 年 12 月 18 日	第 2 版　第 1 刷発行
2022 年　3 月 12 日	第 2 版　第 2 刷発行
2023 年　1 月 26 日	第 3 版　第 1 刷発行

［第3版］わかりやすい情報システムの設計

— UML/Javaを用いた演習 —

著　者　内山俊郎　

発行者　橋本豪夫

発行所　ムイスリ出版株式会社

〒169-0075

東京都新宿区高田馬場 4-2-9

Tel.03-3362-9241(代表)　Fax.03-3362-9145

振替 00110-2-102907

カット：山手澄香　　ISBN978-4-89641-319-9　C3055

印刷・製本：共同印刷株式会社